全国中等职业技术学校园林绿化专业教材

园林绿地施工与养护

（第二版）

陆金森　主编

中国劳动社会保障出版社

图书在版编目(CIP)数据

园林绿地施工与养护/陆金森主编. —2版. —北京：中国劳动社会保障出版社，2013
ISBN 978-7-5167-0776-0

Ⅰ.①园… Ⅱ.①陆… Ⅲ.①园林-绿化地-工程施工②园林-绿化地-植物保护 Ⅳ.①TU986

中国版本图书馆CIP数据核字(2013)第315974号

中国劳动社会保障出版社出版发行
（北京市惠新东街1号 邮政编码：100029）
*
三河市华骏印务包装有限公司印刷装订 新华书店经销
787毫米×1092毫米 16开本 14.75印张 281千字
2014年1月第2版 2022年12月第5次印刷
定价：26.00元
营销中心电话：400-606-6496
出版社网址：http://www.class.com.cn
http://jg.class.com.cn

简介

本教材为全国中等职业技术学校园林绿化专业教材，由人力资源和社会保障部教材办公室组织编写。

教材主要包括园林绿化工程施工和园林绿地养护管理两部分。园林绿化工程施工部分详细讲解了园林树木种植、草坪建植、立体绿化、园林绿地场地、园林小品等常见园林绿化工程类型的施工流程、施工方法与施工技术；园林绿地养护管理部分介绍了园林树木、草坪等园林种植形式及园路、园林小品的养护技术与管理方法，同时介绍了园林绿化工程的验收规范、标准和方法。教材各章都设置了“实训”环节，学生通过实际操作，可以加深对所学内容的理解，提高动手能力和解决实际问题的能力；每章后的“思考练习题”可以帮助学生进一步巩固所学知识和技能。教材配有电子课件，可登录 www.class.com.cn 在相应的书目下载。

本教材由陆金森任主编，李小龙、邵丽艳、王志敏、张美玲、张绿水、张平辉、蔡军火、潘水才参加编写，卜复鸣审稿。

目录
CONTENTS

绪论 ……………………………………………………………………………… (01)

第一章　园林绿地基础知识 ……………………………………………………… (03)

第一节　城市园林绿地相关知识 ……………………………………………… (03)

第二节　园林树木的栽植环境与适地适树 …………………………………… (08)

第三节　园林绿化工程施工方案与计划的编制 ……………………………… (14)

实训一　街头绿地乡土树种调查 ……………………………………………… (18)

实训二　园林绿化工程苗木供应计划表的编制 ……………………………… (18)

思考与练习 ……………………………………………………………………… (19)

第二章　园林绿化工程施工 ……………………………………………………… (20)

第一节　园林绿化工程施工前的准备工作 …………………………………… (20)

第二节　园林树木种植施工 …………………………………………………… (23)

第三节　草坪建植施工 ………………………………………………………… (64)

第四节　立体绿化施工 ………………………………………………………… (73)

第五节　园林绿地场地施工 …………………………………………………… (80)

第六节　园林小品施工 ………………………………………………………… (121)

第七节　园林绿化工程验收规范 …………………………………………… (140)
实训三　园林种植综合施工 ……………………………………………… (143)
实训四　庭院综合施工…………………………………………………… (143)
思考与练习……………………………………………………………………… (144)
第三章　园林绿地养护管理 …………………………………………… (147)
第一节　园林绿地养护管理的质量标准 ……………………………… (147)
第二节　园林绿地植物养护管理工作月历 ………………………… (152)
第三节　园林树木的养护管理 ………………………………………… (162)
第四节　草坪的养护管理 ……………………………………………… (202)
第五节　其他园林种植形式的养护管理 ……………………………… (215)
第六节　园路的养护管理 ……………………………………………… (220)
第七节　园林小品的养护管理 ………………………………………… (222)
实训五　园林树木的冬季养护管理…………………………………… (224)
实训六　绿篱的整形修剪 ……………………………………………… (226)
思考与练习……………………………………………………………………… (226)

绪 论

园林景观千姿百态、风格各异，它们的存在与发展离不开园林施工与养护工程技术。在园林建设过程中，小到地形改造、树木移植、庭院营造，大到公园、城市绿地、风景区的建设，都涉及园林绿地施工与养护技术。

一、园林绿地概述

园林绿地是为人们提供一个良好的休息、文化娱乐、亲近大自然、满足人们回归自然愿望的场所，是保护生态环境、改善城市生活环境的土地。

园林是指在一定的地域运用工程技术和艺术手段，通过改造地形、种植树木花草、营造建筑和布置园路等途径创作而成的美的自然环境和游憩境域。园林是一种公共事业，是在国家和地方政府领导下修建的旨在提高人们生活质量、造福于人民的公共事业。园林是根据法律法规实施的事业，目前我国已出台了许多的相关的法律、法规，如《环境保护法》《城市规划法》《森林法》《文物保护法》《城市绿化规划建设指标的规定》和《城市绿化条例》等。现代园林在实施过程中往往需要多部门、多行业协同合作才能完成。

绿地的概念如《辞海》所述："配合环境创造自然条件，适合种植乔木、灌木和草本植物而形成一定范围的绿化地面或区域。"或指"凡是生长植物的土地，不论是自然植被或人工栽培的，包括农林牧生产用地，均可称为绿地。"绿地有三层含义：首先是指有树木花草等植物生长所形成的绿色地块，如森林、花园、草地等；再者是指植物生长占大部的地块以及人工栽植或自然植被条件优越的地段，如城市公园、自然风景保护区等；还有是指农业、林业生产用地。

二、园林绿地的施工与养护

园林绿地施工与养护是应用工程技术来表现园林艺术，使地面上的工程构筑物与园林景观融为一体，形成美的自然环境和游憩境域的重要措施。园林绿地施工与养护是城市化建设的一项重要工程，在具体的施工与养护中需要很强的实践性，园林绿地施工属于短期施工工程，养护管理属长时间、周期性工程。

园林绿地施工与养护管理是相辅相成、密不可分的。

园林绿地施工是通过有效的施工组织管理和技术措施，按照设计要求，根据合同规定的工期，全面完成设计内容的全过程。一个优秀的园林作品既是设计与施工密切配合的结果，也是施工与养护相辅相成的结果。园林绿地的养护管理贯穿整个施工过程，只有养护管理到位，保证树木种植的成活率，才能达到理想的园林绿化效果。

园林绿地养护是园林绿化施工的延续，园林绿化后期的养护管理是园林绿化质量的保证。作为园林绿化施工单位，应严格遵循园林绿化养护管理的技术标准和操作规范，制定出一套合理、高效、科学、全面的绿化养护管理制度，只有这样才能使园林绿化的景观效果与质量有一个大的提升和质的飞跃。

三、本课程的性质、任务和学习方法

园林绿地施工与养护主要是研究园林植物栽培与养护原理和技术的一门应用学科，属于植物栽培学的一个分支，但又不是纯粹的植物栽培学，它是以生理学理论为基础，结合城市科学、环境科学、工程学以及美学等发展起来的新学科。

本课程的主要任务是掌握园林绿地施工与养护管理的各项要求，掌握园林绿地施工与养护的基本理论知识，掌握园林绿地施工与养护的基本步骤、方法和技能，逐步培养在园林绿地施工与养护中善于观察问题、分析问题及解决问题的基本能力，掌握科学的栽培技术及养护管理方法，并能在实践中加以运用，为今后从事园林绿地施工与养护、园林管理等有关工作奠定必要的知识与技能基础。

本课程是一门实践性、地域性非常强的课程，学习中要结合本地实际情况，注重操作技能的全面训练，通过学习和实际操作，真正掌握园林绿地施工与养护基本技能。同时，还要加强安全施工的学习，树立“安全为了生产，生产必须安全”的思想，养成坚持安全、文明生产的良好习惯。

第一章　园林绿地基础知识

学习目标

◆了解城市园林绿地的功能、作用、类型、指标、特征等相关知识

◆了解园林树木所在地的环境状况、生态条件，制定出合理的栽植、养护、管理措施

◆了解园林绿化工程施工计划及施工方案的内容并掌握其编制方法

现代城市园林绿地经历了由自然萌生到人工创意、公共绿地至生态绿地系统几个发展阶段。自然萌生阶段是指以狩猎围牧为目的的园圃；人工创意阶段是指以满足达官贵人及宗教需求为目的的宫苑、寺院，主要是私家园林和皇家园林。19 世纪中后期，由于工业化导致城市人口激增，在生产力迅速发展的同时，城市的卫生环境恶化，促使城市开辟了供市民使用的公共绿色空间，进入城市公共绿地阶段。欧洲、北美洲掀起了城市公园建设的第一次高潮，称为“公园运动”。20 世纪初，尤其是第二次世界大战以后，欧亚各国在废墟上开始重建家园。一方面许多城市开始在老城区大力拓建园林绿地；另一方面许多国家开始采取措施疏散大城市人口，创建新城，城市园林绿地建设迈入了继“公园运动”之后的第二次历史高潮。20 世纪 70 年代初，生态学作为设计理念被引入城市园林绿地规划，城市园林绿地建设开始呈现出新特点，从而迎来了满足营造和改善城市环境及景观效应为双重目的的生态园林绿地阶段。

第一节　城市园林绿地相关知识

城市园林绿地是城市的一个重要组成部分，是属于城市用地范围内的专项土地。在城市用地范围内，对各种不同功能用途的园林绿地进行合理布置，起到改善城市环境，改善人民的居住、生产环境的作用，打造一座清洁、卫生、安全、美丽的城市。

一、城市园林绿地的概念

城市园林绿地是指为改善城市生态，保护城市环境，供居民户外游憩，美化市容，以栽植树木花草为主要内容的土地，是城镇和居民点用地的重要组成部分。它包括以下含义：

1. 广义的园林绿地是指城市行政管理辖区范围内由公共绿地、专用绿地、防护绿地、园林生产绿地、郊区风景名胜区、交通绿地等所构成的绿地系统。

2. 狭义的园林绿地是指小面积的绿化地段，如街道绿地、居住区绿地等，有别于面积相对较大、具有较多游憩设施的公园。

3. 作为城市规划专门术语，指在用地平衡表中的绿化用地，在城市建设用地的一个大类下划分出公共绿地和生产防护绿地两类。

二、城市园林绿地的特点

城市园林绿地是结合城市其他组成部分（如建筑、市政设施、道路等）的功能要求，进行综合考虑、全面安排的结果。它有以下特点：

1. 城市园林绿地一般以植物造景为主，充分发挥园林植物改善气候、净化空气、美化生产和生活环境的功能与作用。

2. 在满足植物生长条件的基础上，城市园林绿地多利用荒地、山冈、低洼地和不宜兴建建筑的破碎地形等布置，注意结合城市原有的河湖、水利等条件，创造出优美的城市山林环境。

3. 城市园林绿地考虑到居民游憩方便，所以一般都选择交通便利、安全的地点。

4. 城市园林绿地的内容、设施较为完备（特别是面积、规模较大的园林绿地）。

5. 城市园林绿地考虑到不同人群生理、心理特点，有满足不同年龄层次人员的活动、游憩场所，如一般综合性公园（或面积较大的绿地）都设置有老年人活动区、儿童活动区等。

三、城市园林绿地的功能与作用

为搞好城市园林绿地的施工与建设，做好园林绿地的养护管理工作，科学地评定园林绿地的质量标准，首先要明确城市园林绿地的功能与作用。

城市园林绿化是实现城市现代化的重要标志之一，园林绿地在保护和改善环境，满足旅游和日常休憩活动，促进人民身心健康以及文化宣传、科学普及等方面的作用日益显著。对城市园林绿地的功能与作用的认识，是随着科学、技术的发展，以及人民生活水平的提高而逐步深化的，即从单一的游憩功能认识，发展为现代的多种综合功能的认识。

1. 改善和保护环境功能

城市园林绿地的主体是绿色植物，绿色植物具有多种功能，人们早在 20 世纪 30 年代就研究证实了绿色植物具有净化空气、维持碳氧平衡、吸收有害气体、吸滞烟雾和粉尘、减菌杀菌、减弱噪声、调节和改善小气候、防风固沙、防灾避难、鉴别污染源等功能。城市环境中的碳氧比是通过园林绿地与城市之间不断地进行制氧与耗氧来调节平衡的。据测定，地球 60% 的氧来自森林。1 平方千米的园林绿地每天能吸收 900 千克二氧化碳，释放 600 千克氧气；1 平方千米阔叶林日吸收二氧化碳 1 000 千

克，释放氧气 750 千克；25 平方米的草地或 10 平方米树林能吸收一个人呼出的二氧化碳。所以，园林绿地被称为“绿色呼吸器”。

城市园林绿地空间中阴离子积累较多，能改善人的神经功能，调节代谢过程，提高人体的免疫力。经常处于优美、安静的绿色环境中，人的皮肤温度可降低 1～2℃，脉搏每分钟减少 4～8 次，呼吸慢而均匀，血流减慢，心脏负担减轻，有利于高血压、神经衰弱、心脏病等疾病的恢复。此外，植物绚丽的颜色及释放的芳香气味对大脑皮层有一种良好的刺激作用，可解除焦虑、稳定情绪、消除疲劳，有益健康。

2. 美化环境功能

各种植物柔和的线条、多样的色彩、随季节变化的形态和不断发育的生机与城市中人工构筑物的僵硬、单调、缺乏变化形成对比，给人以美的感受。园林绿化、美化环境是改善城市环境的一个重要手段。园林绿地通过运用园林植被的不同形状、颜色、用途和风格，因地制宜地配置一年四季色彩富有季相变化的各种乔木、灌木、花卉、草坪，使人们回归自然、贴近自然，创造一个空气新鲜、阳光明媚、水体清澈、安静舒适的生活和工作环境。

3. 满足使用功能

园林绿地通过创造出舒适、优美的空间环境，可供人们游憩和进行户外娱乐、体育锻炼等活动，起到愉悦身心的效果。同时，城市园林绿地还能为文化宣传、科普教育等活动的开展提供场所。

四、城市园林绿地的类型

城市园林绿地的类型主要有以下 6 类：

1. 公共绿地

公共绿地包括市、区级综合公园、儿童公园、动物园、植物园、体育公园、纪念性园林、名胜古迹园林、游憩林荫带。

2. 居住绿地

居住绿地包括居住区游园、居住小区游园、宅旁绿地、居住区公建庭园、居住区道路绿地。

3. 附属绿地

附属绿地包括工业和仓库绿地、公共事业绿地、公共建筑庭园。

4. 交通绿地

交通绿地包括道路绿地，公路、铁路等防护绿地。

5. 风景区绿地

风景区绿地包括风景游览区、休养疗养区绿地。

6. 生产防护绿地

生产防护绿地包括苗圃、花圃、果园、林场、卫生防护林、风沙防护林、水源涵养林、水土保持林等。

五、城市园林绿地指标

城市园林绿地水平的指标有多种表示方法，目的是反映绿化的质量与数量，并要求便于统计。1994 年 1 月 1 日起实施的《城市绿化条例》规定：各地城市规划行政主管部门及城市园林绿化行政主管部门应按上述标准审核及审批各类开发区、建设项目绿地规划，审定规划指标和建设计划，依法监督城市绿化各项规划指标的实施。

城市绿化现状的统计指标和数据，以城市园林绿化行政主管部门提供、发布和上报的统计数据为准。城市绿地指标主要有：人均公共绿地面积、城市绿化覆盖率和城市绿地率。

1. 人均公共绿地面积

人均公共绿地面积指城市中每个居民平均占有公共绿地面积。计算公式为：

人均公共绿地面积（平方米）＝城市公共绿地面积÷城市非农业人口

人均公共绿地面积指标根据城市人均建设用地指标而定，具体如下：

（1）人均建设用地指标不足 75 平方米的城市，人均公共绿地面积 2000 年应不少于 5 平方米，2010 年应不少于 6 平方米。

（2）人均建设用地指标 75～105 平方米的城市，人均公共绿地面积 2000 年应不少于 6 平方米，2010 年应不少于 7 平方米。

（3）人均建设用地指标超过 105 平方米的城市，人均公共绿地面积 2000 年应不少于 7 平方米，2010 年应不少于 8 平方米。

2. 城市绿化覆盖率

城市绿化覆盖率指城市绿化覆盖面积占城市面积的比率。计算公式为：

城市绿化覆盖率（%）＝（城市内全部绿化种植垂直投影面积÷城市面积）×100%

城市绿化覆盖率 2000 年应不少于 30%，2010 年应不少于 35%。

3. 城市绿地率

城市绿地率指城市各类绿地（含公共绿地、居住区绿地、单位附属绿地、防护绿地、生产绿地、风景林地 6 类）总面积占城市面积的比率。计算公式为：

城市绿地率（%）＝（城市六类绿地面积之和÷城市总面积）×100%

城市绿地率 2000 年应不少于 25%，2010 年应不少于 30%。

为了保证城市绿地率指标的实现，各类绿地单项指标应符合下列要求：

(1) 新建居住区绿地占居住区总用地比率不低于 30%。

(2) 城市道路均应根据实际情况搞好绿化。其中主干道绿化带面积占道路总用地率不低于 20%，次干道绿化带面积所占比率不低于 15%。

(3) 城市内河、海、湖等水体及铁路旁的防护林宽度应不少于 30 米。

(4) 单位附属绿地面积占单位总用地面积比率不低于 30%，其中工业企业，交通枢纽，仓储、商业中心等绿地率不低于 20%；产生有害气体及污染工厂的绿地率不低于 30%，并根据国家标准设立不少于 50 米的防护林带；学校、医院、休疗养院所、机关团体、公共文化设施、部队等单位的绿地率不低于 35%。因特殊情况不能按上述标准进行建设的单位，必须经城市园林绿化行政主管部门批准，并根据《城市绿化条例》第 17 条规定，将所缺面积的建设资金作为补偿交给城市园林绿化行政主管部门统一安排绿化建设，补偿标准应根据所处地段绿地的综合价值由所在城市具体规定。

(5) 生产绿地面积占城市建成区总面积比率不低于 2%。

(6) 公共绿地中绿化用地所占比率，应参照 CJJ48—1992《公园设计规范》执行。

属于旧城改造区的，可对以上 (1)、(2)、(4) 项规定的指标降低 5%。

六、园林绿地施工与养护的特征

园林绿地施工与养护即园林绿化工程，其与土建工程项目有相似的一面。这里所说的相似，指园林绿化工程的景观小品、园林建筑，如亭、廊、园路、栏杆、景墙、铺装、景桥、亲水平台等所使用的钢筋、水泥、木料、沙、石子等建筑材料相同，及由此所套用的施工规范相同。这就是说，园林绿化工程中包含着土建部分。然而，园林绿化工程与土建工程相比，也有着很大的不同，有些方面甚至是质的区别。正是这些区别，构成了园林绿化工程独有的特征。

1. 实施对象大部分是活体

园林绿化工程大部分实施对象都是有生命的活体。通过各种树木、彩叶地被植物、花卉、草皮的栽植与搭配，利用各种苗木的特殊功能，来达到清洁空气、吸尘降温隔音、营造与美化生活环境的目的。它是源于林业的特殊行业。

2. 养护管理的长期性

“三分种七分管”，种是短暂的，管是长期的。只有不间断地精心养护管理，才能确保各种苗木的成活率和良好长势，否则，就难以达到生态环境景观的特殊要求和效果。这就决定了园林绿化工程建成后必须提供养护计划和相关的资金投入。

3. 营造工程的艺术性

即追求工程的艺术美。任何建筑都讲究美观，园林绿化工程在景观小品、植物配置等方面则更讲究艺术性，其效果要给人以美的感受。在实施过程中需要通过工程技术人员创造性的劳动，去实现设计的理念与境界。同一张设计图纸，在不同的园林绿地上，由于施工技术管理人员技能、实际经验的差异，导致艺术效果、品位档次、气势完全不同，给人的感觉也完全不一样。

4. 工程建设的广泛性和附属性

除了大型公园、绿化广场、高速公路、大的社区公园建设项目外，一般来说，园林绿化工程均作为建筑配套附属工程出现，其规模较小而且工程量分散，不利于监督管理。

5. 植物材料市场价格的不确定性

园林绿化工程的植物材料品种繁多，规格不一且区域性明显，市场价格变化大，很难把握；其栽植劳动定额，国家目前尚无统一的标准规定，各地的计算方法也不一致。

第二节　园林树木的栽植环境与适地适树

园林树木的栽植环境类型，从广义上讲，包括城市园林绿地、自然保护区、风景名胜区3大类，以城市园林绿地环境为主。对上述3类园林环境的认识，可采用不同的方法。对自然保护区基本可采用自然地理、地质、生物（主要指动植物）区系生态学等研究方法；对风景名胜区，多有规律可循，可借鉴造林的立地条件划分方法；而对城市园林绿地环境，应根据城市的环境特点，栽植地的土壤要多设点调查。

在各类绿地中栽养树木，首先要了解所在地的环境状况、生态条件，然后制定出合理的栽植、养护、管理措施，使其功能性和艺术性的实现建立在科学的基础上。

一、城市环境状况

城市环境与一般的造林点的环境不同，城市环境有它的独特之处。首先，城市的建成和改建、扩建，对自然环境和生态系统的影响很大。例如，在原有的平原、江河两岸、河滨、湖滨、山地等建设城市（包括建筑、道路、广场、共享设施、地形地貌的改造等），随之而来的是各种建筑物、道路等代替了植物的覆盖，使得地面下垫层的性质发生改变，进而影响了城市的光、热状况和土壤状况。其次，由于工业和交通的发展、生活能源消耗和人口集中等，使得城市空气中的二氧化碳含量增高，加上“三废”的排放，改变了城市大气、水和土壤状况，尤以大气污染影响最大。综合因

素的影响，使得城市具有独特的生态条件。

与园林树木生长密切相关的城市环境条件主要有以下5个方面：

1. 城市光照

城市的空气污染（城市空气中的微尘与雾障）虽然会极大地降低太阳辐射强度，但是并不能减少城市的热量，由于城市下垫层的热容量大，蓄热较多，热量不易扩散，容易导致城市产生热岛效应。这是城市增温和昼夜温差减小的主要原因。由于城市中建筑大小、朝向、高度和街道走向、宽窄的不同而容易改变阳光的辐射状况，所以树木接受光照量的差异变化很大。例如同一街道两侧的行道树，如街道是南北走向的，则两边树木接受光照和遮阴状况基本相同，而东西向的街道，则北侧树木接受的光照远多于南侧。接受光照量的不同，容易导致树木偏冠。树木和建筑物之间的距离太近，会迫使树木形成朝向街道方向的不对称生长。

建筑对园林树木的最直接影响是日照时间和热量。首先，喜光树种受建筑遮阴的影响，在日照不足情况下会使萌动期和开花期推迟，落花期提前，枝长叶稀，开花数量减少，严重时会使树木无花无果，整株枯死；其次，城市夜间的各种人工光照延长了部分植物的受光时间，影响植物的物候变化，可能会推迟树木的落叶时间，影响枝干内养分积蓄等。

2. 城市热量

受城市小气候的影响，城市气温一般要比其周围的郊区年平均气温高0.5～1.5℃。城市街道和建筑物受热快，其温度远远超过植物覆盖区。正因为城市的温度较高，所以城市春天来得较早，秋天结束较迟，使城区的无霜期延长，极端低温趋向缓和。但这些适宜于树木生长的或不同树木所需要的因素，则会由于温度升高湿度降低而丧失。在夏季，由于辐射和反射的作用，供水量少，无风，从而抑制了可减弱树木热交换的蒸腾作用等因素。夏季直射的阳光，使城市温度达到很高，在朝南墙壁的前方更甚，树木常因此引起焦叶和树干基部树皮灼伤。所以一些夏季温度较高的城市，在园林树木的养护管理中要采取一定的措施（如涂刷白色石灰水等），以防止来自地面的热辐射对树干基部的伤害。

3. 城市风

由于城市热岛效应，市中心温度最高，气流上升，加上市内气压低，与郊区存在气温差，因而形成城市风。从早晨起，城市空气开始增温至中午有规律地形成这种地面风。由于城市建筑等会阻碍气流的流动，所以城市空气的运动有减速的现象，使城市中心得到的新鲜空气少，而合理的道路系统和绿地系统可以加强城市风的运行。街道暗处与光亮面容易形成空气小环流，具体随街道走向有所差异。东西走向的街道，路北建筑受光多，路南建筑遮阴处温度低，能形成较大的气体环流。

4. 城市水分状况

由于街道和路面的封闭，城市自然降水几乎全排入下水道，因此并没有通过植物而蒸发。树木得不到充足的水分，使水分平衡经常处于负值。由于高温，降水利用率低，植物蒸发量变小，使城市的相对湿度和绝对湿度均比开阔的农村地区偏低。由于建筑工程（如地下车库、地铁和其他地下设施）已深入到地面以下很深的地层，从而使树木的根系很难接近地下水。

当土壤的温度显著低于气温，热空气中的水蒸气渗入土壤后就会凝聚，随着蒸气压的下降，凝聚的水分可渗漏到土壤下层，供给树木很低的生长量之需。为维持树木的水分平衡，人工灌溉是非常必要的。鉴于城市树木经常会处于不稳定的水分平衡状况，所以宜选用一些可忍耐一个时期缺水条件的树种来种植。

5. 城市土壤

受城市建设和人的活动的影响，城市土地作为植物生存环境，不同于自然界和农田、林地环境，市政工程施工（如挖方、填方、碾压等）会严重影响城市土壤结构，造成土壤养分差别。地面铺装、夯实、行人踩踏等，会影响土壤通气。土壤密实使树木根系生长受到限制，常使树木改变其根系分布特性，不少深根树种变为浅根分布，根量减少，树体很容易被机械等撞倒和被大风刮倒。城市地下管道（热力、煤气等）供热和漏气会影响土温和土壤空气成分。由于建筑施工生产出很多的建筑垃圾，如果管理上不合理，旧坑填平不合理，就会造成土壤贫瘠、pH 值升高，给绿化带来困难。城市的现代化工业发展、人为的活动所产生的废水、废气、废渣等进入土壤，当其达到一定程度，超过土壤自净能力，就会造成土壤污染。基于这种土壤状况，在实践中，要切实重视适地适树原则，以乡土树种为主。

二、各类栽植地环境特点

除自然保护区以外，根据城市生态环境一般情况和城市绿地系统来考虑，可将树木栽植环境分为 4 类，即老城区、新城区、近郊绿地、近郊风景名胜区等。

1. 老城区

老城区受历史因素影响较大，年代久，有的在历史上受战争、地震等人为、自然灾害的影响，且城区因为长期人口密集，受垃圾多、生活污水多等因素影响，使得土壤上下层组成复杂。很多城区土壤板结，透气、排水性能较差，且地下管线较多，不利于园林树木的生长。另外，老城区一般街道狭小，来往车辆、行人较多，树木易受到碰撞、摇动或其他损伤。老城区建筑层数一般较低，经改造后也可能高低并存，或以高层较多，所以形成光照等条件不同。

2. 新城区

新城区多扩占原城郊农田、菜地，土壤属于耕作类。从土壤性质来讲，表层人为影响较大，有挖方、填方、建筑垃圾，土层多深厚，适合树木生长。另外，新城区也因为文化区、居住区、工业区而有所不同，工业区一般污染源较多，大气和土壤污染问题较为突出，建筑一般较高，不同方位，以光为主的生态条件不同。

3. 近郊绿地

包括城市近郊的森林公园、防护绿地、交通绿地（公路、铁路绿化）等。这类栽植地一般建筑少，植被较多，气温较低。土壤为耕作土，深厚肥沃，适合树木生长。平原城郊要考虑地下水影响。处城市下风方向地段，大气和水污染较重，在栽植树木时要予以考虑。

4. 近郊风景名胜区

近郊风景名胜区因山地、江河、湖滨、海岛等而有所不同。山地风景区生态有规律可循。水域风景区生态，根据受地下水与有害盐类影响及季节变化，其水体有“死水”和“活水”（流动水）之分。流动水含氧多，对树影响小，具体又随岸、岛、堤等不同。

三、园林树木栽植地生境类型划分

园林树木的生境类型是指园林树木生长发育环境。影响园林树木生长发育的环境因素有气候、地下水位、土壤、地形等。不同地段对树木生长发育起主导作用的环境因素会有不同，因此在栽培实践中，要找出主导因子，再根据其划分生境类型，从而选择与栽植地相适应的树种。

生境类型可根据园林栽植地的特点进行划分，具体分为以下几种：

1. 老城区

土壤变化无规律，只能多设点调查，具体问题具体分析。

2. 新城区、郊区绿地和风景名胜区

可以地下水作为主要因子进行分析。

3. 山地

以地势为主导因子所改变的光、温度、湿度和土壤厚度来进行划分，可参考造林地划分方法。

四、适地适树

1. 适地适树的概念

园林绿化中树种选择的基本原则是适地适树。通俗地说，就是把树木栽植在适宜的生境条件下，是因地制宜的原则在园林绿地中树木选择的具体化，也就是使树木生态习性和园林栽植地生境条件相适应，达到树和地的统一，使树木生长健壮，充分发挥园林绿化的综合功能。

地和树是矛盾统一体的两个对立面，二者之间不可能永远绝对融洽和保持长久平衡，只要求基本部分相适应，并达到一定的园林功效即可。这并不排除在基本相适应的前提下，在某个场合或某个阶段还存在着矛盾，这些矛盾可以通过人为栽培养护管理措施去调节解决。但是，人为措施的作用受一定的技术经济条件的制约，具有一定限度。

2. 适地适树的标准

园林树木的适地适树虽然是相对的，但衡量是否做到适地适树也有一个客观的标准，这个标准是根据园林绿化的主要功能和目的来确定的，例如：

(1) 对于卫生防护林，要保证所选树木在污染区能成活，树林的整体有相当的绿化效果，树木对偶尔的高浓度污染有一定的抵御能力。

(2) 对于以观赏为主要目的树木，要求生长健壮，树形优美，清洁，无毒，无病虫害，供观赏的花、果鲜艳，生长正常。

(3) 对于某些以特殊艺术需要为目的的树木，栽植后要便于造型、修剪，其器官营养代谢应平衡、稳定，并能维持较长寿命。

3. 适地适树的途径

达到适地适树，可归纳为选树和改造两条基本途径。

(1) 选树。包括选树适地和选地适树。即选择适合某一确定的立地条件的树种进行栽植；或者确定某一树种，选择适当的生境进行栽植。如许多南方的树种移植到北方，则必须选择在背风向阳、小气候条件较好的地方。

(2) 改造。包括改树适地和改地适树。改树适地就是指在地和树之间某些不甚相适的情况，通过选种、引种驯化等措施来改变树种的某些特性，使它们能相适应。如通过育种工作，增强树种的耐寒性、耐旱性或抗盐性，使树木适应在寒冷、干旱、盐渍化的栽培地生长，也可以选择适合当地生长的砧木，如选用耐寒、耐旱、耐碱的砧木与栽培树种品种嫁接，砧、穗相互影响，以扩大种植范围。改地适树是指通过整地换土、施肥、灌溉、温度管理、土壤管理等措施，改变栽植地的生长环境，使其适合于原来不适宜在此地生长的树种生长。

上述两条途径是互相补充、相辅相成的。在当前的技术、经济条件下，改地或改树的条件都是有限的，而且两者都只有在地、树尽量相适的基础上才能收到好的效果，后一条途径必须以前一条途径为基础。通过实地研究进行选择是一个有效的方法。在研究考察中，要充分了解地和树的特性，对地进行调查分析，对当地的老树、大树多调查，分析其生长良好、长寿的生态原因，重视乡土树种的绿化功能。这样确定的措施才能既发挥树种的园林功能，又能反映地方特色。

五、城市园林绿化常用树种类型

园林绿化中，由于各种园林功能要求的不同，选择树种的要求也会有所不同，下面就几种园林种植类型对树种的选择要求说明如下：

1. 孤植树

孤植树是指将树木单独种植的方式，有时也可2～3株紧密栽植，形成单独栽植的效果，但必须是同一树种。孤植树达到的效果主要是表现树木的个体美，可独立成为景物供观赏用。在选择树种时一般需要树木高大雄伟，树冠轮廓富有变化，姿态优美，花繁实累，色彩鲜明，具有浓郁的芳香等。适宜做孤植树的树种有很多，如轮廓端正明晰的雪松、柏树，姿态丰富的罗汉松、五针松，树干有观赏价值的白皮松，花大而美的白玉兰、广玉兰，花香的桂花，以及叶有观赏效果的元宝槭、鸡爪槭、银杏等。作为孤植树的树种还必须具备生长旺盛、寿命长、虫害少、适应当地立地条件的特点。

2. 行道树

行道树是指为了美化、遮阴和防护等目的而按一定的直线或缓弯线在道路、街道等的两旁成排成行栽植的树木。行道树可以是单行，也可以是多行。行道树一般是城市园林绿化的骨架工程，能使整个城市生机勃勃，并对城市的面貌起着决定性的作用。

对行道树树种的选择，首先要考虑到栽植地一般立地条件较差的情况，宜选用生长健壮，耐瘠薄、耐高温、耐修剪，抗病虫害，对有害气体有一定的抵御和净化能力，能适应不良环境条件的树种；其次要选用树干高、躯干通直、树形高大、枝叶繁茂、清洁卫生的树种；最后，对行道树的选择还要考虑到树种生长快、寿命长。

适宜做行道树的树种很多，落叶乔木有悬铃木、枫香、银杏、水杉、喜树、枫杨、杨树等，常绿乔木有雪松、樟树、广玉兰、女贞、龙柏、圆柏、杜英、乐昌含笑等。

3. 庭荫树

庭荫树又称绿荫树，主要以能形成绿荫供游人纳凉、避免日光暴晒和装饰景点用。由于常用于庭院中，故称庭荫树。

庭荫树在园林种植中占有很大比例，在配植选树上应细加研究。第一，宜选用树干直，树冠整齐、面积大，枝条向四面扩展、下枝较少，叶片巨大而密生，萌芽力强，耐修剪的树种；第二，考虑到不会使庭院终年阴暗有忧郁之感，庭荫树应以冬季落叶的树种为主；第三，庭萌树还应选用抗病虫害较强，落花和落果不会污染地面和容易打扫的树种。

适宜做庭荫树的树种很多，常用的有重阳木、石楠、樟树、冬青、女贞、喜树、银杏、合欢、枫杨、槐树、榔榆、樱花、桂花及其他的观花、观果乔木等。

4. 绿篱树

绿篱在园林中主要起到分隔空间和场地、遮掩视线、衬托景物、美化环境以及防护作用等。按特点可分为花篱、果篱、彩叶篱、枝篱、刺篱等，按高矮可分为高篱、中篱、低篱等，按形式有自然式、半自然式及整形式。绿篱树种一般应选用耐修剪，生长旺盛，树形紧凑，分枝力强、分枝低，耐损伤，抗病虫害等灌木或小乔木树种。

常用做绿篱的树木有黄杨、女贞、小蜡树、海桐、栀子花、法国冬青、红花檵木、红叶石楠等。

第三节　园林绿化工程施工方案与计划的编制

每一项园林绿化工程，特别是一些大型的、综合性强的园林绿化工程，在明确任务以后、开工之前，为了使各施工单位、部门、个人能够统一协作、配合行动，必须要制定一个组织该项绿化工程施工的安排，人们通常称它为施工方案或施工计划，又称施工组织设计或组织施工计划。

绿化工程与土建、市政等其他工程相比较，有它的特殊性，绿化工程除了以植物为主要施工对象外，还要涉及土方、山石、道路、照明、水景、桥梁及建筑小品等多个单项工程项目。这些单项工程，都需要相互配合、统一步调，才能保证整体工程的顺利完成。

在实际中，种植施工又分为植树、建植草坪、布置花坛、垂直绿化等多种项目。且种植施工有很强的季节性，即不同的树木、花草种类与品种，均有其各自不同的最佳施工期。在安排施工进度时，除特殊情况外，必须保证按不同植物种类的最佳施工（移植）时期来安排总进度和单项进度计划。因此，合理安排施工计划和施工进度是十分重要的。

为保质保量、顺利完成绿化工程施工任务，在各项项目开工前，都必须制订好施工计划，并向全体参加施工的单位和人员进行技术交底，各单位、各部门及全体施工人员，必须按照施工计划的规定要求，通力合作，完成各自所应做好的工作，只有这

样，才能顺利完成施工任务。

一、园林绿化工程施工计划的内容和编制方法

1. 园林绿化工程施工计划的主要内容

施工计划的主要内容要根据绿化工程的规模和施工项目的复杂程度来考虑，在内容上要全面而细致，在施工的措施上要有针对性和预见性，在文字上要简明扼要。其主要内容有：

(1) 工程概况。首先要分析工程项目的基本情况，要让施工人员做到心中有数。主要内容应包括工程名称、施工地点，参与施工的单位和部门，设计意图，工程的意义、原则、要求以及指导思想，工程内容包括的范围、施工任务、工程预算，工程的特点以及有利和不利的条件等。

(2) 施工进度安排。包括总进度和单项任务进度安排。总进度指全部工程项目的整体进度时间，单项任务进度指在整个工程项目中，完成各项任务的具体时间。例如，植树工程任务的全部完成时间，称为总进度，其中挖穴、换土等各项的完成时间，称为单项进度。安排进度就是指规定完成任务的时间，应明确从何年何月何日起至何年何月何日止，用多少天时间完成某项任务。

(3) 施工现场的平面布置。安排施工计划时，可以用平面图的形式，标出与施工有关的临时建筑及设施的放置位置。包括施工现场的交通路线，存放材料及苗木假植的地点，水源情况，放线基点，生活区（包括宿舍、食堂、厕所等）的位置。这些设施，最好安排在对施工影响不大又方便的地方。

(4) 施工的组织结构。包括参加施工的单位、部门和负责人，需设立的职能部门及其职责范围和负责人，明确施工队伍，确定任务范围，任命组织领导人，并制定有关的制度和措施。

(5) 劳动力计划。包括总劳动力和每道工序所需劳动力，劳动力的来源，具体的劳动组织形式等。

(6) 材料、工具供应计划。指苗木、工具、材料的供应计划，包括用量、规格、型号、使用日期等。

(7) 车辆、机械使用计划。根据工程需要提出所需用的机械、车辆，并说明机械、车辆的型号、日用台班数及具体使用日期。

(8) 制定确保完成任务的措施。包括思想教育和宣传鼓励措施，计划、统计管理措施，财务管理措施，技术及质量管理措施，安全生产措施等。

因为园林工程项目各有差别，所以施工计划的内容也不完全相同，上述几项只供参考，具体内容应根据工程的实际情况来确定。

2. 园林绿化工程施工计划的编制方法

施工计划应由施工单位的领导部门负责制订，也可以委托生产业务部门制订。由负责制订的部门召集生产业务、计划统计、技术管理、后勤供应、财务会计、人力资源、施工队伍等相关单位的负责人开会，并对施工现场进行调查了解后，指定专人负责编写初稿，经广泛听取意见，反复修改定稿，报批后执行。

3. 植树工程主要技术项目的确定

为确保工程质量，在制订施工计划的时候，应对植树工程的主要项目确定有关技术措施和质量要求。特别是对定点放线、挖穴的规格大小、换土的数量和方法、起苗运苗方法、栽植程序等应确定技术措施和质量要求。

(1) 定点、放线。确定具体的定点、放线方法，保证位置准确无误，符合设计要求。

(2) 挖穴。规定具体的挖穴规格。为施工操作中容易掌握，可以把各种树木挖穴（槽）的规格归并为几类，分别确定穴号。如将粗 7～10 厘米的各种乔木和高度在 2～2.5 米的灌木，以及高度在 2.5～3 米的各种常绿树列为一类，都需要挖直径 100 厘米、深 70 厘米的树穴，编为 1 号穴。这样，施工人员看到定点木桩上编号为“1”的穴，就按直径 100 厘米、深 70 厘米的规格挖穴。

(3) 换土情况。根据现场踏勘时调查的土质情况确定是否要换土。如果需要换土，则要计算好客土量，确定客土的来源、渣土的处理及换土方法等。

(4) 挖苗。确定具体树苗的挖苗方法，如所带土球的大小、裸根及根系的规格等。有的工程还应确定选苗、号苗的具体方法。

(5) 运苗。确定具体的运苗方法。

(6) 假植。确定假植地点、方法、时间、假植期间的养护管理措施等。

(7) 栽植及栽后的措施。确定不同树种和不同地方的栽植顺序，栽前是否要施肥等。如需施肥，则应确定肥料的种类、施肥方法及施肥量等。同时，还要确定各树种的修剪方法，如绿篱的修剪高度和形式等，确定栽后是否需要立支柱及立支柱的形式、材料和方法，确定栽后的灌水方式、灌水次数和灌水量等。

(8) 其他。确定栽后现场清理的具体措施及其他相关的技术措施等。

二、园林绿化工程施工计划表格的编制与填写

在编制施工计划时，凡是能用图样或表格说明的内容，就尽量不要用文字，这样既明确又精练，便于检查与落实。各地可根据工程的具体情况来设计园林绿化工程施工计划的相关表格。下面提供一些表格式样以供参考。

1. 园林绿化工程施工进度计划表

园林绿化工程施工进度计划表主要说明施工的时间进度，其常用格式见表 1—1。

表 1—1　　园林绿化工程施工进度计划表

工作地点	工程项目	工程量	单位	施工定额	计划用人工数	进度					备注

施工单位＿＿＿＿　制表人＿＿＿＿　＿＿＿＿年＿＿＿＿月＿＿＿＿日

2. 园林绿化工程工具和材料计划表

园林绿化工程工具和材料计划表要说明工程所需的工具和材料，以及它们的规格和质量要求、需用量和使用时间等。样表见表 1—2。

表 1—2　　园林绿化工程工具和材料计划表

工程地点	工程项目	工具、材料名称	单位	规格	常用量	使用时间	备注

施工单位＿＿＿＿　制表人＿＿＿＿　＿＿＿＿年＿＿＿＿月＿＿＿＿日

3. 园林绿化工程苗木供应计划表

苗木供应计划表要明确园林绿化工程中苗圃和苗木的具体情况，如苗木的规格、数量和质量要求以及具体的用苗日期。样表见表 1—3。

表 1—3　　园林绿化工程苗木供应计划表

苗木品种	苗木规格			数量	出苗苗圃	供苗日期	备注
	高度	胸径	冠幅				

施工单位＿＿＿＿　制表人＿＿＿＿　＿＿＿＿年＿＿＿＿月＿＿＿＿日

4. 园林绿化工程机械、车辆使用计划表

园林绿化工程机械、车辆使用计划表要说明工程所需要使用的机械、车辆的基本

情况。样表见表 1—4。

表 1—4　　园林绿化工程机械、车辆使用计划表

工程地点	工程项目	机械、车辆名称	型号	台班	使用时间	备注

施工单位＿＿＿＿＿　　制表人＿＿＿＿＿　　＿＿＿年＿＿＿月＿＿＿日

实训一　街头绿地乡土树种调查

一、实训目的

通过园林乡土树种调查实训，了解适地适树以及当地园林绿化常用树种类型的选择。

二、实训材料及用具

树径卷尺、笔记本、照相机、高枝剪、图纸、卷尺、比例尺。

三、实训要求

要求学生：确认乡土树种种类，绘制种植平面图。

四、实训内容及方法

教师给出某街头绿地，让学生根据树的植物学特性辨认乡土树种种类，量出树木胸径、冠幅、高度。实测树木间距离、场地尺寸大小，按实测尺寸绘制种植平面图。

五、实训成果

学生分组训练，写出调查报告。

实训二　园林绿化工程苗木供应计划表的编制

一、实训目的

通过园林绿化工程苗木供应计划表编制的实训，掌握园林绿化工程资料收集、编制及管理方法。

二、实训材料及用具

笔记本、图纸、计算器、笔。

三、实训要求

要求学生：掌握园林绿化工程苗木供应计划表的编制方法。

四、实训内容及方法

教师给出某绿地树木种植施工图样、某苗木供应商联系方式，让学生根据施工图样设计种植计划，编制园林绿化工程苗木供应计划表。

五、实训成果

学生分组训练，写出园林绿化工程苗木供应计划表。

思考与练习

1. 什么是城市园林绿地？城市园林绿地有哪些主要功能与作用？
2. 园林绿地施工有什么特征？
3. 什么是适地适树？在园林绿化中做好适地适树的途径有哪些？
4. 试列举出当地常用做行道树、庭荫树、绿篱树的树种各 10 种。
5. 什么是园林绿化工程施工计划？制订园林绿化工程施工计划有什么意义？
6. 在制订施工计划时应确定哪些植树工程主要技术项目？

第二章　园林绿化工程施工

学习目标

◆了解园林树木种植工程的特点，熟悉掌握园林树木种植工程的施工工序

◆了解大树移植在园林建设中的意义，掌握大树移植的常用几种方法及其施工技术要领

◆了解草坪在园林中的作用及园林草坪的种类，熟练掌握草坪施工，熟悉立体绿化的材料，掌握垂直绿化及屋顶绿化的施工

◆了解园林测量基础知识，掌握测量仪器的使用。掌握地形设计的方法和土方量计算方法，熟练掌握地形改造的技术；熟悉园路的工程结构，能根据图样进行园路的施工

◆了解假山和置石在园林中的作用，假山石料的种类，熟悉假山施工程序。掌握置石的形式和施工技术。了解水景的构成，一般掌握园林水景工程的施工工序及护岸和护坡工程的施工技术

◆熟练掌握园林绿化工程的验收方法，中间验收工序和竣工验收标准，以及绿化工程的附属设施验收标准

园林绿化工程施工，狭义的是指园林植物栽植施工，即按照正规的施工设计和计划，在规定的地区或场所进行树木、草坪、地被植物、花卉、水生植物、攀缘植物等园林植物的栽植及与之相关的整地、改良土壤等；广义的则与造园同义，还包括土方工程、给排水工程、水景工程、园路工程、假山工程、园林绿地护栏设施、园林小品工程等园林工程的施工。

第一节　园林绿化工程施工前的准备工作

承担园林绿化工程施工的单位，在接受施工任务后、工程开工以前，必须做好绿化工程施工的一切准备工作，才能保证施工顺利进行，保证高质量地顺利完成施工任务。

一、工程设计意图和工程概况

施工单位应向设计人员了解设计思想和设计意图，了解工程完工后近期所要达到的效果，并通过工程建设单位和设计单位掌握全部工程的主要情况，主要内容包括以

下几点：

1. 设计意图

施工人员要拿到全部的施工资料（包括设计图样、文字材料、相关的图表等），看懂所有的内容，了解设计人员所预想的绿化目的及建设单位对此项工程绿化效果的要求等。

2. 工程范围和工程量

包括了解树木栽植、草坪铺种、花卉栽植等栽植施工以及土方、道路、给排水、山石、花坛等工程施工和园林设施施工等的范围和工程量。

3. 工程的施工期限

了解全部工程的开工和竣工日期（即工程的总进度）以及各个单项工程的进度。应特别强调植树工程进度的安排必须以不同树种的最适栽植日期为前提，其他工程应围绕植树工程来进行。

4. 工程投资情况

包括工程建设单位批准的投资数和设计预算的定额依据，以备编制施工预算计划。

5. 施工现场地上与地下情况

向有关部门了解地上物的处理要求、地下管线分布情况、设计部门与管线主管部门的配合情况等。特别要了解地下电缆和煤气管道等的分布走向，以免施工过程发生事故。

6. 定点、放线的依据

了解施工现场及附近的水准点以及测量平面位置的导线点，以便作为定点、放线的依据。如果不具备上述条件，则需与设计单位协商，确定一些固定的地上建筑物、构筑物，作为定点、放线的依据。

7. 工程材料的来源

了解各项施工材料的来源渠道，其中最主要的是苗木的出圃地点、时间、规格和质量要求。

8. 机械和运输条件

了解施工所需用的机械和运输车辆的来源。

二、现场踏勘

在了解了工程设计意图和工程概况后，施工的主要人员还必须亲临现场，做细致

的现场踏勘工作，要了解以下5个方面的内容：

1. 施工现场的土质情况，确定是否要换土或进行土壤改良，估算客土量及其来源等。

2. 施工现场的交通状况，了解现场内外是否便于机械、车辆的通行，如果交通不便，则还需考虑开通施工现场交通路线的方案。

3. 施工现场的水源、电源情况。

4. 施工现场原有地上物及须保护的地上物（如古树名木等）情况，对拆迁的要了解怎样办理相关手续和处理办法。

5. 施工期间施工人员生活设施（如厕所、宿舍、食堂等）的安排地点。

三、编制施工组织设计

施工计划也称施工组织设计，就是对工程任务的全面计划安排。根据绿化工程的规模和施工项目的复杂程度，制订出详细的施工计划，是园林绿化工程施工前一项重要的准备工作。

四、施工现场的准备

园林绿化工程施工前必须对施工现场进行有关准备工作，以做到有备无患，保证施工顺利进行。施工现场的准备工作内容主要包括以下3个方面：

1. 清理障碍物

在施工现场，凡对施工有碍的一切障碍物，如堆放的杂物、违章建筑、坟堆、砖块、市政设施、农田设施、房屋、树木等，都必须按程序、按规定与有关部门配合进行清除、拆迁和迁移。对不妨碍施工的可尽量保留，物尽其用（如对有些现有的房屋可保留为工棚用）。一般情况下，现有树木能保留的应尽量保留（特别是大树及古树名木），不能保留但仍然生长健壮的树木可进行移植。

2. 整理施工现场

根据设计图样的要求，将绿化地段与其他地区划分开，整理出预定的地形（此项工作可与清理障碍物相结合）。如有土方工程，应先挖后垫，以节省投资。洼地填土时或去掉大量废渣土回填土方时，需要注意对新填土壤分层次夯实，并适当增加填土量；否则一遇下雨自行下沉，会形成低洼坑地。如栽完树后地面下沉再回填土，则树木被深埋，易造成死株。如果是采用机械整理地形，还要注意地下管线的情况，以免机械施工时破坏管线而造成事故。现场清理后要将土面加以平整。

3. 接通电源、水源，修通道路

接通电源、水源，修通道路是大型的绿化工程保证工程开工的必要条件，也是施

工现场准备的重要内容。对于工程量小的绿化工程，应根据具体情况考虑是否需要专门通水、通电和修路。

五、技术培训

对一些大型的、施工复杂的园林绿化工程，在开工之前，还必须对主要的施工人员进行必要的技术培训，主要学习本地区园林绿化工程的有关技术规程和规范，贯彻落实施工计划，保证工程保质保量完成。

第二节　园林树木种植施工

栽植，从狭义上说，是指植物的种植；从广义上说，应包括植物的掘起、搬运、种植和栽后成活管理4个基本环节。掘起俗称起苗，是指将要移栽的植株从所在地连根（裸根或带土球）起出的操作；搬运是指将起出的植株进行合理的包装，并运到栽植地点的过程；种植是指将移来的植株栽入适合的土内或其他栽植介质中的操作；栽后成活管理是指为保证栽植后的植株能够成活所采取的一定的养护技术措施。

如果本次种植以后不再移动而长久定居者，称为定植；种在某地，以后还需移植到别处的，称为移植；在掘起和搬运后，如不能及时种植，为保护根系，防止苗木脱水，将苗木根系用湿润土壤临时性填埋的措施称为假植。

园林绿地栽植施工是指按照正规的施工设计和计划，完成某一地区或场所的全部或局部的植物（包括乔灌木、花卉、草坪、水生植物和地被植物等）栽植和布置。

一、园林绿地树木栽植施工的原则及特点

1. 园林绿地树木栽植施工的原则

为了确保园林绿地树木栽植施工任务的顺利完成，在施工中必须遵循以下原则：

(1) 栽植施工必须符合规划设计的要求。所有的园林绿化设计方案都要通过具体的施工来实现，为了充分实现设计者的设计愿望、设计意图，施工人员应理解和弄清楚设计图样，了解及熟悉设计意图，并严格按照设计图样进行施工。

(2) 栽植技术必须符合植物的生物学特性和生态学特性。植物除有共同的生理特性外，不同品种都有其本身的特性。施工人员必须了解其共性与特性，并采取相应的技术措施，才能保证栽植成活和工程的真正完成。

(3) 栽植施工必须熟悉施工现场的状况。

(4) 栽植施工必须抓紧适宜的栽植季节，以提高成活率，降低施工成本。

(5) 栽植施工要严格执行相应的技术规范和施工操作规程，安全施工。

2. 园林绿地树木栽植施工的特点

（1）季节性。园林绿地树木栽植施工是以有生命的植物材料为主要对象，而植物的生长成活又受一定的季节和时令的约束，因此，栽植施工有很强的季节性。只有因地制宜地掌握好适宜的栽植季节，才能保证栽植的最大成活率，方便施工，降低工程成本。

（2）科学技术性。园林绿地树木栽植施工有严格的科学性，不能简单地把它看成栽几棵树、种几朵花。只有严格按照科学的施工工艺和操作方法来施工，才能保证植物体栽植成活。同时，栽植施工同许多专业施工有密切关系，如假山砌石、道路铺设、水景工程、给排水工程等，且栽植施工的施工工艺和操作方法又会随着施工条件（如地质水文、气候变化等）、施工对象、植物本身的不同生态习性和生理机能而经常变化，新的施工工艺和机具、设备也在不断更新。因此，施工人员要有一定的科学技术基础知识才能保证完成施工任务。

（3）艺术性。园林绿地树木栽植施工也是一门艺术。园林设计人员提出的指令性图样不可能非常详细，如树木的姿态造型和搭配、植物的配置与组合等许多问题常常会有不少变化，这就需要施工人员必须具有一定的艺术理论基础，才能机动灵活地体现和发挥设计者的意图。

二、园林绿地树木栽植施工的一般知识

1. 树木栽植成活原理

园林绿地树木栽植施工是指在园林绿地中进行乔木、灌木的栽植，俗称园林植树，也称园林植树工程。很多人把植树看成很简单的工作，认为无非是挖坑、放苗、填土、浇水等操作，其实不然。如果不了解树木栽植成活的原理，即使是用粗干插栽都易生根的某些杨树、柳树，也不能保证其正常成活。

一株正常生长的树木，其根系与土壤保持密切结合，地下部与地上部的生理代谢（如根对水分的吸收和叶的蒸腾作用）是平衡的。树木的栽植，由于起苗过程根系与土壤的密切关系被破坏，吸收根大部分断留在土壤中，根部与地上部的代谢平衡也就被破坏，而根系的再生在一定的条件下需要相当一段时间。因此，如何使移来的树木与新环境迅速建立正常的联系，及时恢复树木以水分代谢为主的生理平衡，是栽植成活的关键。这种新平衡建立的快慢与树种的习性、树龄、栽植技术、物候状况及环境因素等都有密切关系。一般来说，发根能力和再生能力强的树种移栽容易成活，幼年期、青年期的树木及处于休眠状态的树木移栽容易成活。

2. 树木栽植的季节

根据栽植成活的原理，只要能够保证树木地下部与地上部生理代谢（主要是水

分）的平衡，一年四季栽植树木都可以。在园林绿化中，有时因为工程进度及绿地使用功能的需要，随时都要进行树木栽植工程的施工。但在实践当中，为了减小施工技术难度，降低工程成本，减少移植对树木正常生长的影响，提高树木栽植成活率，植树应选择在外界环境最有利于水分的供应、树木本身的生命活动最弱、养分消耗最少、水分蒸腾量最小的时期来进行。

在我国大部分地区，植树最适宜的季节是在晚秋和早春，即树木落叶后开始进入休眠期至土壤冻结前，以及树木萌芽前刚开始生命活动的时候。这两个时期树木对水分和养分的需求量都不大，容易得到满足，且树体内还储存有大量的营养物质，又有一定的生命活动能力，有利于伤口的愈合和新根的发生，所以在这两个时期栽植一般成活率最高。至于秋栽好还是春栽好，历来有不少争论，没有一个明确的界定，要依据不同树种和不同地区的条件来定。同一植树季节南北方地区可能相差 1 个月之久，这些都要在实际工作中灵活应用。

(1) 春季栽植。从树木生理活动来讲，春季是树木开始生长的大好时期，而且大多数地区春季气温回升，土壤水分较充足，空气湿度大，地温较暖，有利于树木根系主动吸水，促使树木根系在相对较低的温度下即可开始活动。而且春栽符合树木先长根、后发枝叶的物候顺序，有利于植株水分代谢的平衡。因此，春季是我国大部分地区主要和较好的植树季节。但由于我国幅员辽阔，各地气候条件相差很大，有些地区也不适合春栽，如春季干旱多风的西北、华北部分地区，春季气温回升快，水分蒸发量大，适栽时间短，容易造成根系来不及恢复而地上部就已发芽，从而影响成活。另外，西南某些地区（如昆明等）受印度洋干湿季风的影响，秋冬、春至初夏均为旱季，水分蒸发量大，春栽往往成活率不高。

春栽的具体时间各地不一，一般应在土壤解冻至树木发芽前，即 2—4 月进行(南方早、北方迟)。因此时树木幼根开始活动，地上部分仍处于休眠状态，先生根后发芽，树木容易恢复生长。尤其是落叶树木，必须在新芽开始膨大或新叶开放之前栽植，在这个时期内宜早不宜晚。早栽则树苗出芽早，扎根深，易成活。若近至新叶开放以后栽植，树木容易枯萎或死亡，即使能够成活也是由休眠芽再生新芽，当年生长多数不良。一般在寒冷的地区或对在当地不甚耐寒的边缘树种，春季栽植较为适宜。一些具肉质根的树木（如木兰属树木、鹅掌楸、山茱萸等）春季栽植也比秋季好。

虽然早春是我国大多数地区树木栽植的适宜时期，但这一时期持续时间较短，若栽植任务不重，比较容易把握有利时机；若栽植任务较重而劳动力又不足，就很难在适宜的时期内完成栽植任务。因此，春栽与秋栽适当配合，可缓和劳动力的紧张状况。

(2) 夏季栽植。夏季栽植最不容易保证树木的成活。因为在夏季树木生长旺盛，枝叶水分蒸腾量大，根系需吸收大量的水分，而土壤此季的蒸发作用很大，容易因缺

水使新栽树木枯萎死亡。但在我国部分地区（如西南地区），春旱，秋冬也干旱，土壤水分不足，蒸发量大，栽植不易成活。而这些地区夏季为雨季且较长，海拔较高，夏季不炎热，在此时掌握有利时机进行栽植，可获得较高的栽植成活率。夏季栽植一定要掌握当地历年雨季降雨规律和当年降雨情况，抓住连阴雨的有利时机，一般栽后下雨最为理想。常绿树尤以夏季栽植为宜，常绿树雨季栽植的时间一般以春梢停止生长、秋梢尚未开始生长的时期为好。移栽时必须带土球，以免损伤根部。夏季虽然湿度大，但气温高，水分蒸发量也大，因此，栽植时必须随挖苗随运苗，要尽量缩短移植时间，以免树木因失水而干枯。

近年来，随着园林事业的蓬勃发展，园林绿化工程中的反季节（即在夏季）栽植有逐渐发展的趋势，甚至为了绿化、美化的需要，不论是常绿树还是落叶树都会在夏季强行栽植。此时，如果栽植技术不到位或管理措施不当，很容易使栽植的树木死亡而造成巨大的经济损失，也达不到绿化、美化的效果。因此，城市园林绿地夏季栽植树木（特别是非雨季地区的夏季栽植）时，除要抓住最适宜的栽植时间（在下过透雨并有较多降雨天气的时期最为适宜），掌握好不同树种的适栽特性，严格执行栽植技术措施外，同时还要注意适当采取修枝、剪叶、遮阴、保持树体和土壤湿润等措施。在一些高温干旱地区，除一般的水分与树体管理外，还要特别采取搭棚遮阴、树冠喷水、树干保湿等技术措施，以保持空气湿润，防止树木脱水。

（3）秋季栽植。秋季栽植适合于适应性强、耐寒性强的落叶树。秋季气温逐渐下降，蒸发量较小，土壤水分状态稳定，许多地区都可以栽植。特别是春季严重干旱和风沙大或春季较短的地区，秋季栽植比较适宜，但在易受冻害和兽害的地区不宜在秋季栽植。从苗木生理上来说，秋季树体内储存的营养物质较丰富，有利于断根伤口的愈合，且秋季多数树木根系的生长有一次小高峰。在当地属耐寒的落叶树，秋栽后，根系在土温尚高的条件下还能恢复生长，因为根系没有自然休眠期，只要冬季冻土层不厚，下层根系仍有一定生长活动能力。此外，秋栽后，树木根系经过一冬与土壤的密切结合，有利于春季发根，秋季栽植的时间较长，一般在树木大部分叶片已脱落至土壤封冻前进行。秋季栽植也应尽早，一般树木一落叶即栽最好。夏季为雨季的华北等地，常绿针叶树此时会再次发根，故其秋栽应比落叶树早些为好。

（4）冬季栽植。在冬季土壤基本不结冻的华南、华中和华东等长江流域地区，可以冬季栽植。以广州为例，气温最低的月份为 1 月，其平均气温也在 13℃ 以上，故无气候上的冬季，从 1 月开始就可栽植樟树、白兰花等深根性树种，2 月即可全面开展植树工作。在冬季严寒的华北北部、东北北部，由于土壤冻结较深，不太适合冬季栽植，但对一些当地乡土树种，也可以利用冻土球栽植法来进行栽植。

一般来说，冬季栽植主要适合于落叶树种，因为落叶树的根系冬季休眠时间较短，栽后仍能愈合生根，有利于第二年的萌芽和生长。

掌握各个季节树木栽植的有利和不利因素，对于因地制宜、因树种制宜，恰当地安排最有利的施工时间和施工进度具有重要的意义。

3. 我国各大地区的树木栽植季节

(1) 东北大部、西北北部和华北北部。以上地区因纬度高、冬季严寒，故以春栽为好。春栽的成活率高，还可以免除抗寒的措施。春栽的时期以当地土壤刚解冻时为宜，约在4月上旬至4月下旬（清明至谷雨）前后。在一年中，当栽植任务重、劳动力缺少时，也可以秋栽，秋栽一般在树木落叶至土壤尚未封冻之前进行，约在9月下旬至10月底左右。秋栽的树木成活率低于春栽，且需要防寒，费工费料。另外，对当地耐寒力极强的树种，可利用冻土球移植法在冬季进行栽植。

(2) 华北大部和西北南部。本地区冬季时间较长，有2～3个月的土壤封冻时期，且雪少风多，尤其是春季多风，空气较干燥，夏、秋季雨水集中。土壤质地较轻，一般为深厚壤土，储水较多，春季土壤水分状况仍然较好，因此该区大部分地区和多数树种以春栽为好。有些树种也可雨季（夏季）栽植和秋栽。春栽应从土壤解冻返浆至树木发芽前，约在3月中旬至4月下旬进行。多数树种以土壤解冻后尽早栽植为好，早栽容易成活，扎根深。

在这些地区，凡容易受冻和容易干梢的边缘树种（如二球悬铃木、梧桐、紫薇、月季、小叶女贞及竹类和针叶树种）宜春栽，少数萌芽展叶晚的树种（如白蜡、柿树等）在晚春栽容易成活（即在其芽开始萌动将要展叶时为宜）。这些地区秋季气温高，降雨量集中，常绿针叶树也可在此时栽植，但要注意掌握时机，以当地雨季降第一次透雨开始或以春梢停止生长而秋梢尚未开始生长的间隙进行栽植，尽可能缩短移栽过程。在这些地区秋冬季节，雨季过后土壤水分状况良好，气温下降，原产于本地区耐寒的落叶树（如杨、柳、榆、槐、臭椿等）以秋季栽植为宜。

(3) 华东、华中及长江流域地区。本地区冬季时间不长，土壤基本不结冻，除夏季酷热干旱外，其他季节雨量较多，特别是梅雨季节，空气湿度较大。因此，除干热的夏季外，其他季节均可栽植。

本地区的春栽可于寒冬腊月过后、树木萌芽前半个月进行，但对于早春开花的梅花、白玉兰等，为不影响其开花，则应花后栽植；对春季萌芽展叶迟的树种（如枫杨、苦糠、合欢、乌桕、喜树、重阳木等）在晚春栽植较为适宜，即见芽萌动时栽植为宜。如过早栽植，树体尚处于休眠状态，栽后易发生枯梢和枯干现象。对部分常绿阔叶树（如樟树、广玉兰、桂花等）也可晚春栽植，有的可延迟到四、五月开始展新叶时栽植。

本地区落叶树也可晚秋栽植，特别是一些萌芽早的花木（如月季、蔷薇、珍珠梅等），时间是10月中旬至11月下旬，有的可延至12月上旬。

(4) 华南地区。本地区四季气温相差不大，南部没有气候上的冬季，仅个别年份

绝对温度可达 0℃。该地区降雨充足，且降雨主要集中在春、秋两季，栽植季节以春、夏梅雨季节为主，其中春栽应相应提早，一般在 2 月即可全面开展栽植工作。秋季干旱时期，栽植时间应适当推迟。该地区冬季土壤不结冻，可进行冬栽，从 1 月开始即可栽植。

(5) 西南地区。该地区主要受印度洋季风影响，有明显的干、湿季。冬、春季为旱季，夏、秋季为雨季。由于冬春干旱，土壤水分不足，气候温暖且日蒸发量大，春栽往往成活率不高，其中落叶树可以春栽，但要提早并有充分的灌水条件。夏季为雨季，延续时间长，气候凉爽，栽植成活率较高。常绿树尤以雨季栽植为好。

我国幅员辽阔，各地自然条件各异，应根据本地区的气候特点及不同树种的栽植特性，选择最合适的栽植时期。一般而言，在同一季节中，同一地区各树种栽植顺序的一般规律：落叶针叶树→落叶阔叶树→常绿针叶树→常绿阔叶树。

4. 树龄与树木栽植成活的关系

树木的年龄对植树成活率的高低有很大影响，一般情况下，对同一种树木，树龄越小的，移栽成活率越高。这是因为树龄小的苗木起掘方便，根系损伤率低，并且树龄小的苗木营养生长率旺盛，再生能力强，因移植损伤的根系和修剪后的枝条容易恢复生长。但是移栽太小的苗木也有不利的方面，一是小苗木植株矮小，容易受外界的损伤；二是太小的苗木很难在短期内发挥园林绿化的整体效果。壮龄树树体高大，移栽后能马上发挥园林绿化的整体效果，但是壮龄树营养生长已逐渐衰退，且由于树体过大，移栽操作困难，施工技术复杂，这样就会增加施工、管理难度及提高工程造价。所以，除一些有特殊需要的绿化工程外，一般不宜选用过多的壮龄树木。

实践证明：城市环境条件复杂，绿化设计中宜多选用幼青年期的大规格苗木。一般落叶乔木最小应选用胸径 3 厘米以上的苗木，用于行道树及游人活动频繁的地方，还可更大一些，常绿乔木最小规格应选用树高 1.5 米以上的苗木（绿篱除外）。

5. 苗木的选择与相应的施工措施

在长期的自然选择和人工栽培过程中，不同的植物形成了不同的遗传特性。各种树木对环境条件的要求和适应能力表现出很大的差异，对于移栽的适应能力也是如此。因此，尽管选用树种、苗木是设计人员的事，但施工人员在树木移栽施工过程中，也必须根据各树种不同特性而采取不同的技术措施，才能保证移栽树木的成活。例如，杨、柳、槐、榆、臭椿、朴、银杏、绣球花、梅、桃、杏、连翘、迎春、胡枝子、紫穗槐、蔷薇等树种都具有很强的再生能力和发根能力，有的甚至用一根带有芽的枝条扦插都能成为新植株。因此，此类树比较容易移栽成活，包装、运输也比较简便，其移栽措施可以适当简单一些，一般都用裸根移栽。而有些树种，特别是常绿树，如雪松、紫杉、木荷、山茶、楠、金钱松、木兰类、桦树类、柏类等，移栽较难

成活，必须带土球移栽，而且必须保证土球完整，才能提高成活率。

树木在移栽时最忌根部失水，苗木最好能随掘、随运、随栽。如掘苗后一时无施工条件者，则应妥善假植保护，保证根系潮润才能移栽成活。但也有个别树种，如牡丹等，其根为肉质根，根系含水量高，故掘苗后最好晾晒一段时间，使根部含水量减少一些后再栽为好，以免因水分过多使根系易断而造成大量损伤，并有利于根部伤口愈合和再生新根。

同一品种、同龄的苗木，由于苗木的质量不同，栽植成活率和以后的适应能力也会有所不同。一般生长健壮、没有病虫害和机械损伤的苗木，移栽成活率较高；生长过旺，以至于徒长的苗木，因其抗性较差，反而不如生长一般的苗木容易成活且具有较强的适应性。

苗木出圃以前，如果几经移栽断根，所形成的根系就紧凑而丰满，移栽后容易成活；反之，一直没有移栽过的实生苗，因根系生长过长，掘苗时容易损伤而影响成活。

上述种种因素在选择树苗时都应该加以注意，并针对不同情况，在栽植时采取相应的技术措施，才能保证移栽成活率。

三、园林绿地树木栽植施工的工序

园林绿地树木栽植施工的主要工序有整地、定点与放线、挖穴（坑）和挖槽、挖苗（起苗、掘苗）、运苗、假植、苗木栽植前的修剪、苗木栽植（定植）、栽植后的养护管理，等等。

1. 整地

整地包括整理地形、翻地、去除杂物、耙平、填压土壤、栽植地土壤改良与土壤管理等措施，整地是保证移栽的树木成活和健壮生长的有力措施。特别是对一些土壤条件较差的绿化区域，只有通过整地才能创造出适合树木生长的土壤环境。由于城市园林绿地的土壤条件比较复杂，因此整地工作要做到既严格细致，又因地制宜。如果栽植地的表土层较疏松，土质较好，能够满足移栽树木的基本生长需要，则可以不进行翻地，以降低工程成本。整地应结合整个绿化工程清理施工现场及地形处理来进行，整理好的栽植地除能够满足树木生长发育对土壤的要求外，还要注意地形地貌的美观。

（1）整地的方法。在整地工作中，对不同条件的土壤栽植地，应根据情况采用不同的方法来进行。

1）平缓地的整地。对坡度在 8°以下的平缓地，可采取全面整地的办法。根据树木种植所必需最低土层厚度要求（表 2—1），通常翻耕 30 厘米左右，以利蓄水保墒。对于重点布置地区深根性树种可翻掘 50 厘米深，并施有机肥，借以改变土壤肥性。

平地整地要有一定的倾斜度，以利于地表排水。

表 2—1　　　　树木种植所必需最低土层厚度要求　　　　厘米

树木类型	小灌木	大灌木	浅根乔木	深根乔木
土层厚度	45	60	90	150

2）市政工程场地和建筑地区的整地。市政工程场地和建筑地区常会遗留大量的灰渣、沙石、砖石、碎木等建筑垃圾，这些垃圾对树木的生长很不利。对这些地区，在整地过程中应将建筑垃圾等不利于树木生长的杂物全部清除，并在因清除了建筑垃圾等而缺土的地方采用客土措施，填入肥沃的土壤，通过土壤改良来使土壤适应树木的生长。在整地时还应将夯实的土壤翻松，并根据设计要求处理地形。

3）低湿地区的整地。对低湿地区，应先挖排水沟，降低地下水位，防止土壤返碱。有条件的，一般应在栽树前一年每隔 20 厘米挖出一条深 1.5～2 米的排水沟，并将掘起的表土翻至一侧培成垄台，经过一个生长季后，土壤受雨水的冲洗，盐碱减少，杂草腐烂，土质疏松，不干不湿，即可在垄台上栽树。

4）新堆土山的整地。对于人工新堆的土山，要令其自然沉降，至少经过一个雨季，才能进行整地及栽树。人工土山多不太大，也不太陡，又全是疏松新土，因此，可以按设计进行局部的自然块状整地。

5）荒山整地。荒山整地的方法一般是先清理地面，刨出枯树根等杂物，搬除可以移走的障碍物。在坡度较平缓、土层较厚的情况下，可以采用水平带状整地。这种方法是沿低山等高线整成带状的地段，故又称环山水平线整地。在干旱石质荒山及黄土或红壤荒山的植树地段，可采用连续或断续的带状整地，称为水平阶整地。在水土流失较严重的或急需保持水土使树木迅速成林的荒山，则应采用水平沟整地或鱼鳞坑整地，还可采用等高撩壕整地。

(2) 整地的季节。整地时间的早晚对完成整地任务的好坏有直接关系。在一般情况下，应提前整地，以便发挥蓄水保墒的作用，并可保证植树工作顺利进行。一般整地应在栽树前 3 个月以上的时段内（最好经过一个雨季）进行，如果现整现栽，将会影响栽植效果。

(3) 栽植地的土壤改良。园林栽植地土壤改良的任务和目的是通过对栽植地土层的理化性质进行化验分析，找出土壤不利于或不能满足树木生长发育的方面，利用各种措施和技术手段来改善土壤的结构和理化性质，提高土壤肥力，以使土壤能够正常供应树木所需的水分和养分等，为树木的生长发育提供良好的条件。

由于城市立地条件复杂，园林栽植地土壤多为填充土（在城市建设中改造过的土壤），受市政工程施工、建筑工程施工、人为活动等的影响，很多栽植地土壤密实，含有大量生活废料、工业废料、建筑垃圾等不利于树木生长的物质。因此，对这些栽

植地进行必要的土壤改良是整地工作的一项重要内容。土壤改良多采用消毒、深翻熟化、客土改良、培土与掺沙、增施有机肥等方法。

2. 定点与放线

定点与放线是指根据种植设计图样，按比例放线于地面，确定各树木种植点的程序。定点与放线是保证能够按设计图样施工的重要前提，一般由专业技术人员或熟练技术工人进行。定点与放线应符合以下规定：种植穴、槽定点与放线应符合设计图样的要求，位置必须准确，标记明显；种植穴定点时应标明中心位置，种植槽应标明边线；定点标志应标明树种名称（或代号）、规格；行道树定点遇有障碍物影响株距时，应与设计单位取得联系，进行适当调整。

定点和放线的方法很多，具体根据栽植要求的精确度及栽植类型的不同而有所区别。树木栽植施工常用的定点与放线方法主要有以下几点：

(1) 行道树的定点与放线。道路、街道两侧成行列式规则整齐栽植的树木称为行道树。行道树要求栽植位置准确，特别是行位必须准确无误。

行道树的行位按设计的横断面规定的位置放线，在有固定道牙的道路两边栽植行道树时，一般以道牙内侧为定点依据；没有道牙的道路则以道路路面的中心线为依据。找好依据点后，用钢尺、皮尺或测绳测准行位，然后按设计图样规定的株距，大约每隔 10 株树左右的距离钉一个行位桩。通直且长距离的道路行位桩可钉稀一些，如有条件，可首尾用尺量距定行位，中间段用经纬仪照准穿直的办法布置行位桩，这样可以加快速度。凡道路拐弯的必须测距定桩。行位桩一般不要钉在植树挖坑的范围内，以免施工时挖掉。行位确定后，用皮尺或测绳定出株位，株位中心铲出一个小坑，撒上石灰作为定位标记。

由于道路、街道绿化与市政、交通、沿途单位、居民等关系密切，所以行道树的定点、放线除要与设计单位、市政部门等配合协商进行外，在定点后，还应请设计人员验点确定，方可进行下一步的工作。在定点时，遇到下列情况也要留出适当距离(数字仅供参考)。

1) 遇道路急转弯时，在弯的内侧应留出 50 米的空位不栽树，以免妨碍视线。

2) 交叉路口各边 30 米内不栽树。

3) 公路与铁路交叉口 50 米内不栽树。

4) 道路与高压电线交叉点 15 米内不栽树。

(2) 成片绿地的定点与放线。成片绿地的设计栽植方式主要有两种：一是在设计图上标出单株的位置；二是只在图上标明栽植的范围而无固定单株位置的树丛片林。其定点与放线方法有以下 4 种：

1) 平板仪定点和放线法。对范围较大、测量基点准确的绿地一般用此方法。该方法依据基点，将单株位置及片株的范围线按设计依次定出，并钉木桩标明，木桩上写明树种、株数。

2）方格网定点和放线法。此方法适用于范围较大且地势平坦的绿地。即先在图样上以一定的边长画出方格网（5米、10米、15米和20米等长度），再把方格网按比例测设到施工现场中（一般多采用经纬仪来放桩比较准确）。现场方格可用石灰画线，也可钉桩挂绳。方格定位后，再在每个方格内按照图样上的相对位置进行绳尺法定点。

3）交会法。此方法适用于面积较小、现场内建筑物或其他标记与设计图样相符的栽植地。具体做法：找出设计图样上与施工现场两个完全符合的基点（如建筑物、电线杆等），量准栽树点与该两点之间的距离，分别从各点用皮尺在地面上画弧交出栽植点位，撒上石灰或钉木桩，做好标记。

4）目测法。对于设计图样上无固定点的树木栽植（如灌木丛和树群等），可先用以上几种方法画出树丛、树群的栽植范围，然后再根据设计要求在所定范围内用目测法确定每株树木的栽植位置。目测定单株点时，要注意树种及数量符合设计要求，树木的配置符合生态要求，并注意自然美观效果。

在定点和放线时，如遇栽植点与现场一些不宜移动或清除的障碍物时，应与设计人员沟通，避开障碍物，遵照与障碍物相距的有关规定来定位。

3. 挖穴（坑）和挖槽

树木栽植的挖穴（坑）和挖槽工作虽然看起来操作比较简单，但挖穴（坑）和挖槽是否符合标准及其质量的好坏对定植后的树木成活与生长有很大影响。在种植穴、种植槽挖掘前，应向有关部门了解地下管线和隐蔽物的埋设情况，以防止在施工过程中出现破坏管道、管线的现象，造成不必要的损失。

挖穴（坑）和挖槽的大小应根据苗木根系、土球直径和土壤情况而定，一般应略大于苗木的土球或根系的直径。具体挖穴（坑）和挖槽的规格应符合表2—2至表2—6的规定。其中常绿乔木类种植穴规格见表2—2，落叶乔木类种植穴规格见表2—3，花灌木类种植穴规格见表2—4，竹类种植穴规格见表2—5，绿篱类种植槽规格见表2—6。

表2—2　　常绿乔木类种植穴规格　　厘米

树高	土球直径	种植穴深度	种植穴直径
150	40～50	50～60	80～90
150～250	70～80	80～90	100～110
250～400	80～100	90～110	120～130
400以上	140以上	120以上	180以上

表 2—3　　落叶乔木类种植穴规格　　厘米

胸径	种植穴深度	种植穴直径	胸径	种植穴深度	种植穴直径
2～3	30～40	40～60	5～6	60～70	80～90
3～4	40～50	60～70	6～8	70～80	90～100
4～5	50～60	70～80	8～10	80～90	100～110

表 2—4　　花灌木类种植穴规格　　厘米

冠径	种植穴深度	种植穴直径
100	60～70	70～90
200	70～90	90～110

表 2—5　　竹类种植穴规格　　厘米

种植穴深度	种植穴直径
比盘根或土球深 20～40	比盘根或土球大 40～60

表 2—6　　绿篱类种植槽规格　　厘米

种植方式 / 苗高（深×宽）	单行	双行
50～80	40×40	40×60
100～120	50×50	50×70
120～150	60×60	60×80

从正投影来看，种植穴、种植槽的形状一般为圆形或方形。无论何种形状，种植穴、种植槽都必须垂直下挖，保证上口和下底相等，切忌上大下小或上小下大（图 2—1），以免栽树时根系不能舒展或填土不实而影响成活及根系的生长。

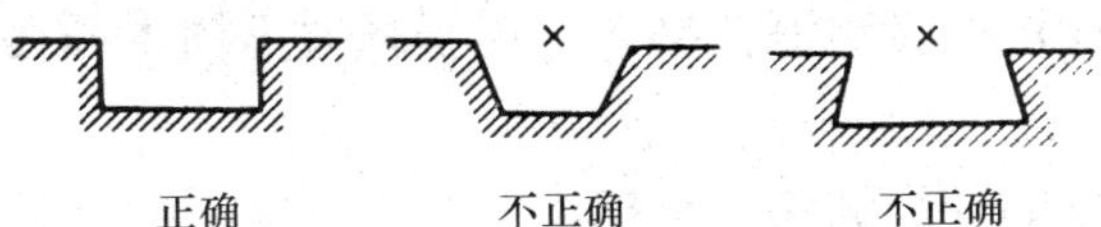

图 2—1　种植穴、种植槽的正投影情况

（1）挖穴（坑）和挖槽时必须遵循的操作技术及规范

1）穴（坑）和槽的位置要准确，规格要适当。挖穴（坑）和挖槽要严格按定点和放线的标记点来进行，穴（坑）和槽的大小、形状、深度等要依据苗木、土质情况及相关的技术规范来确定。

2）挖出的表土与心土应分开堆放在坑边。这是因为上层表土一般有机质含量较多，应先填入坑底养根，而底层心土可填回至坑上做开堰用。为有利于施工，在一个施工区内，表土、心土堆放的位置应固定在一个方向，堆土的位置要便于运土和换土及行人通行。例如，在栽植行道树时，土应堆在与道路平行的树行两侧，不要堆在行内，以免影响栽树时瞄直的视线。

3）在斜坡上挖穴（坑）和挖槽时，应先将斜坡做成一个小平台，然后在平台上挖穴（坑）和挖槽。穴（坑）和槽的深度应从坡的下沿口开始计算。

4）在新填土方处挖穴（坑）和挖槽时，应将穴（坑）和槽底适当踩实。

5）对土质不好的栽植地，应加大穴（坑）和槽的规格，并将杂物筛出清走。对不利于树木生长的坏土与废土，应及时运走，换上好土。

6）在施工过程中如发现电缆、管道等，应停止操作，及时找有关部门配合解决。

7）绿篱等株距很近的栽植形式一般挖成沟槽种植池。

8）挖穴（坑）和挖槽后，应施入腐熟的有机肥作为基肥。在土层干燥的地区应于栽植前浸穴。

（2）挖穴（坑）和挖槽的方法。其方法有手工操作和机械操作两种。

1）手工操作。手工操作的主要工具有锄、锹、铲、镐等。操作方法：以定点标记为圆心，以规定的穴（坑）的直径在地上画圆（或以规定槽的长、宽画出长方形），再沿圆（或长方形）的四周向下垂直挖到规定的深度，然后将坑底挖松、弄平。对于栽植裸根苗木的坑底，挖松后最好在中央堆一个小土丘，以利于树根舒展。挖完后，仍将定点用的木桩放在穴（坑）内，以备散苗时核对。手工操作挖穴（坑）和槽时，人与人之间应保持一定的距离，以避免工具伤人，保证施工安全。

2）机械操作。在挖穴（坑）和挖槽工作量较大或取土量较多，以及行道树坑穴换土量大的情况下，为了加快施工进度，减轻劳动强度，有条件的可使用挖坑机进行机械操作。

挖坑机是用于挖掘树木种植穴（坑）的穴状整地机械，也可用于穴状松土、钻深孔等作业。钻深孔的挖坑机又称深孔钻，可用于杨树等树木扦插栽植树及树木根部打洞施肥等作业。

挖坑机的主要工作部件是钻头，有挖坑型和松土型两类。挖坑型钻头主要为螺旋形，它由钻尖、刀片、螺旋翼片和钻杆组成，钻尖起定位作用，刀片用于切削土壤，螺旋翼片起导土、升土作用。螺旋钻头有单螺旋钻头、双螺旋钻头、翼片式钻头和螺旋齿（螺旋弯刀）钻头（图2—2）。单螺旋钻头由单头螺旋导土片和一把切土刀组成，作业时钻头受力不平衡，只适于挖直径35厘米以下的穴（坑）；双螺旋钻头由双螺旋导土片和两把切土刀组成，适用于挖直径为 50～80 厘米的穴（坑）；翼片式钻头由两把切土刀和两切刀导土片的锥形工作面组成，适用于挖浅坑（坑深、穴径为 75 厘米）；螺旋齿钻头（也称松土型钻头）是在钻杆上焊有两把螺旋形弯刀，适用于在树根、草皮多的地方进行穴状整地。

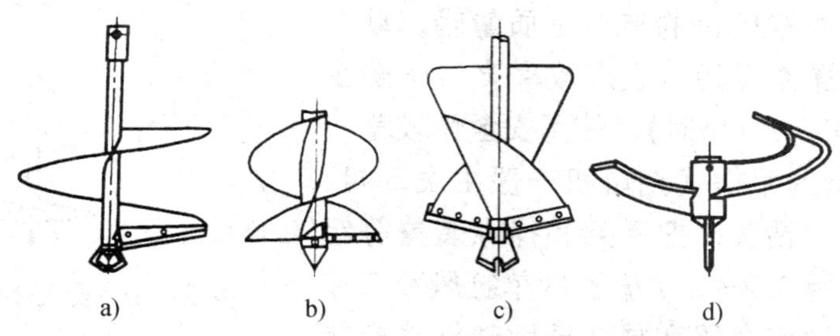

图 2—2 挖坑机螺旋钻头

a）单螺旋钻头 b）双螺旋钻头 c）翼片式钻头 d）螺旋齿钻头

挖坑机钻头的主要技术参数见表 2—7。螺旋钻头的工作原理是：在转杆的带动下，钻头一边旋转一边垂直向下运动，钻头先切去中心部分土壤，然后刀片开始切削土壤，由于切下的土层很薄，强度不大，容易成松散的细小颗粒。随着钻头旋转，土粒在离心力的作用下甩向穴（坑）壁，土粒与穴（坑）壁间的压力产生阻止土粒旋转的摩擦力，引起外层土粒沿着螺旋翼片表面向上运动。由于土粒内部相互挤压产生的摩擦力的作用，外层土粒带动相邻层土粒沿着螺旋翼片的斜面向上运动，直至被抛出至穴（坑）的周围。在栽入树苗后，穴（坑）周围的土可回填到穴（坑）中。

表 2—7 **挖坑机钻头的主要技术参数**

<table>
<tr><td>钻头直径（毫米）</td><td>150</td><td>200</td><td>250</td><td>300</td><td>350</td><td>400</td><td>500</td><td>600</td><td>700</td><td>800</td><td>1 000</td></tr>
<tr><td>钻头转速（转/分）</td><td>250</td><td>280
230</td><td>230</td><td>280
200</td><td>180</td><td>280</td><td>250</td><td>230</td><td>210</td><td>180</td><td>160</td></tr>
<tr><td>螺旋导程（毫米）</td><td>150</td><td>250
155</td><td>160</td><td>380
180</td><td>200</td><td>500</td><td>600</td><td>680</td><td>750</td><td>800</td><td>1 000</td></tr>
<tr><td>螺旋头数</td><td colspan="5">1</td><td colspan="4">2</td><td>2、3</td><td>3</td></tr>
<tr><td rowspan="2">钻杆直径（毫米）</td><td></td><td>50</td><td></td><td>50</td><td></td><td rowspan="2">70</td><td rowspan="2">70</td><td rowspan="2">102</td><td rowspan="2">102</td><td rowspan="2">127</td><td rowspan="2">127</td></tr>
<tr><td colspan="5">38～45</td></tr>
</table>

挖坑机分便携式和自行式两种，便携式又有手提式和背负一手提式两种，以手提式的为主。自行式又分为拖拉机牵引式、拖拉机悬挂式和车载式三种，下面以拖拉机悬挂式为主介绍常见的手提式挖坑机及拖拉机悬挂式挖坑机的结构和使用情况。

①手提式挖坑机。手提式挖坑机有单人手提式挖坑机和双人手提式挖坑机两种（图 2—3）。凡是操作者能到达并站稳的地点基本上都能进行挖穴（坑）作业，主要用于地形复杂、交通不便的栽植地。手提式挖坑机的特点是质量轻，动力大，结构紧凑，操作灵活，生产效率高（一般生产效率为 150～400 穴/小时），使用安全性较差。

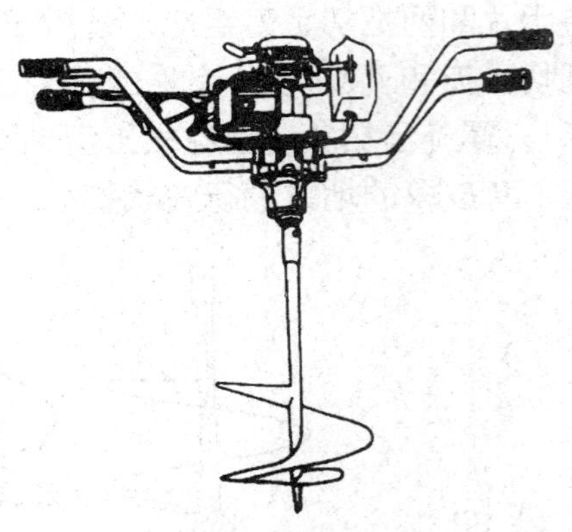
图 2—3　双人手提式挖坑机

图 2—3 所示的手提式挖坑机一般由发动机、离合器、减速器、钻头、把手架和操纵装置等组成。发动机多采用 1.2～3.7 千瓦的单缸风冷二冲程小汽油机，通过离合器和减速器驱动钻头旋转进行作业。离合器是发动机和工作部件的连接装置，起切断和接通动力的作用，一般采用离心式摩擦离合器。离心式摩擦离合器可以用发动机的油门开关来控制其接合或分离。这种离合器还能起安全保护作用，当钻头受到意外阻碍时，离合器就会打滑，从而避免发动机熄火或损坏。减速器是挖坑机的重要部件，其作用是减速。把手架多采用可拆卸式的结构，把手架上的手柄可配置成单人操纵或双人操纵的。钻头多采用单螺旋钻头，用以挖树穴（坑），为方便钻头自动出土，机上多装有逆转机构。目前国产手提式挖坑机主要技术规格见表 2—8。

表 2—8　　国产手提式挖坑机主要技术规格

型号	3WB—3	3WS—5	3WB—5
发动机功率（千瓦）	2.23	3.75	3.75
减速器型号	摆线针轮式	少齿差式	摆线针轮式
挖穴直径（毫米）	110/350	280	320
挖穴深度（毫米）	820		450
钻头类型	单螺旋/螺旋齿	单螺旋	单螺旋/螺旋齿
螺距	100/85	170	160
螺旋角	13°18′～16°57′	10°	9°3′
转速（转/分）	198	240	228

②拖拉机悬挂式挖坑机。拖拉机悬挂式挖坑机有后悬挂正置式和后悬挂侧置式两种（图 2—4）。其工作部件的传动，正置式的为机械传动，侧置式的为液压传动。

机械传动的悬挂式挖坑机由钻头、减速箱、万向传动轴、上拉杆和机架组成。挖坑机作业时钻头所需动力由拖拉机动力输出轴通过万向传动轴、减速箱获得。由于挖

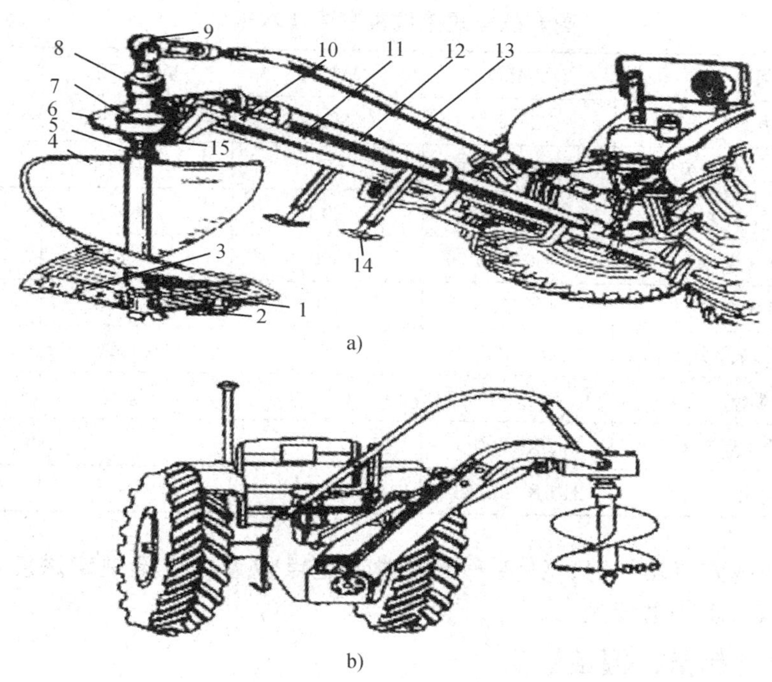

图 2—4　拖拉机悬挂式挖坑机

a）正置式　b）侧置式

1—调节螺钉　2—支撑端头　3—切刀犁头　4—螺旋翼片　5—竖轴　6—减速箱体　7—大锥齿轮　8—小锥齿轮　9—上铰链　10—万向传动轴　11—机架　12—万向传动轴护套　13—上拉杆　14—可伸支脚　15—下铰链

坑机工作时动力输出轴和减速器之间的距离常要变化，为了保证钻头作业时始终与地面垂直，使树穴不会歪斜，万向传动轴必须是可以自由伸缩的，可伸缩的万向传动轴是机械传动的悬挂式挖坑机的结构特点。有的在万向传动轴中还设有齿式牙嵌离合器，以便在钻头工作负荷过大或遇到障碍物时保护传动部件。减速器一般采用锥齿轮减速器，它的任务是降低动力输出轴的转速并增加转矩，同时还可以改变动力的传递方向。钻头常为双螺旋钻头，其升降由拖拉机悬挂机构的液压缸进行控制，但在挖穴（坑）时钻头主要靠自重入土，而拖拉机液压系统处于浮动状态。

液压传动的悬挂式挖坑机由钻头、液压马达、液压缸和机架组成。钻头由液压马达直接驱动，液压马达和机架之间采用单点铰链悬挂，以保证工作时钻头的垂直度。液压传动的悬挂式挖坑机结构比较简单，挖穴（坑）的直径和深度都比较大，作业时操作人员视野好，对道路、街道栽植行道树的挖穴（坑）作业效率高、质量好。

国产悬挂式挖坑机主要技术规格见表 2—9。

表 2—9　　国产悬挂式挖坑机主要技术规格

型号	W45D	WD80	WX—70	ZW—72
轮式拖拉机功率（千瓦）	25.7	39.7	20.6～36.8	40.4
运输地隙（毫米）	450/300	570	500	390
质量（千克）	310	298	160	530
挖坑直径（毫米）	450/750	800	500/700	470/600/700
挖坑深度（毫米）	450/750	800	500/700	850
钻头转速（转/分）	280/237	184	250/270	146
钻头类型	双螺旋		单螺旋	双螺旋
螺旋导程（毫米）	500/900			600
螺旋角	21°18′/20°18′	20°12′		14°52′

机械操作挖穴（坑）时，钻头一定要对准定点位置，挖至规定深度，整平穴底，必要时可加以人工辅助修整。

4. 挖苗（起苗、掘苗）

挖苗是植树工程的关键工序之一。挖苗质量的好坏直接影响移栽树木的成活和最终的整体绿化效果。因此，在挖苗过程中一定要做好充分的准备，要严格按照相应的技术要求与规定去操作。

（1）挖苗前的准备工作

1）挖苗前必须对苗木进行严格的选择。应依据设计所要求的苗木数量（所选数量应略多于栽植数量）、苗木规格来进行选苗；同时，还要注意选择生长健壮、树形端正、根系发达、无病虫害等的苗木。对选好的苗木，应用系绳、挂牌、涂颜色等方法做好标记，进行号苗。

2）挖苗前要根据苗木的规格确定苗木出土应保留的根系及土球的大小。苗木根系或土球挖取规格见表 2—10。

表 2—10　　苗木根系或土球挖取规格

树木种类	树苗规格		根系规格（厘米）	土球规格（厘米）	打包方式
	胸径（厘米）	高度（米）			
落叶乔木	3～5		50～60		
	5～7		60～70		
	7～10		70～90		

续表

树木种类	树苗规格		根系规格（厘米）	土球规格（厘米）	打包方式
	胸径（厘米）	高度（米）			
落叶灌木		1.2～1.5	40～50		
		1.5～1.8	50～60		
		1.8～2.0	60～70		
		2.0～2.5	70～80		
常绿树		1.0～1.2		30×20	单股单轴 6 瓣
		1.2～1.5		40×30	单股单轴 8 瓣
		1.5～2.0		50×40	单股双轴间隔 8 厘米
		2.0～2.5		70×50	
		2.5～3.0		80×60	
		3.0～3.5		90×70	

3）要做好挖苗前的苗圃地土壤准备。若挖苗处过于干燥，应在挖苗前 2～3 天浇一次水，使土壤湿润，以免起苗时损伤根系，保证质量；反之，若土壤过湿，则应提前开沟排水，以利于挖苗操作。

4）开挖前应将挖苗处现场的乱草、杂树苗、砖石堆物等不利于操作的东西加以清理。

5）准备好相关的挖掘工具和材料（如锋利的镐、铲、锹，土球所需的蒲包、草绳等包装材料等）。

6）为了便于操作及保护树冠，挖掘前应将蓬散的树冠用草绳捆扎。捆扎时要注意松紧度，防止损伤枝条（图 2—5）。

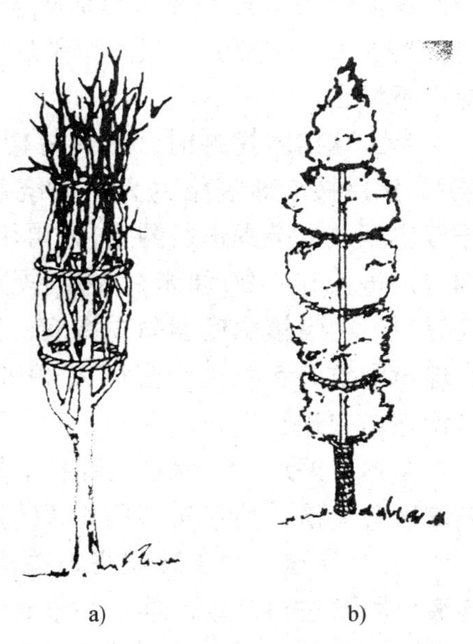

图 2—5　树冠的捆扎

a）落叶树　b）常绿树

（2）裸根挖苗方法及其质量要求。大多数落叶树苗和容易成活的针叶树小苗均可采用裸根挖苗。裸根挖苗一般在树苗处于休眠状态时挖掘为好。挖苗时，根据苗木出土应保留根盘的大小，在规格范围之外（用铁锹、铁铲等工具挖苗更应在规格范围外围起挖），沿苗四周垂直挖掘到一定深度（要达到根群的主要分布区并稍深一点）将侧根全部切断，翻出土，并于一侧向中心掏底且适当摇动树苗，找到深层主根将其铲断（较粗的主根最好用手锯锯断），然后轻轻放倒苗木并打碎外围土块。挖苗时要尽量多保留须根，防止主根劈裂。苗木挖出后要保持根部湿润，一般应随即运走栽植，以防止干枯而影响成活率。如一时不能运走，可在原坑埋土假植，用湿土将根埋实。挖完后掘出的土不要乱扔，以便挖后用其将坑填平。

裸根挖苗还可采用起苗机进行机械操作。起苗机是苗木出圃时用于挖掘苗木的机械，有拖拉机悬挂式和牵引式两种，以拖拉机悬挂式居多。悬挂式起苗机由起苗铲、碎土装置和机架3部分组成。起苗铲是起苗机的主要工作部件，它完成切土、切根、松土等作业，有固定式和振动式两种结构形式；碎土装置用于抖落苗木根部的土壤，它安装在起苗铲的后部，有杆链式、振动栅式、旋转轮式等结构形式。用起苗机进行机械起苗可大大提高工作效率，减小劳动强度，而且起苗的质量较好。

(3) 带土球苗木手工挖苗方法及其质量要求。带土球挖苗是指将苗木的一定根系范围连土一起掘削成球状起出，用蒲包、草绳或其他软包装材料包装好的起苗方法。一般针叶树、多数常绿阔叶树和少数落叶阔叶树由于根系不够发达，或是须根少，或生长须根和吸收根的能力较弱，而蒸腾量较大，栽植较难成活，所以常带土球起苗。

挖掘带土球苗木要求土球规格要符合规定的大小，土球要完好，外表平整、平滑，上部大、下部略小（呈苹果形状）；包装要严密，草绳紧实不松脱，土球底部要封严不漏土。

带土球苗木挖掘时，首先将树干基部四周的浮土铲去（铲除深度以不伤树根为准），然后按土球规格的大小围绕苗木画一圆圈（为保证起苗的土球符合规定大小，一般应稍放大范围进行圈定），再用铁锹等工具沿圈的外围垂直向下挖一上下等宽的沟（沟宽为50～80厘米），挖到规定的深度再将土球底部修成苹果形。土球四周修整完好后，再慢慢由底圈向内掏底，直径小于50厘米的土球可以直接将底部掏空，将土球拿到坑外包扎；而直径大于50厘米的土球底部应留一部分不挖，以支撑土球，方便在坑内进行打包。

苗木挖好后，为保护土球在运输过程中不会松散，应对土球进行打包处理，具体方法有扎草法、蒲包法、捆扎草绳法、木箱包装法等。

1）扎草法。对土球规格小的苗木（土球直径在30厘米左右），可用扎草法进行包装。扎草法很简单，准备好湿润的稻草，先将稻草的一端扎紧，然后把稻秆呈辐射状散开，将苗木的土球放于其中心，再将分散的稻秆从土球的四周外侧向上扶起，包围在土球外，并将稻秆紧紧扎在苗木的树干基部处。此法在我国江南地区起苗时使用较多，其包扎方便而迅速，应用普遍。

2）蒲包法。对苗木挖掘后运输距离较远，而苗圃地的土质又比较疏松的（如沙性土壤），对土球的包装可采用蒲包法，即用蒲包或草帘对土球进行包装。土球直径在50厘米以下的，如果土球土质尚坚实，可将苗木在坑外打包。先在坑外铺好浸湿

的蒲包或草帘，用手托底将土球从坑内抱出，轻放在蒲包或草帘正中，再用蒲包或草帘将土球包紧，最后再用草绳以树干为起点纵向把包捆紧。对土球直径在50厘米以上或在50厘米以下但土质疏松的，应在坑内打包。将两个浸湿的大小合适的蒲包从一边剪开直至蒲包底部中心，其中一个用于兜底，另一个用于盖顶，两个蒲包接合处用草绳穿插捆紧固定。包装好后，将苗木底部挖空，轻轻将苗木放倒，用草绳插入蒲包剪开处，将土球底部露土之处包严。

3）捆扎草绳法。对一些土质为黏土的土球，常采用捆扎草绳法包装。此法无论苗木大小均可使用。捆扎草绳法一般要先打腰箍（图2—6），即先在土球的中部进行水平方向的围扎，以防止土球外散。腰箍的宽度要看土球的大小和土质情况而定，一般要扎5圈以上。打腰箍时要把草绳打入土球表面土层中（一边拉紧草绳，一边用砖头、木棍敲打草绳），使草绳捆紧不松。腰箍打完后，进行纵向草绳的捆扎。捆扎的方法及扎结的花纹有很多种，在我国华东地区多采用“五角形包法”（图2—7）、“井字形包法（又称古钱包）”（图2—8）和“橘子包法（又称网络包）”（图2—9）等方法。在扎纵向草绳时，先将草绳一端系在腰箍或树干基部，再进行围绕捆扎，每捆扎一圈，均应用敲打的方法使草绳圈紧紧地扎入土球表面的土层中。捆扎到所需的圈

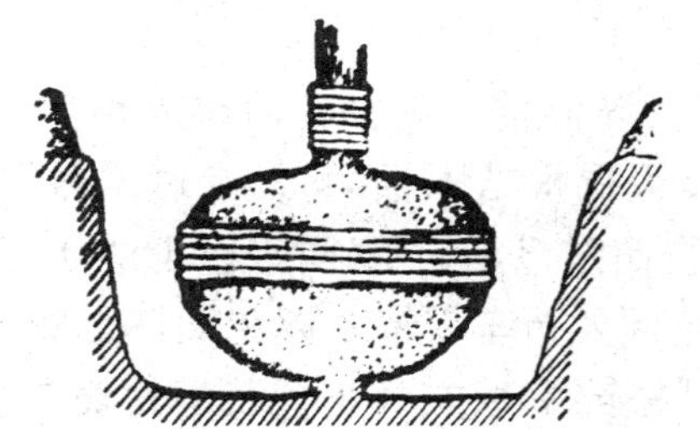

图2—6 土球打腰箍

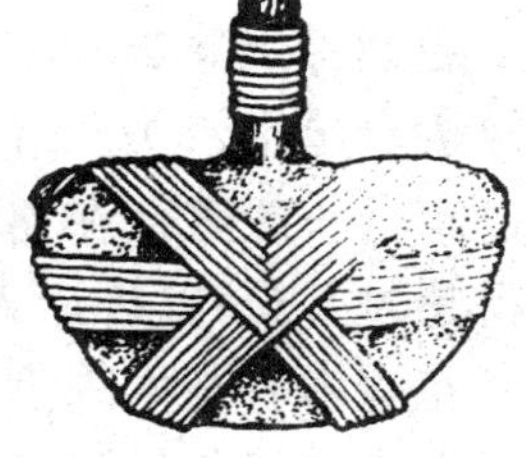

图2—7 五角形包扎土球

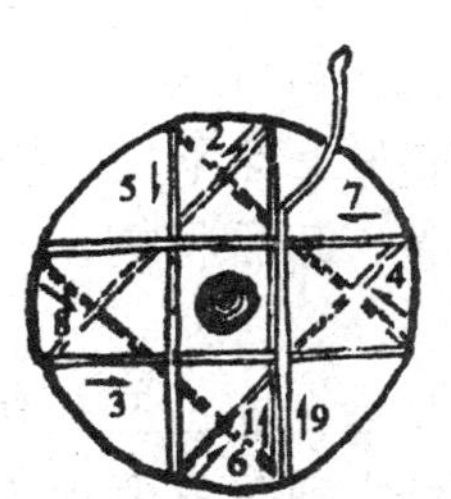

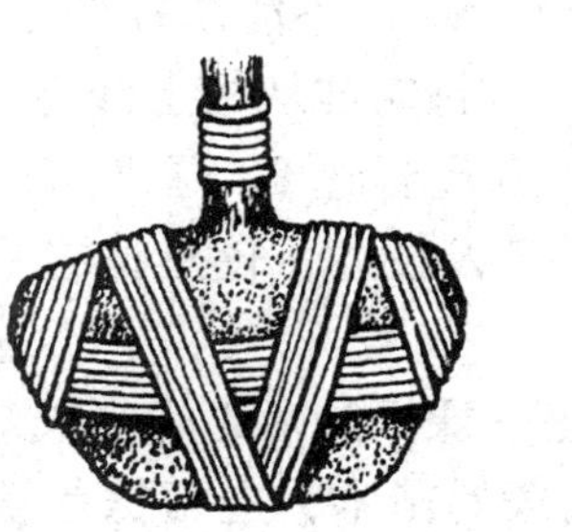

图2—8 井字形包扎土球

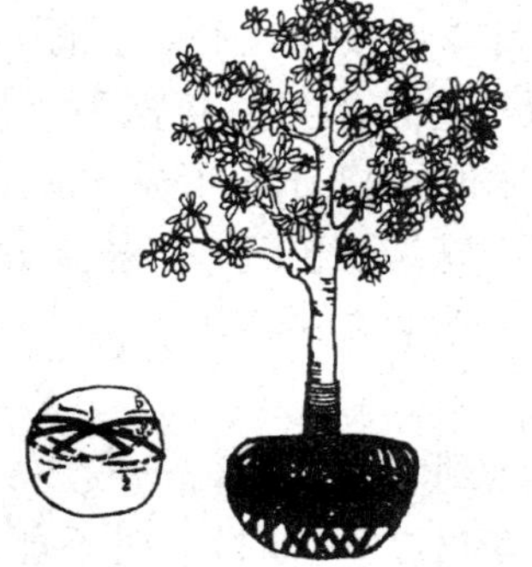

图2—9 橘子包扎土球

数后，在树干基部将草绳收尾扎牢。纵向草绳的扎圈多少也要依据土球的大小和土质好坏而定，一般土球小一些的，围扎 4～6 圈即可；大土球则需要增加纵向草绳扎圈的圈次。最后，如果怕草绳松散，可再增加一层外围腰箍。

对一些沙性较强、土质较松散的土球，可将蒲包和草绳结合使用进行包装，即先用蒲包包住土球，再用草绳捆扎。

5. 运苗与假植

树苗挖好后，要及时运到现场进行栽植，为提高移栽成活率，最好遵循“随挖、随运、随栽”的原则。运苗常采用车辆运输，装车前，押运人员要先根据施工所需苗木的品种、规格、质量、数量等认真检查核实后再装车，对不符合条件或已严重损伤的苗木应淘汰。苗木的运输量应根据种植量来确定。运苗时要注意在装车和卸车的过程中保护好苗木，要轻吊轻放，不得使苗木根、枝断裂及树皮磨损和造成散球现象。

装运裸根苗木应根据车辆行驶方向，使树根向前、树梢在后，顺序码放、整齐装车，装完后要将树干捆牢（捆绳子处要用蒲包或其他物品垫上，以免勒破树皮），树梢不能拖地（必要时可用绳子收拢），在后车厢处应放垫层（用蒲包或稻草等），以防止磨损树干，裸根苗木长途运输时，应用毡布、湿草袋等材料将根系覆盖，以保持根系湿润。

装运带土球苗木也应根据车辆行驶方向，使土球向前、树梢在后码放整齐。土球应放稳、垫平、挤严（具体装车及捆扎要求与装运裸根苗木相同），土球堆放层次不能过高（一般直径在 40 厘米以下的土球最多不得超过 3 层，40 厘米以上的土球最多不得超过 2 层），押运人员不要站在土球上，遇坑洼处行车要慢，以免颠坏土球。

花灌木（苗木高度在 2 米以下的）运输时可将苗木直立装车。装运竹类苗木时，不得损伤竹竿与竹鞭之间的着生点和鞭芽。

运苗应有专人跟车押运。短途运输时，中途最好不要停留；长途运苗时，裸根根系易吹干，应注意洒水。休息时车应停在阴凉处。苗木运到工地指定位置后应立即卸苗。苗木卸车时要从上往下按顺序操作，不得乱抽，更不能整车往下推。土球直径在 40 厘米以下的苗木可直接搬下，但要搬动土球而不能单提树干；卸直径 50 厘米以上的土球苗木时可打开车厢板，放上木板，再将树苗从板上滑下（车上人拉住树干，车下人推住土球缓缓卸下）；若土球较大，直径超过 80 厘米的，应先在土球下兜上绳子，绳子一端捆在车槽上，另一端由 2～3 人拉住，使土球轻轻下滑。卸后将树苗立直放稳。

苗木运到栽植地后，一般应立即栽植（裸根苗木必须当天栽植，且自起苗开始暴露时间不宜超过 8 小时）。对不能及时栽植的苗木，应根据栽植时间分别采取假植措施或对苗木土球进行保湿处理。

裸根苗木假植时，应先在合适的地方（一般选排水良好、湿度适宜、离栽植地较

近的地方）挖一条深 40～60 厘米、宽 150～200 厘米、长度根据具体情况而定的浅沟，然后将苗木一株株紧靠着呈一定的倾斜度（一般倾斜角为 30°左右）单行排在沟里（树梢最好向南倾斜），放一层苗木放一层土，将根部埋实。如假植时间过长（一般超过 7 天以上的），则应适量浇水，以保持土壤湿润。

带土球苗木如在 1～2 天内不能栽完，应将苗木紧密码放整齐，四周培土，树冠之间用草绳围拢，并经常喷水以保持土球湿润；假植时间较长的，土球之间也应填土。

假植期间根据需要，还应经常给常绿苗木的叶面喷水。

6. 苗木栽植前的修剪

为保持移栽苗木水分代谢的平衡，培养良好的树形及减少苗木伤害，栽植前应进行苗木根系的修剪，将劈裂根、病虫根、过长根等剪除，并对树冠进行修剪。

（1）乔木类苗木修剪的规定：

1）具有明显主干的高大落叶乔木。应保持原有树形，适当疏枝，对保留的主侧枝应在健壮芽上短截，可剪去 1/5～1/30 枝条。

2）无明显主干、枝条茂密的落叶乔木。对干径在 10 厘米以上的树木，可疏枝保留原树形；对干径为 5～10 厘米的苗木，可选留主干上的几个侧枝，保留原有树形进行短截。

3）枝条茂密的常绿乔木。具圆头形树冠的常绿乔木可适量疏枝。枝叶集生树干顶部的苗木可不修剪。具轮生侧枝的常绿乔木用做行道树时，可剪除基部 2～3 层轮生侧枝。

4）常绿针叶树苗木。不宜过多修剪，只剪除病虫枝、枯死枝、生长衰弱枝、过密的轮生枝和下垂枝。

5）用做行道树的乔木苗木。定干高度应大于 3 米，第一分枝点以下的枝条应全部剪除，分枝点以上的枝条酌情疏剪或短截，并应保留树冠原形。

6）珍贵树种苗木。树冠宜做少量疏剪。

（2）灌木及藤蔓类苗木修剪的规定：

1）带土球或湿润地区带宿土裸根苗木以及上年花芽分化的开花灌木不宜修剪，当有枯枝、病虫枝时应予以剪除。

2）枝条茂密的大灌木苗木可适量疏枝。

3）对嫁接灌木苗木，应将接口以下砧木萌生的枝条剪除。

4）对分枝明显、新枝着生花芽的小灌木苗木，应顺其树势适当修剪，促生新枝，更新老枝。

5）用做绿篱的乔灌木苗木可在种植后按设计要求整形修剪。苗圃培育成形的绿篱种植后应加以修剪。

6）攀缘类蔓性苗木可剪除过长部分。攀缘上架苗木可剪除交错枝、横向生长枝。

(3）移栽苗木修剪的规定：

1）剪口应平滑，不得劈裂。

2）枝条短截时应留外芽，剪口应距留芽位置 1 厘米以上。

3）修剪直径在 2 厘米以上的大枝及粗根时，截口必须削平并涂防腐剂。

7. 苗木栽植

苗木栽植是植树工程的最主要工序，应根据树木的习性和当地的气候条件，选择最适宜的栽植时期进行栽植。一般以阴而无风天为最佳，晴天在上午 11 点前或下午 3 点以后进行为好。

(1）栽植的方法。树木栽植前，应按设计图样要求核对苗木品种、规格及栽植位置。要先检查种植穴（坑）、种植槽的大小和深度等，对不符合根系要求的，应进行修整。

栽植的第一步是散苗，即将苗木按规定散放于种植穴（坑）、种植槽边。散苗时要轻拿轻放，不得损伤苗木。散苗速度应与栽苗速度同步，边散边栽，散毕栽完，尽量减少树根暴露时间。散苗后将苗木放入穴（坑）、槽内扶直进行栽植。

栽植的第二步是栽苗，包括裸根苗的栽植和带土球苗木的栽植。

1）裸根苗的栽植。栽植裸根树木时，先将种植穴（坑）底填成半圆土堆，一人将树苗放入穴（坑）内扶直，另一人用工具将穴（坑）边的土（先填入表土，再填心土）填入，当填土至 1/3 时，应轻提树干使根系舒展，在填土过程中要随填土分层踩实土壤（即做到“三埋二踩一提苗”），使根系充分接触土壤。当土填到比穴（坑）口稍高一点后（使土能够盖到树苗的根颈部位或高于根颈部 3～5 厘米），再用培土法将剩下的土沿树干四周筑起围堰（围堰的直径要略大于种植穴的直径，高 10～15 厘米），以利于浇水。对栽植密度较大的丛植地，可按片筑堰。

栽植前如果发现裸根树木失水过多，应在栽前将苗木根系放入水中浸泡 10～20 小时，让其根系充分吸水后再栽植。对于小规格苗木，为保护根系，提高栽后成活率，可先浆根后再栽植，具体方法：用过磷酸钙、黄泥和水按 2∶15∶80 的比例混成泥浆，然后将苗木根系浸入泥浆中，使每条根均匀粘上泥浆后再栽植。浆根时要注意泥浆不能太稠，否则容易起壳脱落，反而会损伤根系。

2）带土球苗木的栽植。栽植带土球苗木时，土球入坑时要深浅适当，填埋土应平或稍高于穴（坑）口，先要踩实穴（坑）底土层，再将苗木置于穴（坑）内，以防栽后出现陷落、下沉现象。土球入坑后先在土球底部四周垫少量土，以使土球固定（要注意使树干直立），填土时也应先填表土，先填到靠近根群部分，每填高 20～30 厘米应踩实一次，注意不要伤根。如填土过分干燥，或种植穴（坑）、土球较大，应在填至 1/3～1/2 时用木棍等在坑边四周夯实，防止根群下部或土球底部中空。填完

土后再筑围堰。

（2）栽植注意事项和质量要求

1）规则式栽植应保持对称平衡。行道树或行列栽植树木应在一条线上，保持横平竖直。

相邻树木规格应合理搭配，高度、干径和树形相似。栽植的树木应保持直立，不得倾斜。应注意观赏面的合理朝向，树形好的一面要朝向主要的方向。

2）栽植绿篱的株行距应均匀。树形丰满的一面应向外，按苗木高度、树干大小搭配均匀。在苗圃修剪成形的绿篱，栽植时应按造型拼栽，确保深浅一致。绿篱成块栽植或群植时，应由中心向外顺序退植。坡式栽植时应由上向下栽植。大型块植或不同彩色丛植时，宜分区、分块栽植。

3）栽植带土球树木时，不易腐烂的包装物必须拆除。树苗栽完后，应将捆绑树冠的草绳解开取下，使树木枝条舒展。

4）苗木栽植深度应与原种植深度一致，竹类可比原种植深度深 5～10 厘米。

5）栽植珍贵树种时应采取树冠喷雾、树干保湿和树根喷布生根激素等措施。

6）对排水不良的种植穴（坑），可在穴（坑）底铺 10～15 厘米厚的沙砾或铺设渗水管、盲沟，以利于排水。

7）在假山或岩缝间栽植时，应在种植土中掺入苔藓、泥炭等保湿透气材料。

8. 栽植后的养护管理

树木栽完后，为提高成活率，必须对树木进行必要的养护管理工作。养护管理主要包括立支柱、开堰浇水、树体包裹与树盘覆盖等内容。

（1）立支柱。栽植较大的树苗时，为了防止树苗倾斜或倒伏（特别是多风地区为防止树苗被风吹倒），应对树苗立支柱支撑，支柱的多少应根据树苗的大小设 1～4 根。支柱的材料有竹竿、木柱等，在台风大的地区也有用钢筋水泥柱的。立支柱时，为防止磨破树皮，支柱和树干之间应用草绳隔开（即在树干与支柱接触的部位缠上草绳）。

支柱绑扎的方法有直接捆绑和间接加固两种。直接捆绑就是将支柱一端直接与树干捆在一起（一般捆在树干的 1/3～1/2 处），另一端埋于地下（埋入 30 厘米以上），一般可在下风向支一根，也可采用双柱加横梁及三脚架形式等（图 2—10）。若支柱一年后不能拆除时要重新捆绑，以免影响树液流通和树干发育。间接加固主要是用粗橡胶皮带将树干与水泥杆连接牢固，水泥杆应位于上风方向。绑扎后的树干应保持直立。

（2）开堰浇水。一般在树木栽植前或栽植期间不应浇水，否则会造成栽植操作的困难，妨碍踩紧、踏实，使土壤板结。因此，应在栽植完成后浇水。

新栽树木浇水时以河、江、湖等处的天然水为佳。新栽树木一般要浇 3 次水，栽后应在当日浇透第一遍水（俗称“定根水”），浇水时注意围堰不能往外渗水（图2—11），浇水后树木出现歪斜时应及时扶正。第二遍水要根据情况连续进行。第三遍水在第二遍水后的5～10天内进行，秋季栽树开工较晚或雨季栽树时可少浇一遍水，但灌水量一定要足。

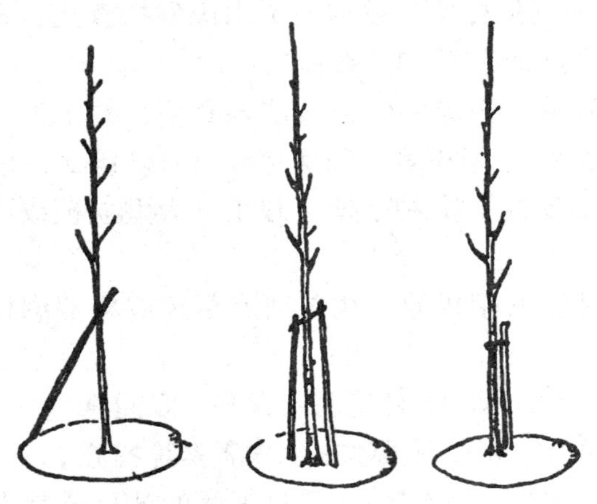

图2—10　直接捆绑法

图2—11　开堰浇水

浇完第三遍水，待水渗下后，应及时进行中耕封堰，秋季浇完最后一遍水后应及时封堰越冬，并在树干基部周围堆起30厘米高的土堆，以保持土壤中的水分。中耕封堰时应将裂缝填实，并将歪斜的树木扶正。中耕封堰时要将土打碎，并要注意不得损伤树根、树皮。封堰时要用细土，如土壤中有砖石应挑出，以免给下次开堰造成困难。封堰高度应比地面稍高一些，以防自然陷落。

新移栽的大树土球可能在短时期内会迅速失水干燥，所以不能只靠雨水保持土球的湿润。在栽植完成后，应经常用胶皮管缓缓注水，使水渗透整个土壤。为做到这一点，在注水之前应用铁杆或土钻在土球上打孔，可取得良好的效果。

在土壤干燥、浇水困难的地区，为节省用水，可用“水植法”浇水，方法是在树木入穴填土达一半时，先灌足水，然后再填满土，并进行覆盖保墒。

经常向新移栽的常绿树树冠喷水，不但可以减少叶面的水分损失，而且可以冲掉叶面上的蜘蛛网、螨类和烟尘等。

此外，栽后还要清理施工现场，将无用杂物及余土处理干净，对受伤枝条和栽前修剪不理想的枝条进行复剪，对现场进行必要的围护或派人进行看管、巡查等其他养护管理工作，具体根据实际需要进行安排。

(3) 树体包裹与树盘覆盖

1）树体包裹。新栽的树木，特别是树皮薄、嫩、光滑的幼树，应用粗麻布、粗帆布、特制皱纸（中间涂有沥青的双层皱纸）及其他材料（如草绳等）包裹，以防树

干干燥、被日光灼伤及减小被蛀虫侵害的可能，冬天还可以防止动物啃食树干。从隐蔽树林中移植出来的树木，因其树皮极易遭受日光灼伤的危害，移栽后对树干进行必要的保护性包裹效果十分显著。

包裹树干时，包裹物用细绳安全而牢固地捆在固定的位置上，或从地面开始，一圈一圈互相重叠向上裹至第一分枝处。树干包裹的材料应保留两年以上或让其自然脱落，或在不雅观时取下。

树干包裹也有其不利的方面，比如在多雨季节，由于树皮与包裹材料之间一直保持过湿状态，容易诱发真菌性溃疡病，所以在树干包裹前，在树干上涂抹一层杀菌剂能有效减少病菌感染。

2）树盘覆盖。在移栽树木过程中，对于特别有价值的树木，尤其是在秋季栽植的常绿树，用稻草、腐叶土或充分腐熟的肥料覆盖树盘，沿街树池也可用沙覆盖，这样可提高树木移栽的成活率。因为适当的覆盖可以减少地表蒸发，保持土壤湿润和防止土温变幅过大。覆盖物的厚度以全部遮蔽覆盖区而见不到土壤为准。覆盖物一般应保留越冬，到春天揭除或埋入土中，也可栽种一些地被植物覆盖树盘。

四、竹类与棕榈类植物的移植施工

竹类与棕榈类植物都是庭院及其他园林绿地中应用较广的观赏植物。严格地说，由于它们的茎只有不规则排列的散生维管束，没有周缘形成层，不能形成树皮，也无直茎的增粗生长，所以不具备树木的基本特征。然而，由于它们的茎干木质化程度很高，且为多年生常绿观赏植物，在园林绿地仍习惯将其作为园林树木对待。

1. 竹类植物的移栽

园林绿地中移栽竹类植物时一般采用移竹栽植法。移栽竹类植物是否成功，不是看母竹是否成活，而是看母竹是否发笋长竹。如果移栽后2～3年还不发笋，则可判断移栽失败。

(1) 散生竹的移栽。散生竹在园林绿地中运用较广，通过栽植成片的竹林，可营造一种清新幽雅的山林环境。散生竹移栽成活的关键是保证母竹与竹鞭的密切联系，母竹所带竹鞭具有旺盛的孕笋和发鞭能力。由于散生竹的生长规律和繁殖特点大同小异，因而移栽技术也基本相同。下面以毛竹为例加以介绍。

1）栽培地的选择。毛竹生长快且生长量大，出笋后50天左右就可完全成形，长成其应有大小。毛竹在土层深厚、肥沃、湿润、排水和通气良好并呈微酸性反应的壤土上生长最好，沙壤土或黏壤土次之，重黏土和石砾土最差。过于干旱、贫瘠的土壤，含盐量在0.1%以上的盐渍土和pH值在8.0以上的钙质土以及低洼积水或地下水位过高的地方都不宜栽种毛竹。

2）栽植季节。在毛竹分布区，晚秋至早春，除天气过于严寒外，一般都可栽植。

偏北地区以早春栽植为宜，偏南地区以冬季栽植效果较好。

3）选母竹。毛竹的母竹一般应为 1～2 年生，其所连竹鞭处于壮龄阶段，鞭壮、芽肥、根密，抽鞭发笋能力强，只要枝叶繁茂、分枝较低、无病虫害、胸径为 2～4 厘米的疏林或林缘竹都可选为母竹。竹竿过粗，挖、运、栽操作不便，分枝过高的，栽后易摇晃，影响成活，带鞭过老的，鞭芽已失去萌发能力，这些都不宜选为母竹。

4）母竹的挖掘和运输。选定母竹后，首先应判断其鞭的走向。一般毛竹竹竿基部弯曲，鞭多分布于弓背内侧，分枝方向大致与竹鞭走向平行。根据竹鞭的位置和走向，在离母竹 30 厘米左右的地方破土找鞭，按来鞭（即着生母竹的鞭的来向）20～30 厘米、去鞭（即着生母竹的鞭向前钻行，将来发新鞭长新竹的方向）40～50 厘米的长度将鞭截断，再沿鞭的两侧 20～35 厘米的地方开沟深挖，将母竹连同竹鞭一并挖出，带土 25～30 千克。毛竹无主根，竿基及鞭节上的须根再生能力差，一经受伤或干燥萎缩便很难恢复，栽植不易成活。因此，挖母竹时要注意鞭不能撕裂，保护好鞭芽，不摇竹竿，少伤鞭根，不伤母竹与竹鞭连接的“螺钉”。事实证明，凡是带土多、根幅大的母竹移栽成活率高，发笋、发竹也快。母竹挖起后，留枝 4～6 盘，削去竹梢，但切口要光滑而整齐（图 2—12）。

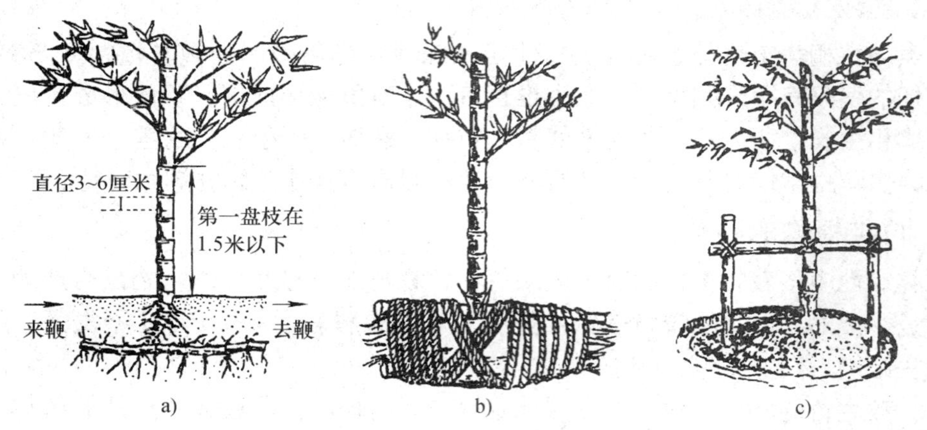

图 2—12　毛竹的移栽

a）毛竹母竹的规格　b）包扎　c）栽植及支撑

母竹挖出后，若就近栽植则不必包扎，但要保护宿土和“螺钉”，远距离运输必须将竹蔸鞭根和宿土一起包好扎紧。包扎方法是在鞭的近圆柱形的土柱上下各垫一根竹竿，用草绳一圈一圈地横向绕紧，边绕边锤，使绳土密接，并在鞭竹连接（即“螺钉”）着生处侧向交叉捆几道，完成土球的包扎。在搬运和运输途中，要注意保护土球和“螺钉”，并保持土球湿润。

5）栽植母竹。母竹栽植要做到深挖穴、浅栽竹、下紧围、高培蔸、宽松盖、稳

立柱，注意掌握鞭平、竿可斜的原则。栽植前先挖好栽植穴，栽植穴的规格一般为深100厘米、宽60厘米左右，栽植时可根据竹蔸大小和竹蔸带土情况适当进行修整。栽植时，先将母竹放入栽植穴，然后解开其包装，顺应竹蔸形状，使鞭根自然舒展，不强求竹竿垂直，竹蔸下部要垫土密实，上部平行或稍低于地面，再填入表土，自下而上分层塞紧踩实，使鞭与土壤密接，完后浇足定根水，覆土培成馒头形，再盖上一层松土。毛竹若成片栽植，栽植密度可为每亩20～25株，3～5年后可以满园成林。

6）栽后管理。母竹栽植后的管理与一般树木移栽相同，但要注意发现有露根、露鞭或竹蔸松动的要及时培土填盖。松土除草时要注意不要伤到竹根、竹鞭及笋芽。栽后的2～3年为养竹期，除受病虫危害和过于瘦弱的竹笋外，一般不拔新发的竹笋。孕笋期间，即每年的9月以后应停止松土除草。

小型散生竹种，如紫竹、刚竹、罗汉竹等对土壤的要求不甚严格，可以单株或2～3株一丛移栽。挖母竹时来鞭留20厘米，去鞭留30厘米，竹蔸带10～15千克的土球，竹竿留枝4～5盘后去梢，栽植穴长、宽各50～60厘米，深30～40厘米。小型竹若成片栽植，其密度可为每亩30～50株。

（2）丛生竹的移栽。在我国，丛生竹主要分布于广东、广西、福建、云南、重庆和四川等地，以珠江流域较多，为其分布中心。我国丛生竹的种类很多，竹竿大小和高矮相差悬殊，但其繁殖特性和适生环境的差异一般不大，因而在栽培管理上也大致相同。下面以青皮竹为例介绍丛生竹的移栽技术。

1）移栽前的选地。丛生竹绝大多数分布在平原丘陵地区，尤其是在溪流两岸的冲积土地带。栽植青皮竹一般应选土层深厚、肥沃疏松、水分条件好、pH值为4.5～7.0的土壤进行栽植。干旱瘠薄、石砾太多或过于厚重的土壤不宜种植青皮竹。

2）移栽季节。青皮竹等丛生竹类无竹鞭，靠竿基芽眼出笋长竹，一般5—9月出笋，来年3—5月生枝发叶，移栽时间最好在发叶之前，一般在2月中旬至3月下旬较为适宜。在此期间挖掘母竹、搬运、栽植等都比较方便，移栽成活率高，当年即可出笋。

3）选母竹。丛生竹的移栽应选择生长健壮、枝叶繁茂、无病虫害、竿基芽眼肥大充实、须根发达的1～2年竹作为母竹，这种类型竹子发笋能力强，栽后易成活。2年生以上的竹竿，竿基芽眼已发笋长竹，残留芽眼多已老化，失去发芽能力，而且根系开始衰退，不宜选作母竹。母竹的粗度应大小适中，青皮竹属中型竹种，一般胸径以2～3厘米为宜。过于细小的，竹株生活能力差，影响成活；过于粗大的，挖、运、栽等都不方便。所以说竹竿过细、过粗的都不宜选作母竹。

4）母竹的挖掘与运输。1～2年生的健壮竹株一般都着生于竹丛边缘，竿基入土较深，芽眼和根系发育较好，母竹应从这些竹株中挖取。挖掘时，先在离母竹25～30厘米处扒开土壤，由远至近，逐渐深挖，在挖的过程中要防止损伤竿基和芽眼，尽量少伤或不伤竹根，在靠近老竹一侧，找出母竹竿柄与老竹竿基的连接点，用利器将其切断，将母竹带土挖起。切断母竹与老竹的连接点时，切忌使母竹蔸破裂；否则容易导致根蔸腐烂，影响母竹成活。在挖掘母竹时，有时为了保护母竹，可连老竹一并挖起。母竹挖起后，保留 1.5～2.0 米长的竹竿，用利器从节间中部成马耳形截去竹梢，适当疏除过密枝和截短过长枝，以便减少母竹蒸腾失水，便于搬运和栽植。母竹就近栽植可不必包装，若远距离运输则应包装保护，并防止损伤芽眼。

5）栽植母竹。丛生竹根据园林造景需要可单株（或单丛）栽植，也可多丛配植。栽植穴的大小视母竹竹蔸或土球的大小而定，一般应大于土球或竹蔸 50% 或 100%，直径为 50～70 厘米，深约 30 厘米。栽竹前，穴底应先填细碎表土，最好能同时施入 15～25 吨的腐熟有机肥，有机肥可与细表土混合拌匀后回填。在放入母竹时，若能判断竿基弯曲方向，最好将弓背朝下，这样有利于加大母竹出笋长竹的水平距离。母竹放好后，分层填土、踩实、灌水、覆土，覆土以高出母竹原土印 3 厘米左右为宜，最后培土成馒头形，以防积水烂蔸。

（3）混生竹的移栽。混生竹的种类很多，大多生长矮小，虽除茶竿竹外其经济价值多不大，但其中某些竹种（如方竹、菲白竹等）具有较高的观赏价值。混生竹既有横走地下茎（鞭），又有竿基芽眼，都能出笋长竹，其生长繁殖特性位于散生竹与丛生竹之间，移栽方法可两者兼而有之。

2. 棕榈类植物的移栽

棕榈类植物为常绿乔木、灌木或藤木，实心，叶常聚生于茎顶，无分枝或极少分枝；地下无主根，根茎附近须根盘结密生，耐移栽，易成活。棕榈类植物喜温暖、湿润的气候条件，其中许多种类具有较强的耐阴性。

棕榈类植物种类较多，其中许多种类如棕榈、椰子树、鱼尾葵、蒲葵、棕竹和假槟榔等都具有较好的观赏价值，在园林绿地中（特别是在南方地区）运用较广。棕榈类植物不同种类的生态学特性虽有差异，但其移栽方法大致相同。下面以棕榈为例对其移栽方法加以介绍。

（1）棕榈栽植地的选择。棕榈又称棕树，无分枝，无萌发能力，喜温暖，不耐严寒（但棕榈又是棕榈类植物中最耐低温的），喜湿润、肥沃的土壤；棕榈耐阴，尤以幼年更为突出，在树荫及林下更新良好；棕榈对烟尘、二氧化硫、氟化氢等有害气体的抗性较强，不易染病虫害。

（2）棕榈的移栽季节。棕榈可在春季或梅雨季节移栽，以雨后土壤不黏湿及阴雨天栽植为好。

（3）移栽植物的选择。移栽棕榈宜选生长旺盛的幼壮树为好，在路旁和其他游客较多的地方应栽高 2.5 米左右的健壮植株，以免对游人造成影响。

（4）棕榈的挖掘。棕榈无主根，其须根集中分布范围为 30～50 厘米，有的也为

1.0～1.5 米，爪状根分布紧密，多为 30～40 厘米，最深可达 1.2～1.5 米。

棕榈须根密集，土壤盘接带土容易。挖出土球大小多为 40～60 厘米，挖掘深度则视根系密集层而定。挖掘土球除远距离运输外，一般不包扎，但要注意保湿。

（5）棕榈的栽植。棕榈可孤植、对植、丛植或成片栽植。棕榈叶大、柄长，成片栽植的间距应不小于 3.0 米。栽植穴应比土球大 1/3，并注意排水。穴挖好后先回填细土踩实，再放入植株，扶正后分批回土拍实。栽植深度应与原来的土印痕持平，要特别注意不要栽得太深，以防止因积水导致烂根，影响移栽成活。四川西部及湖南宁乡等地群众有“栽棕垫瓦、三年可剐”的说法，也就是指在移栽棕榈树时先在穴底放入几片瓦片，便于排水，能够促进根系发育，有利于成活及生长。

为了使棕榈树在移栽后早见成效，栽后除要剪除开始下垂变黄的叶片外，不要重剪。如发现有新移栽的植株难以成活，应立即扩大其剪叶范围，即可再剪去下部已成熟的部分叶片或剪除掌状叶的 1/3～1/2，加以挽救，但要防止剪叶过度，使着生叶的茎干发生萎缩和长势难以恢复，影响其生长及降低观赏效果。

（6）栽后管理。棕榈栽植后除与其他树木一样要进行必要的常规管理外，还应及时剪除开始下垂变黄的叶片并定期剥除棕片。在群众中有“一年两剥其皮，每剥 5～6 片”的经验，第一次剥棕的时间为 3、4 月，第二次剥棕的时间为 9、10 月，剥棕时要特别注意“三伏不剥”和“三九不剥”，以免日灼和冻害。剥棕时要注意不能剥得太深，以免伤及树干，深度以茎不露白为度。在棕榈树的生长过程中，掌握适当的剥棕次数是棕榈树养护管理的关键措施，剥棕过度会影响植株生长，不剥棕又会影响观赏效果，还易酿成火灾。

五、大树移植施工

胸径在 20 厘米以上的落叶乔木和胸径在 15 厘米以上的常绿乔木称为大树。移栽这种规格的树木称为大树移植。

在城市绿化建设中，有时为了在最短的时间内改善环境景观，体现城市绿地、街道、庭院空间等的绿化、美化效果及尽早发挥其综合功能，在条件允许的情况下，栽植树木往往会考虑移栽大树。此外，根据园林绿化政策法规，为了保护建设用地范围内的一些大树、古树，也需要进行大树的移植。因此，大树移植施工是绿地栽植施工的一项重要工程，要按一定的程序和方法来进行。

1. 大树移栽的特点

大树一般都处于离心生长的稳定期，个别树木甚至开始向心更新，其根系趋向或已达到最大根幅，骨干根基部的吸收根多离心死亡，主要分布在树冠投影外缘附近的土壤中，带土范围内的吸收根很少。因此，大树移栽很容易使移栽的大树严重失去以水分代谢为主的平衡。对于树冠，在移栽过程中，为了尽早发挥其绿化效果及保持其原有的优美姿态，一般都不进行过重的修剪。只能在所带土球范围内，用预先促发大量新根的方法为代谢平衡打下基础，并配合其他移栽措施确保移栽树木的成活。

另外，大树移栽与一般树苗移栽相比，主要表现在被移栽的对象具有庞大的树体和相当大的质量，通常移栽条件复杂，质量要求高，往往需借助一定机械力量来完成。

2. 移栽前的大树调查及选择

对要在某一范围按设计方案移栽大树的，首先要根据设计所要求的树种、规格(包括树高、冠幅、胸径等)、分枝点高度、树形及主要观赏面、树木长势等内容，到有关苗圃地进行调查、选树，对选好的树苗要进行编号挂牌（牌上要标明该树苗的种名、规格、树形、树木的主要观赏面和原有朝向等指标)。大树移植一般要尽量选择接近新栽植地生境的树木（如选乡土树种)，做到适地适树，以利于提高移栽成活率。

此外，在选择大树苗时，还要考虑到树苗便于挖掘和包装运输。对要将建设用地范围内的大树移栽到别处的，大树移栽前应对移栽的大树生长情况、立地条件、周围环境、交通状况、地下管线情况等进行调查研究，对树木进行挂牌登记，并制定移栽的技术方案。

不同类别、品种的树木，移栽难易程度不同（表2—11)。一般灌木类比乔木类容易移栽成活，落叶树木比常绿树木容易移栽成活，扦插繁殖的或经多次移植、须根比

表2—11　　常见树种大树移栽难易程度

最易成活的树木	较易成活的树木	较难成活的树木	很难成活的树木
苏铁、银杏、紫薇、木兰、柳、悬铃木、白杨、梧桐、臭椿、槐树、李、榆、朴、梅、刺槐	雪松、桂花、棕榈、蒲葵、合欢、榕树、黄葛树、罗汉松、五针松、枫树、黄杨、厚朴、木槿、紫荆、石榴	广玉兰、栗、女贞、香樟、圆柏、侧柏、柏木、龙柏、油松、云杉、柳杉、水杉、山茶、木荷、杨梅、枇杷、喜树、泡桐	落叶松、华山松、马尾松、金钱松、冷杉、紫杉、核桃、白桦、珙桐、檫木

较发达的树木要比播种且未经移植的直根性和肉根类树木容易移栽成活，叶形细小的树木比叶少而大的树木容易移栽成活，树龄小的比树龄大的容易移栽成活，苗圃地人工培育的树木比野生的树木容易移栽成活。

3. 大树移栽前的准备工作

大树移栽前除要做好大树树苗的调查及选择工作外，还要做好其他相应的准备工作，以保证大树移栽的顺利进行及移栽成活。

在挖苗前要准备好各种移栽大树的工具、材料（采用木箱包装起苗法时要根据土

台的规格大小准备好包装木箱板)、机械、运输车辆以及运输通行证等。

当移栽成批大树时，为使施工有计划顺利地进行，可把栽植坑及移栽的大树编上一一对应的号码，使移栽时能对号入座，提高工作效率。

为了防止在起挖树木时由于树身重心不稳引起树木倒伏，在挖苗前应对需移栽的大树（特别是一些树冠面积大的常绿树）立支柱。立支柱的方法一般是用3根直径在15厘米以上的戗木分立在树冠分枝点下方，然后再用粗绳将3根戗木和树干一起捆扎紧（与戗木结合的树干处要围扎上草绳或蒲包，以防磨破树皮），戗木另一端应牢固支撑在地面，与地面成60°角左右。立支柱时应使3根戗木受力均匀，特别是避风向的一面。戗木的长度根据具体情况而定，下端应立在挖掘范围以外，以免影响挖苗操作。

在起苗前，应清除树干周围2～3米以内的碎石、瓦砾堆、灌木丛及其他障碍物，并将地面大致整平，为顺利起苗创造条件，然后根据树木移栽的先后次序，合理安排好运输路线和顺序，以保证每棵大树苗都能顺利运出。

需移栽大树时，移栽时间宜一年前确定（特别对一些移栽难度较大的树木），移栽前应对树木进行必要的修剪，对树木进行切根处理，以促进树木须根的生长。常见的大树切根处理措施有多次移栽法、回根法等。

树苗多次移栽法适用于苗圃地的树苗。操作方法：对一些速生树种，从幼树开始，每隔1～2年移栽一次，待胸径长到6厘米以上，则每隔3～4年移栽一次；对慢生树种，开始也每隔1～2年移栽一次，待胸径达到3厘米以上时，每隔3～4年再移栽一次，以后胸径长到6厘米，每隔5～8年移栽一次。采用此方法培育的大树苗，出圃时能带较多根系土球的根系也可缩小，移栽后不仅成活率高，而且生长健壮。

回根法（图2—13）又称预先断根法、分期断根法、缩坨断根法。一般应在移栽前2～3年的春季或秋季，以树干为中心，以树干胸径的2.5～4倍为半径，在干基周围的地上挖一圆形或方形的沟（沟宽为30～50厘米，深为60～100厘米），然后将沟切成四等份。在实践当中，为了安全起见，切根、挖沟要分数年完成，第一年挖1段、3段，第二年再挖2段、4段，在正常情况下，第三年沟中就会生满须根。以后挖掘大树时应从沟的外缘开挖，以尽量保护根系。

4. 大树移栽的程序和技术

(1) 树木的挖掘和包装。大树移栽起苗和根盘包装的操作要领与一般苗木移栽起苗的操作要领大致相同，但操作更为复杂，技术要求更高。一般地区大树移栽时，必须按树木胸径的6～8倍挖掘土球或方形土台装箱。常见的大树移栽起苗和包装的方法有木箱包装起苗法、软材包装起苗法、裸根起苗法等。

1) 木箱包装起苗法。木箱包装起苗法适用于挖掘方形土台，树木的胸径为10～15厘米或稍大一些的常绿乔木。木箱包装起苗法分以下几个步骤：

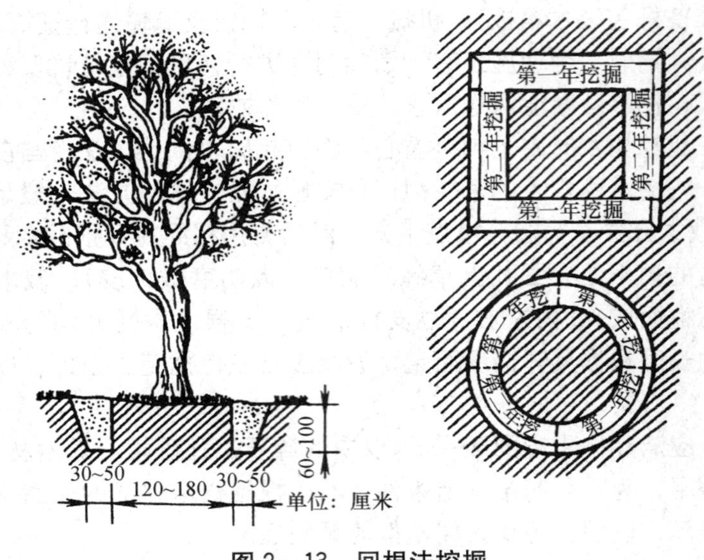

图 2—13　回根法挖掘

①挖苗。挖苗前，先按规定确定土台的规格大小，然后以树干为中心，以比规定的尺寸大 10 厘米左右画正方形，作为土台的规格。开挖时，以线为准，在线外开沟挖掘，沟的宽度一般为 60～80 厘米，以容纳一人操作为准。土台四角比规定的规格最大不超过 5 厘米，土台要修平整，土台侧面中间要比两边稍有凸出，如遇较大的侧根，应用手锯或剪刀将根切断，切口应在土台内。在修整土台时，上端要符合规定的尺寸，下端比上端略小，修整时应用箱板随时校对，直到合适为止，切不可使土台小于木箱板。

②装箱。土台修好后，应立即上箱板。木箱板的规格、质量必须符合规定标准，不能降低质量，以免造成事故。

箱板中心与树干必须成一条直线，木箱上沿应略低于土台 1～2 厘米，作为吊运时土台下沉时的系数。上箱板时，先将土台四角用蒲包片包好，再用箱板围在土台四周，用木棍等将箱板顶住，然后再进行检查，当围的箱板符合要求后，即可上钢丝绳将箱板扎紧。

钢丝绳一般上两道（即上下两道），两道各距箱板上、下边 15～20 厘米。在钢丝绳的接口处装上紧线器，紧线器要松到最大的限度，紧线器旋转的方向为从上向下转动收紧。上下两道紧线器应装在两个相反方向的箱板中央带上，以便收紧。紧线器在收紧时，必须两道同时进行，钢丝绳的卡子不要放在箱角和木带上，以免影响拉力。在紧收到一定程度时，应用锤子敲打木箱的四角，当用锤子敲打钢丝绳发出“铛铛”声时，表明已收紧，即可以钉铁皮固定。

铁皮应钉在两块箱板相交处，每角的第一道和最后一道距箱板边缘为 5 厘米左右

(如高 1.5 米的箱，每角钉铁皮 7～8 道；1.8～2.0 米的箱，每角钉铁皮 8～9 道)，在每面带上铁皮最少要钉上两个钉子。钉铁皮时不要钉在箱板拼缝处，钉钉子时稍向外斜，以增强拉力。板与板之间的铁皮必须绷紧，不能钉成弯形。四角铁皮钉好后，再进行一次检查，用锤子敲打铁皮，看其是否钉紧，如已钉紧，可松下紧线器，取下钢丝绳（图 2—14)。

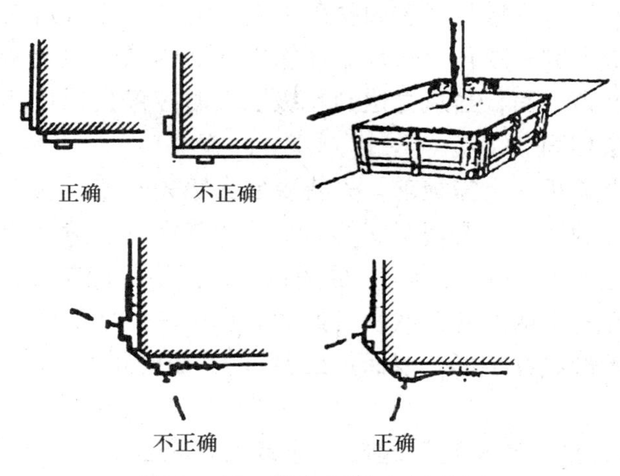

图 2—14 箱角钉铁皮示意图

③掏底、上底板及盖板。钉完箱板后，沿箱板四周继续将边沟挖深 30～40 厘米，以便进行掏底操作。掏底可两侧同时进行，用小板镐和小平铲掏挖土台下部。每次掏底宽度应与底板宽度相等，不可过宽，当掏够宽度时则应上底板（图 2—15)。在上底板时，应量好底板所需要的长度，并在底板的两头钉好铁皮，然后将底板放入土台下，先将底板的一头钉在箱板底部，钉好后用木墩顶紧，底板的另一头用液压千斤顶顶起与土贴紧，再用铁钉将底板上的铁皮钉在箱板上，使底板与箱板贴紧固定。钉好

图 2—15 掏底土、上底板示意图

铁皮后，撤下千斤顶再顶好木墩。两边底板上完后，再向内掏底上中间板。

在掏中间底前，要先用四根木棍将梢板进行支撑固定，木棍的一头顶在坑边（坑边必须先挖一小槽。槽内立上一小木板，再将木棍顶上），另一头顶在木箱板的中间带上，用钉子钉牢。掏中间底时，底部应凸出稍呈弧形，掏底时如遇到树根，应用手锯将其锯断，锯口应凹陷在土台内，不可凸出，以利于将底板收紧。掏中间底时，如遇土质松散，应用窄板将底板封严。如脱落少量土时，可在脱落处垫草包等填充，再上底板。钉底板时应上完一块再上一块。在掏中间底的操作中要特别注意安全，不得将头部和身体伸到土台下面，当风力达到 4 级以上时应停止操作。上中心底板的方法与上两侧底板的方法相同。

上完底板后再上盖板，上盖板前，先将表层土铲去一些，使土台中间部位稍高于四周，若表层有缺土的地方，要用湿润的好土填实整平（一般土台应比木箱上口高出 1 厘米左右），土台上部整好后先铺上一层蒲包片，然后钉上盖板。盖板的长度应与箱板上口相等，一般在树干两边各钉两块（如需要也可在盖板上面与盖板垂直的方向每侧再钉一块，使盖板形成井字形，以保护土台），盖板间距为 15～20 厘米，钉的方向与底板垂直。

2）软材包装起苗法。软材包装起苗法即带土球起苗法，一般移栽胸径为 10～15 厘米的大树多采用此方法。一般大树带土球起苗对土球的规格要求：直径为树干直径的 7～10 倍，高度为树干直径的 5～6 倍，底部直径为中部直径的 1/3（土球形状为苹果形）。

3）裸根起苗法。对于一些胸径为 10～20 厘米的落叶树木，特别是易成活的树木，在落叶后至发芽前的休眠期内可以采用裸根起苗法。裸根起苗法操作简单，施工成本相对较低，但在冬季土壤封冻期间不宜采用。为保证移栽大树的成活，裸根起苗要求按规定保留根盘，一般其直径为树干直径的 8～10 倍。

大树起苗除采用以上方法外，还有移植机起苗移植法、冻土起苗移植法等。移植机起苗移植法是指用专门的树木移植机进行大树移植，它的优点是机械化程度高，工作效率高，能循环有序地进行起苗、运输、定植一条龙系统作业（有的还能进行挖坑操作），适宜移植胸径在 25 厘米以下的乔木。树木移植机（图 2—16）按底盘结构不同可分成车载式、特殊车载式、拖拉机悬挂式、自装式等几种类型。冻土起苗移植法适用于我国北方寒冷地区，是指利用冻土期挖掘冻土球移植，有的还可利用结冰河道及雪地滑动运输，此方法可以免去包装材料和大型机械运输，大大降低施工成本。

（2）大树装卸与运输。大树的装卸与运输是大树移植的重要环节之一。一般单株树木的质量超过 2 吨（含土台或土球的质量）时，需要用起重机吊装，用大型汽车运输。大树吊装时要保证起重机具备相应的承载能力。

1）吊装带木箱的大树时，先用一根钢丝绳横着将木箱捆扎好（钢丝绳的两端扣

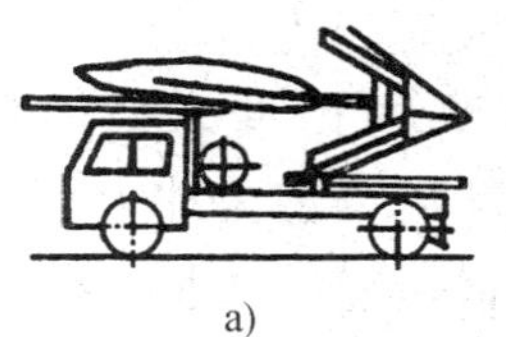

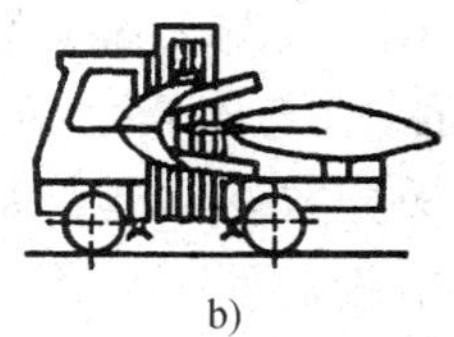

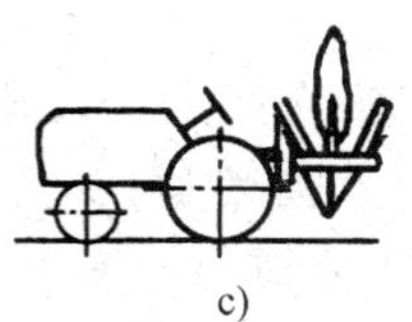

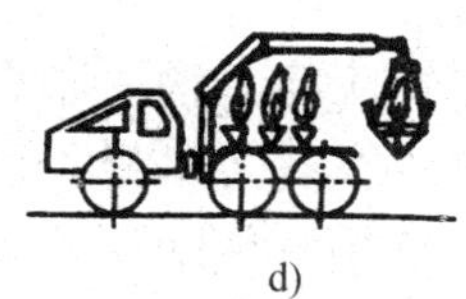

a)　b)　c)　d)

图 2—16　树木移植机的类型

a）车载式　b）特殊车载式　c）拖拉机悬挂式　d）自装式

放在木箱的一侧），然后用起重机吊钩钩住钢丝绳。吊装带土球的大树时用事先打好结的粗绳（最好不用钢丝绳，因钢丝绳又硬又细，容易勒伤土球），将两股分开，捆在土球腰下部（约在由上向下 3/5 处），土球捆扎绳子的地方应垫上蒲包或木板，捆好后将绳子两端挂在起重机吊钩上。捆好木箱（土球）后，开动起重机向上慢慢起吊，当木箱（土球）尚未离开地面、树身呈倾斜姿势时，停止起吊，将树干围上蒲包或草袋，捆上一定粗细的绳子，绳子的另一端也套在吊钩上（捆绳子时要注意树体的倾斜度，应使树梢略微向上斜），并同时在树干分枝点上绑一根一定长度的绳子，以便在吊装时人为控制方向。以上工作做完后，即可在专人的指挥下进行吊起装车（图 2—17）。为安全起见，在起吊时起重臂下不能站人。

a)　b)

图 2—17　大树吊装示意图

a）土球的吊装　b）方箱的吊装

2）树木吊起后，通过起重机的移动及人工控制树木的方向将树木放入车厢，树木装入车厢时，要使树冠向着汽车尾部，木箱（土球）靠近驾驶室，土台上口（土球上部）应与车辆后轴在一条直线上，在车厢底板与木箱之间垫两块 10 厘米 × 10 厘米的方木板（方木板长度比木箱略长），方木板分放在钢丝绳的前后（带土球大树只在土球下垫一块木板即可）。木箱（土球）垫平放稳后，再用两根较粗的木棍或竹棍交叉做成支架，放在树干下面，将树干用蒲包、草袋等柔软材料包好放在支架上，用绳子扎紧固定。待树完全放稳后，要用木板将土球（木箱）夹住或用绳子将土球（木箱）绑紧在车厢两侧固定（对一些较大的木箱，要用紧线器将其在车厢内固定）。对一些树冠较大的树木，树冠要用草绳围拢，以防拖地。

3）装好车后，即可将树木运走，在运输前，先进行行车路线的调查工作，要了解运输沿路的路面宽度、路面质量、横架空线、桥梁及其负载情况、人流量等，以免中途遇故障无法通过。行车过程中，押运人员不可坐在树箱及土球上，应站在车厢尾部，负责检查树箱（土球）是否松动，树冠是否拖地，左右是否因为树冠超宽而影响其他车辆及行人；同时，还应准备一根长竹竿，以备遇到较低架空线将其挑高。

4）树木运到栽植地后应立即卸车栽植，卸车与装车方法大体相同，卸车前应将围拢树冠的草绳解开，当大树被缓缓吊起离开车厢时，应将汽车立刻开走，以免影响树木的摆放。卸车时，应将树木的主要观赏面摆放好，把木箱（土球）直接放入种植穴内进行栽植。

5）对卸车后不能直接放入种植穴内栽植的，应将树木直立、支稳摆放，不可将树木斜放或平倒在地。卸木箱时，应在木箱落地处按 80～100 厘米的间距放两根规格为 10 厘米 × 10 厘米、长度稍比木箱宽一点的方木，将木箱放于方木上，以便栽植时穿捆钢丝绳搬动木箱（图 2—18）。

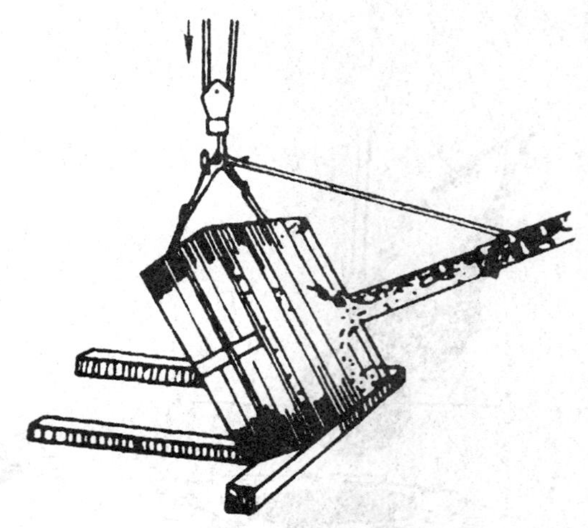

图 2—18　卸木箱

（3）大树的假植。与其他树苗移栽一样，大树起苗后，如在短时间内不能栽植的，也应进行假植处理。大树假植有原坑假植和栽植地假植两种。

1）原坑假植。大树起苗后，如在短时间内不能起运的，应在原坑进行临时假植。在假植期间，应进行浇水、打药等必要的养护管理。如在秋末起苗第二年春季起运的，应将原土回填（带土球树木假植时，不可将土球全部埋严，以防包装材料腐烂），并加强浇水、病虫害防治等养护管理措施，防止包装材料腐烂、树木倒伏、人为破坏等。

2）栽植地假植。树木运到栽植地后，在短时间内不能栽植的，应进行假植。假植地点应选择光照条件好、水源充足、交通方便、距栽植地较近、能容纳全部需假植树木的地方。大批树木假植时，应尽量顺序排列，株行距以树冠互不干扰、便于取用及装车运输方便为准。树木假植时应在木箱（土球）下垫土，木箱（土球）周围培土至高度的 1/3 处左右（木箱要去掉盖板和蒲包片），用铁锹将土拍实。对假植的树木，必要时还应立支柱进行支撑，以防树木歪斜、倒伏。假植树木应根据季节气候、树木特性、环境条件等情况，采取必要的浇水、排水、病虫害防治措施，防止包装材料腐烂、树木倒伏、人为破坏等。

（4）大树的栽植。大树的栽植应严格按照树木栽植的技术要领进行操作，做到认真细致。

栽植前应根据设计要求定好栽植点，测定标高，编好树号、坑号，按要求挖好种植穴（种植穴的宽度一般比木箱或土球宽 40～60 厘米，深度比木箱或土球深 15～25 厘米），如果土质较差，需要施底肥的，应事先准备好优质腐熟的有机肥料，将其与回填的土壤搅拌均匀，在栽植填土时填入穴底和土台（土球）外围。

准备好种植穴后，按照大树起吊的操作方法，将大树轻轻斜吊放置到种植穴内（图 2—19）。在吊树入坑时，树干上要包好蒲包片或草袋，以防损伤树皮。树木吊入坑中后，拆除围拢树冠的草绳，并以人工配合机械，将树干立起扶正，用木棍或竹棍初步支撑好。树木立起扶正后，要注意审视树形和环境的关系，转动和调整树冠的方向，把树形最好的一面朝向主要观赏方向，使树姿和周围环境相配合，并要尽量使树木符合原来的朝向。树木摆好方位后，拆除土球（土台）上的草绳或箱板等包装材料，再一次检查并将树木扶正放稳（必要时要有专人扶稳树木，以防在填土过程中树

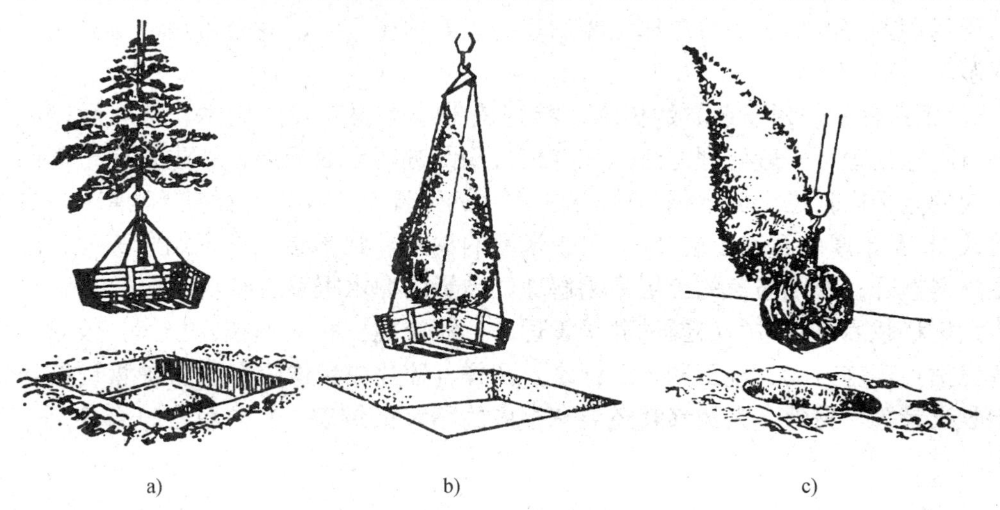

图 2—19　大树吊装入坑示意图

木倾斜），将支撑的木棍（或竹棍）进一步固定好，然后按照树木栽植的技术要求，分层填土、分层夯实，把土球（土台）全部埋入地下，填完土后，再在树干周围做好拦水围堰，按要求浇好三次定根水。

（5）大树移栽后的养护管理。大树因为树龄长，树冠面积大，根系恢复对水分、养分的吸收时间较长，树体恢复生长的时间比幼树长等原因的影响，移栽相对较难成活。因此，为保证大树移栽成活，其栽后的养护管理措施显得尤为重要。一般大树移栽后，两年内应配备专业技术人员做好修剪、剥芽、喷雾、叶面施肥、浇水、排水、设置风障（以防大风将树木吹歪及吹倒）、搭荫棚、包裹树干、防寒、病虫害防治等一系列的养护管理工作，在确认大树已成活后，方可进行正常的养护管理。

一般大树移栽后养护管理应采取的主要措施有以下几点：

1）支撑树干。刚移栽的大树特别容易歪倒，要设立支架，把树牢固地支撑起来，确保树木不歪斜。

2）浇水。养护过程中要注意浇水。在夏天，要多对地面和树冠喷洒清水，增加环境湿度，降低蒸腾量。

3）施肥。移栽后第一年秋天应当施 1 次追肥，第二年早春和秋季最少要施肥 2～3 次。

4）生长素处理。为了促进根系生长，可在浇灌的水中加入 0.02% 的生长素，使根系提早生长健全。

5）包裹树干。为了保持树干的湿度，减少树皮蒸腾的水分，天气干燥时应对树干进行包裹。在盛夏高温时期，为降低蒸腾量，也可在树冠周围搭荫棚或挂草帘。包裹树木时，可用浸湿的草绳从树干基部往上密密地缠绕树干，一直缠裹到主干顶部，然后再用调剂好的黏土泥浆厚厚地糊满草绳裹着的树干，以后经常用喷雾器为树干喷水保湿。

6）根系保护。对于北方的树木，特别是带冻土块移栽的树木，移栽后，应对根系进行防冻处理，一般处理方法是在种植穴周围进行土面保温，即先沿树干周围（在种植穴的范围内）在土面上铺 20 厘米左右厚的泥炭土，再在上面铺 50 厘米左右厚的积雪或 15 厘米厚的腐殖土或 20～25 厘米厚的树叶。到早春土壤开始化冻时，必须把保温材料拨开；否则被盖的土层不易解冻，会影响树木根系生长。

大树移栽后，除进行必要的养护管理外，还应建立相应的技术档案。技术档案的内容包括：实施方案、施工和竣工记录、图样、照片或录像资料、养护管理技术措施和验收记录等。另外，大树移栽还要有相应的移栽记录表，其内容应符合表 2—12 的规定。

表 2—12　　大树移栽记录表

原栽地点	移栽地点	树种	规格	年龄（年）	移栽日期	参加施工人员
技术措施						

填表人：　　　　年　月　日

5. 非适宜季节树木栽植的技术要点

园林绿化施工很少单独进行，往往与其他工程交错进行。有时需要待建筑物、道路、管线工程等建完后才能进行树木移栽等绿化工程施工，这样一来，进行绿化工程施工时并不一定是树木移栽的适宜季节。此外，有时为了及早体现某一绿地的绿化、美化效果，也需要在非适宜植树季节植树。为保证树木成活，在非适宜季节进行树木栽植应掌握以下技术要点：

（1）有预先计划的栽植技术。如果预先知道由于各种原因的影响树木不能在适宜季节栽植的，可先在适宜移栽的季节进行挖苗、包装（无论是常绿树还是落叶树都要带土球起苗），并运到施工现场进行假植养护，待可以栽植时再进行栽植。

1）挖苗。可在早春树木休眠期间将树苗带土球挖好，并适当重剪树冠，所带土球的大小规格可参考同等干径大小的常绿树或稍大一些，用草绳、蒲包等包装要比一般情况下加厚、加密。

2）做假土球。做假土球主要是针对落叶树，按苗圃生产习惯，大部分落叶树都已经在秋季裸根挖起，如果准备在非适宜季节栽植，则只有这种已在秋季挖好的苗木，对这些苗木应人工造土球，称为“假土球”或“假坨”。做“假坨”的方法是先在地上挖一个与根系大小相应的、上大下小的圆形穴坑，然后将蒲包等包装材料平铺于穴内，将苗根放入，使根系舒展，干放于正中，再分层填入湿润的细土并夯实（注意不要砸伤根系），直至与地面相平，夯实修整成椭圆形，将包装材料收拢于树干并用草绳捆好，然后将“假坨”挖出，用草绳打包。

3）装筐。为防暖天假植引起草包腐烂，还应对土球进行装筐保护。筐可用紫穗槐条、荆条或竹条编成（土球直径超过 1 米的应用木箱或桶保护），筐的大小要比土球直径、高度大 20～30 厘米。装筐前先在筐底垫土，然后将土球放于筐的正中，填土夯实，筐沿留出 10 厘米高，沿边培土拍实作为灌水堰。

4）假植。假植地点应选择在地势高、排水良好、水源充足、交通便利、距施工现场较近但又不影响施工的地方。

假植时，将运来的苗木按品种、规格分区假植，其株距以当年生的新枝不碰头为最低限度，行距以每双行能通行卡车为最低限度。先挖好假植坑，坑深为筐高的 1/3，直径以能放进筐为准，放入筐后填土至筐的 1/2 左右处夯实，最后在筐沿培好灌水堰。

5）假植的养护管理工作

①灌水。培土后要间隔数日连灌三次透水，以后根据具体情况经常灌水，灌水的原则是既能保证苗木正常生长，又能控制水量，避免生长过旺。

②修剪。为保持树势均衡，除装筐时要对苗木进行稍重于正常移栽期的修剪外，假植期间还应经常修剪，以疏枝为主，严格控制徒长枝，及时去糵，入秋以后则要经常摘心，以充实下部枝条。

③排水防涝。雨季要事先挖好排水沟，随时注意排除积水。

④病虫害防治。由于假植期间苗木的生长势较弱，抵抗病虫害的能力相对较差，加上株行距小，通风、透光条件差，容易发生病虫害。因此，及时防治病虫害是一项很重要的工作。

⑤施肥。为了保证假植期间苗木能正常生长，可以施用少量的氮素速效肥料（如硫胺、尿素、碳胺等），也可进行叶面施肥。

⑥栽植。待施工现场能够栽植时，应及时进行定植。移栽前一段时间内，应先将培土扒开，停止灌水，风干土球表面，使其坚硬，以利于吊装操作。如筐底已腐烂的，可以在捆绳的地方加垫木板。以防草绳勒土过深造成散坨。栽植时连筐入坑后，凡能取出的包装物应尽量取出，然后填土夯实，经多次灌水及结合遮阴等确保其成活后，酌情进行施肥等养护。

(2) 无预先准备、临时特需的栽植技术。无预先计划，因临时特殊需要在不适宜季节栽植树木的，可按照不同类别的树种采取不同的措施。

1）常绿树的栽植。移栽常绿树应选择春梢已停、二次梢未发的树种，起苗时应带较大的土球，对树冠进行疏剪或摘掉部分叶片。应随挖、随运、随栽，栽后及时多次灌水，并经常进行叶面喷水，晴热天气应结合遮阴，易日灼的地区树干裸露的应用草绳进行卷干，入冬注意防寒。

2）落叶树的栽植。移栽落叶树应选春梢已停止生长的树种。对尚在生长的徒长枝以及花果应进行疏剪。对萌芽力强、生长较快的树木应进行强修剪，剪除部分侧枝，保留的侧枝也疏剪或短截，并应保留原树冠的 1/3。应尽量带土球移栽，同时必须加大土球体积。为减少水分蒸腾，可摘叶的树苗应摘去部分叶片，但不得伤害幼芽。挖、运、栽过程应注意保湿护根。栽后为尽快促发新根，在移栽过程中应尽量缩短灌溉间隔，可灌溉一定浓度（一般浓度为 0.001%）的生长素。晴热天气，应采取搭棚遮阴、树冠喷雾、树干用草绳卷干等措施，冬季应注意防风、防寒。

六、水生植物的栽植施工

能在水中生长的植物统称为水生植物。水生植物可以装饰水景，净化水质，保持良好的水体生态平衡，为人类生活及鱼类繁殖、鸟类栖息创造良好的环境。

1. 水生植物概述

水生植物是指自然生长在水中，在旱地不能生存或生长不良的植物。广义的水生植物包括所有沼生、沉水或漂浮的植物。依据植物旺盛生长所需要的水的深度，水生植物可以进一步细分为深水植物、浮水植物、水缘植物、沼生植物或喜湿植物。园林中的水生植物多数为宿根或球茎、地下根状茎的多年生植物，其中许多为供观赏的水生花卉。根据水生植物的生长习性，可将其分为以下5类：

(1) 浅水类。生长于水深不超过0.5米的浅沼地上的植物，如菖蒲、石菖蒲、泽泻、慈姑、水葱、香蒲等。

(2) 挺水类。一般在水深0.5～1.5米条件下生长的植物，如荷花、王莲等。

(3) 沉水类。沉于水中生长的植物，无论深浅，均只有少许叶尖或花露出水面，如金鱼藻科植物等。

(4) 漂浮类。无论水深浅，均在水面漂浮生长的植物，如水葫芦及各种浮萍等。

(5) 浮水类。根生于水底泥中，叶多浮出水面生长的植物，如睡莲、菱角等。

水生植物是园林中形成水面景观不可缺少的材料，它们既可点缀水景，使水面的景观丰富多彩，同时还能清洁水质（如凤眼莲和水浮莲是很好的洁水净化植物），有些水生植物还是切花或配切花的重要材料（如荷花、香蒲、菖蒲、水葱等）。

2. 水生植物的栽植施工

水生植物的栽植应根据不同种类、不同品种习性来进行。

栽植水生植物有三种不同的技术途径：一是直接将水生植物从产地捞起放入水面（只适合于漂浮类的水生植物），任其漂浮繁殖生长；二是在水底砌筑种植槽，种植槽砌好后，再在槽内铺上一层培养土（培养土的厚度最少要有15厘米），最后将植物栽入槽中；三是先准备好相应的种植容器（如瓦缸、水泥缸等），在容器中装好培养土，将植物栽入其中，然后再将容器沉入水中。

以上栽植方法，在园林中使用较多的为用种植容器栽植，因为用种植容器栽植时，在位置上移动方便，取出换土、加肥、春季分株作业、在北方取出防寒等操作也比较灵活省工。同时，用种植容器栽植能保持池水及池底清澈，方便池底清理和换水。

种植容器栽植选用的容器除瓦缸、水泥缸等外，还可用木箱、竹篮、柳条筐等在一年内不至于腐烂的容器（可进行必要的防腐处理）。选用时应注意在装土栽植后在水中不易倾倒或被风浪打翻。

用种植容器栽植水生植物时，要考虑到不同植物对水深要求的不同而将容器放在不同的水深处。具体放置上可采用两种方法：一是根据植物对水深的要求在水中砌筑一定高度的砖石方台，将容器放在方台上即可；二是用两根耐水的绳索捆住容器，然后根据所需要的深度将绳索固定在岸边以达到固定容器的目的（如水位距岸边很近，驳岸又是用假山石处理的，在固定时要将绳索隐蔽起来，以防止水景失去自然之美）。表 2—13 所列为几种主要水生植物的最适宜水深。

表 2—13　　主要水生植物的最适宜水深　　厘米

类别	代表品种	最适宜水深	备注
浅水类	菖蒲、千屈菜	0.5～10	千屈菜可盆栽
挺水类	荷花、宽叶香蒲	100 以内	
浮水类	芡实、睡莲	50～300	睡莲可水中盆栽
漂浮类	浮萍、凤眼莲	浮于水面	根不生于泥土中

种植容器中的培养土可选用干净的园土，将园土细细地过筛，去掉土中的小树枝、草根、杂枯叶等杂物，尽量不要使用塘里的稀泥，以免渗入水生杂草的种子或其他有害杂菌。在培养土中要加入少量粗骨粉及一些慢性氮肥。

水生植物的管理一般比较简单，栽植后，除日常管理工作以外，还要注意以下几点：

（1）检查有无病虫害。

（2）检查植株是否拥挤，一般过 3～4 年要分一次株。

（3）定期施加追肥。

（4）清除水中的杂草，池底或池水过于污浊时要换水或彻底清洗水池。

第三节　草坪建植施工

随着城市建设对绿化、美化、环保要求的日益提高，草坪已成为城市规划建设和社区建设中一项必不可少的重要内容。从某种意义上说，草坪是现代文明的一种象征，也是经济发展水平的标志。因此，草坪的建植也是园林绿化施工中的一项重要内容。

草坪是指由人工建植或天然草地经人工改造、养护管理形成的，起绿化、美化、保护环境等作用，同时也可作为人们休憩、娱乐、体育活动（如足球场、网球场、高尔夫球场等）场所的整片绿色地面。草坪具有强大的环境保护功能、美学功能和娱乐

功能。草坪包括草坪草及生长环境两部分，主要由覆盖地表的地上枝叶层、地下根系层及根系生长的表土层三部分构成。草坪通常以禾本科草、豆科草及其他质地纤细、株体低矮、具有扩散生长特性的根茎型或匍匐型植物（如莎草科、旋花科等部分植物）进行覆盖，并通过它们的根和匍匐茎充满土壤表层。

草坪的建植简称建坪，是利用人工的方法建植起草坪植被的综合技术总称。草坪建植工作的好坏对于以后草坪的品质、草坪功能的发挥和养护管理的难易等方面都会有很大的影响。因此，草坪的建植应按照既定的草坪设计方案、建植的技术要求来进行。

一、建植草坪前的场地准备

铺设草坪与栽植其他植物不一样，草坪在建植完成以后，地形和土壤条件很难再改变。因此，要想得到高质量的草坪，应在建植草坪前进行必要的现场调查和测定，制定切实可行的建植方案，并在铺设前对场地进行必要的处理。场地的准备一般包括坪床的清理、翻耕、平整、土壤改良、施基肥、排灌系统的设置等主要工作。

1. 坪床的清理

坪床的清理是指清除铺设场地内的障碍物和不利于施工且影响草坪草生长的石头、瓦砾、树根等杂物及消除和杀灭杂草，并进行必要的挖方和填方等操作。

(1) 清除杂物。清除杂物的目的是便于土地的翻耕、平整及给草坪草创造良好的立地环境。清除杂物包括清除地上部分杂物和清除地下部分杂物。清除地上部分杂物是指将坪面上的石头、瓦砾、没用的树木、杂草等清理干净。清除地下部分杂物是指清除草坪草根系分布土层范围内的杂物。因为草坪草的根系一般在表土层 20～40 厘米的范围内分布，所以，通常应把坪床面以下不小于 40 厘米范围内的石头、瓦砾、树根、杂草根等清除干净（石头、瓦砾等杂物多的土层应用 10 毫米 × 10 毫米的铁筛网过一遍，以确保清除干净；对因为挖掘树桩、树根等形成的坑穴，要用回填土填平，以免形成低洼积水而破坏草坪的一致性），对不利于草坪草生长的石灰、水泥含量高的回填土应彻底清除。

(2) 建植前杂草的防治。为防止草坪建成后杂草丛生，影响草坪草的生长，要将建植场地的杂草连根彻底清除干净，特别是对某些多年生蔓延性草类，要人工深翻将地下的根茎清除。清除杂草也可使用非选择性的灭生性内吸化学除草剂（常用有效的除草剂有茅草枯、磷酸甘氨酸、草甘膦等），除草剂应在杂草长到 10 厘米左右高，并在坪床翻耕前的 3～7 天使用。

2. 翻耕

翻耕是指翻动建植层的土壤。翻耕能够促使深层土壤熟化，恢复和创造土坡团粒结构。通过翻耕，能够提高土壤蓄水保墒和抗旱能力，加强土壤的透气性，促进草坪草根系的有氧呼吸，减小根系深入土壤的阻力。同时，翻耕还能起到清理杂草种子、作物残茬及在一定程度上消灭病虫害的作用。

3. 平整

在建植草坪之前，要根据设计图样上对草坪地形的要求对坪床进行必要的地形平整。一般来说，自然式草坪可保持原有的大致起伏地形，仅把凸出的沟坎平掉，而规则式的草坪则需全面平整。平整时无论是进行填方还是挖方，都要尽量保证将熟土铺于床面，以利于草坪草的生长。在作业前应对整个场地进行必要的测量和筹划，制定出最佳的整地方案。

坪床的平整一般分粗平整和细平整两类。粗平整是指进行坪床的等高处理，即挖掉凸起的部分和填平低洼的部分。作业时应把标桩钉在固定的坡度水平之间，整个坪床应设一个理想的水平面。填方时要考虑填土的沉陷问题（细质土通常每米下沉 15 厘米左右），对一些填方多、填土面积大的场地，除要加大填土量外，还应采取人工夯实或机械镇压、灌水等方式，以加速填土的沉降。在平整时，要将坪床表面整成一定的坡度，以利于表面自然排水（一般坡度为 2%～5%），在建筑物附近，坡度应是离开房屋的方向，运动场是从场地中间向四周排水。细平整针对的是播种建植的草坪，平整的方法是用木板（面积较大的坪床可用一些专用的设备进行平整，如钉齿耙、树条耙、拖板等）刮耙平整坪床表面。通过耙平，可以使坪床细致、平坦，保持土壤湿度，防止表土板结，有利于种子发芽及幼苗出土。

4. 土壤改良

草坪建成以后质量的好坏受土壤条件影响很大。理想的草坪土壤应是土层深厚、通气和透水性能良好、遇热条件适中、pH 值在 5.5～7.0 的土壤。因为草坪在建植完成以后，土壤条件很难再改变。因此，对土质较差、不利于草坪草生长的土壤，在建植前应进行必要的土壤改良。

土壤改良的方法主要是在土壤中加入能调节土壤通透性及提高保水保肥能力的改良剂，如泥炭土、腐殖质土等。改良剂的施用量约为栽植层厚度的 1/3。在改良过程中要合理调节坪床中沙和黏土的比例，必要时要将表土层（20～30 厘米）的土壤全部更换改良，将坪床地配成通气、透水能力强，理化性质好的壤土（35%左右的黏质土＋30%左右的沙质土＋35%左右的泥炭土或腐殖质土），以使建植完的草坪具有高品质和较长的持久性。

5. 施基肥

在实际施工中，很多草坪建植场地往往比较贫瘠，其土壤中的营养满足不了草坪草的生长。因此，为了提高土壤肥力，在整地时可结合深翻增施一次基肥。基肥以充

分腐熟的有机肥为主（如厩肥、堆肥、绿肥及各种禽类肥料等），施用量为每亩 2 500～5 000 千克，一般马粪、牛粪因含有大量杂草种子而尽量少使用。基肥也可施用复合肥（高磷、高钾、低氮的复合肥），施用量为每亩 100 吨左右。

为防治地下害虫，在施基肥的过程中可同时在土壤中施入一定量的杀虫剂，杀虫剂要撒施均匀，以免造成药害。

6. 排灌系统的设置

考虑到草坪的养护及使用功能的需要，建植草坪前，要结合场地的平整安排好灌溉设施与地面排水的问题。灌溉系统主要是为草坪的养护提供水源，排水系统则是将草坪多余的水分排出。

（1）灌溉系统。草坪灌溉系统是建植草坪的重要项目，目前国内外草坪多采用喷灌系统。喷灌系统分为自动喷灌系统和人工喷灌系统。喷灌管网要在场地最后平整前铺设完。

（2）排水系统。排水系统可分为两类，即地表排水系统和非地表排水系统。地表排水主要是利用良好的土壤结构让水分进行渗透排除及利用地表的坡度进行排水，处理地表排水的坡度应在平整场地时进行。非地表排水系统也称地下排水系统，对一些受践踏较多、面积较大（如运动场）的草坪地，要设地下排水系统。地下排水系统主要有以下两种：

1）盲沟排水设施。在草坪整地前，每隔 10～15 米挖一条盲沟，沟深及宽各 60～100 厘米，沟内自下而上分层填入透水物，即先填鹅卵石（厚 25～35 厘米），再垫入粗沙（厚 15～30 厘米）及细沙（厚 15 厘米左右），最后在细沙上垫一般沙质壤土，使之与地表齐平即可。

2）地下暗渠。在草坪铺设前，每隔 10～15 米挖一条沟（深度在 100 厘米左右），地沟挖好后，最下面先平铺一排砖，两边各砌铺两排砖，上面盖一排砖，即形成地下暗渠，暗渠上再分层垫上鹅卵石、豆石、粗沙等透水物，然后用一般土壤填平即可。

二、建植草坪的常用方法

草坪建植场地准备完成后，就可进行草坪的建植。草坪建植的常用方法有播种法、铺草皮块法、分株栽植法、嫩枝繁殖法、草籽喷播法、草坪植生带铺设法等。

1. 播种法

播种法建坪一般用于结籽量大且种子容易采集的草种。如结缕草、野牛草、草地早熟禾、剪股颖、苔草等都可用种子建植草坪。播种法建植的草坪一般比较平整、均匀，劳动力耗费少，造价低，但成坪的时间长。

（1）播种量。播种量是决定合理密度的基础，播种前应对草种进行发芽试验和催芽处理，确定合理的播种量。草坪种子的播种量应根据种子的质量、纯度（要求种子纯度在90%以上）、粒重、发芽率（要求种子发芽率在70%以上）、环境条件、土壤状况、种子的混合组成等因素来确定。播种量过小或过大都会影响草坪建植的质量，播种量过小会延长成坪时间，增加养护管理难度；播种量过大则易感染病害。一般播种量的确定原则是要保证在单位面积上有足够的幼苗，即在每平方米面积有10 000～20 000株幼苗，其中中、小粒种子为15～25克/平方米，大粒种子为25～40克/平方米。常见草坪草种子的播种量见表2—14。

表2—14　　常见草坪草种子的播种量　　克/平方米

草种	播种量	草种	播种量
苇状羊茅	25～40	小糠草	3～10
紫羊茅	15～20	匍茎剪股颖	5～10
匍匐紫羊茅	15～20	细弱剪股颖	5～10
羊茅	15～25	地毯草	5～12
草地羊茅	15～25	白喜雀草	10～15
草地早熟禾	10～15	中华结缕草	10～30
加拿大早熟禾	6～10	细缕草	10～30
冰草	15～25	假俭草	10～25
天芒雀草	6～12	白三叶	2～5
黑麦草	20～30	向阳地（野牛草75%、羊茅25%）	10～20
盖氏虎尾草	8～15		
狗牙根	10～15	背阴地（野牛草75%、羊茅25%）	10～20
野牛草	20～30		

（2）种子处理。草坪播种一般可不进行种子处理，但有时为了清除草种可能带有的病菌及提高种子的发芽率，在播种前需进行必要的种子处理及种子消毒。种子处理的方法有冷水浸种（将种子放入冷水中浸泡，同时用手搓揉，洗去种皮外的蜡质，然后再用清水清洗干净，摊开放在阴凉处或放入蒲包内，待种芽萌动时即可播种）、温水处理（将种子放入40～50℃的温水中，用木棍搅动，待水凉后，捞出用清水冲洗1次，再放入冷水中漂洗，捞出后将种子外部的水晾干即可播种）、化学或机械处理（对于发芽较困难的结缕草种子，可采用碱、酸等进行化学处理；对野牛草等草种的种子可用机械的方法搓掉硬壳）等。种子消毒常采用福尔马林、硫酸铜、高锰酸钾等药水进行浸种。

（3）播种期。播种时间的选择直接影响到草坪形成期的长短，确定播种期的依据

主要是草坪草的生态习性和当地的气候条件。一般只要有适宜种子发芽生长的温度和湿度即可播种（暖季型草坪草种子适宜发芽温度范围为20～30℃，冷季型草坪草适宜发芽温度范围为15～30℃），同时播种时间还要考虑到杂草生长竞争的程度。冷季型草坪草播种一般选择在春、秋两季，尤其以9月下旬为好，一方面可减少杂草的危害；另一方面草坪经过秋季和第二年春季的生长，植株会更健壮，有利于度过夏天的高温天气，如草地早熟禾、紫羊茅、剪股颖、黑麦草等。暖季型草坪草在春末夏初播种较为适宜，如结缕草等。

（4）播种方法。在播种前应先浇水浸地，保持土壤湿润，稍干后将表层土耙细、耙平，然后播种。草坪播种常用的方法主要有条播、撒播、点播、纵横式播种和回纹式播种等。

1）条播。是指在整好的坪床上开沟（一般按南北方向开沟），沟深5～10厘米，间距为15厘米左右，开好沟后，将种子和等量的沙拌匀撒入沟内。条播方式有利于播后管理，适合在面积小、草种少的情况下使用。

2）撒播。是指将种子均匀地撒在已准备好的坪床上，撒播时如种子过小，为了不被风吹走及便于操作，可将种子与细干土混合后播种。

3）点播。是指在坪床上挖坑播种。点播适合在坡度大、面积小、水分容易流失及操作不便的场地使用。

4）纵横式播种和回纹式播种。是指用播种机（有手摇式和手推式旋转撒播机2种）播种时采用的方法。纵横式播种的播种线路是由纵向至横向（或由横向至纵向），回纹式播种的播种线路是由内逐渐向外绕行。

为了给种子发芽和幼苗发育提供适宜的环境，避免降雨和灌溉水的冲击，保证草坪的均匀度，播种后应立即加盖覆盖物。覆盖物可用细土、草席、塑料薄膜、稻草、无纺布等材料。覆盖物不能过厚、过密（细土覆盖的厚度为1～1.5厘米，以不见种子为准），应保持一定的缝隙，使播后的草坪透光、通气良好，利于幼苗的出土。对于用草席、塑料薄膜、稻草、无纺布等材料覆盖的，在幼苗基本出齐时，要把覆盖物揭开，以利草苗生长。为使种子同土壤密切结合，有些种子在播种、覆土后要进行滚压（潮而厚的土不宜滚压），滚压可用人力推动重磙或利用机械进行，滚压宜次数少、压力大，一般以200千克的重磙为宜。

（5）播后的管理。播种后应及时喷水，水点宜细密、均匀，从上而下慢慢浸透地面，喷水程度以浸透土层8～10厘米为宜，第一次喷水水量不宜太大，第二次开始则应加大水量。除降雨天气，喷水不得间断。当幼苗长至3～6厘米时可停止喷水，但要经常保持土壤湿润。除喷水外，播后还有清除杂草，防人为、禽畜破坏等管理措施。

（6）种子混播技术。种子混播是指为了使草坪更具有抗病性、观赏性、持久性等所采取的一种播种技术，即将多种草坪草种子混合播种形成草坪。混播建坪应根据草种的特性和草坪功能的需要，按照一定的比例用2～10种草种混合组合，形成不同于单一品种的草坪景观效果。混播技术中的播种方法与单一种子播种技术大致相同。草坪混播应符合下列规定：

1）选择两个以上草种应具有互为利用、生长良好、增加美观的功能。

2）混播应根据生态组合、气候条件和设计确定草坪草的种类及草坪比例。

3）同一行混播应按确定比例混播在一行内，隔行混播应将主要草种播在一行内，另一草种播在另一行内。混合撒播应筑播种床育苗。

2. 铺草皮块法

铺草皮块法就是带土成块移植铺设草坪的方法。这种方法的优点是形成草坪快，可在任何时候（北方封冻期间除外）进行，且移植后容易管理。缺点是成本高，并要求有丰富的草源。

铺草皮块时首先要根据设计所要求的草坪草品种选择无杂草、生长势好、密度高的草源，结合实际，做好铲草皮、运输、铺栽技术计划，然后开始实施铺栽系列操作。

(1) 铲草皮块。在铲草前，对干旱的草源地要事先适量浇一次水，待水渗透并便于操作时方可进行铲草操作。铲草皮根据工具的不同有人工和机械两种方法：

1）人工铲草皮。是指用手动工具（如切刀、平铲等）先将草坪切成平行条状（切口约为10厘米深），然后按需要横切成块。草块的大小根据铺栽方式、运输方法及操作是否方便而定（一般有12厘米×30厘米、20厘米×30厘米、30厘米×30厘米、45厘米×30厘米、60厘米×30厘米等16种规格），切成块后，再用平铲等工具将草块水平铲出即可（草块的厚度一般为3厘米左右）。

2）机械铲草皮。是指用专用的起草皮机进行操作。用起草皮机起草皮生产效率高，起出的草皮均匀、规范。起草皮机有步行操纵自走式、拖拉机悬挂式等类型。用起草皮机一般将草皮切成宽30厘米左右、长1～2米或更长、厚度为2～3厘米的规格，并将其卷成草皮卷。

草皮装车运输时应用木板置放2～3层，装车和卸车时应防止草皮块破损。

(2) 草皮的铺栽方法。铺栽草皮前应对场地适度浇水，以保持土壤湿润，铺栽后的草坪地应略高于四周地面，以防下沉。铺栽的常用方法有密铺法、间铺法、条铺法、点铺法等。

1）密铺法。用草皮块将地面全部铺满。将铲好的草块或草皮卷一块块铺平，相邻草皮块之间留1～2厘米的间隙，以防之后出现重叠。草坪块铺平后，在间隙之间撒上沙壤土。在较陡的坡地铺栽时，为防止草皮块滑动，每块草皮块都应用桩钉加以固定。

2）间铺法。间铺法比较节省草皮材料（可节省 1/2 左右），方法是将草皮切成 12 厘米×24 厘米大小，然后按品字形排列铺栽，草皮块之间保持 5～10 厘米的间距。

3）条铺法。把草皮切成 12 厘米宽的长条，然后按间距 20～30 厘米进行平行铺栽。用间铺法和条铺法铺栽草坪时，应按草皮块厚度将要铺草皮处挖低一些，使铺栽后的草皮块与四周土面相平。

4）点铺法。将草皮块切成 10 厘米×10 厘米的小方块，按 20 厘米×30 厘米的株行距埋植，埋植时仅将叶丛露出土面。

不论用何种方法铺栽草坪，铺栽完后都要进行磙压（滚压一般用 0.5～1 吨重的磙子）、灌水，以保证将草皮压平、压紧，使草皮块与土壤紧密结合，无空隙，使草皮尽快恢复生长。

草皮块铺栽后，要根据铺栽季节、土壤条件及当地的气候条件拟定管理措施。通常草皮铺后第一周每天要浇一次透水，1～2 周内，草皮块的新根可以扎到下面的土壤中，此后便可减少灌水次数。如草坪出现低洼处，可逐次覆以松散细土进行填平。坡地灌水时，要进行雾化喷灌，以防止大水流冲击而使草坪面损坏。

3. 分株栽植法

分株栽植法能节省大量草源（一般 1 平方米的草块可以栽成 5～10 平方米或更多），是我国北方地区栽植匍匐性强的草种的主要方法。分株栽植法在整个生长季节都可进行，分条栽和穴栽两种形式。

具体操作方法：以 5～7 株带根的草为一束，在平整好的建植场地上以 15～20 厘米为行距，开深 5 厘米左右的沟，将每束草按 15～20 厘米的株距栽入沟内。也可将草束按株距 15～20 厘米，呈品字形栽植于深 6～7 厘米的种植穴内。栽后及时镇压及灌水。为了提高移栽的成活率及缩短缓苗期，要尽量缩短掘草到栽草的时间，且移栽的草要带适量的护根土（心土）。

4. 嫩枝繁殖法

嫩枝繁殖法又称草茎撒播法，包括播茎法、匍匐枝及根茎撒播法、匍匐茎撒插繁殖法、匍匐茎撒播式蔓植、匍匐茎植、草根栽植法等方法。

具体操作方法：将母本草坪铲起，抖掉泥土，把匍匐嫩枝及草茎切成 3～5 厘米长短的节段，然后均匀地撒播在已整平耙细的建植场地上，再覆盖一层薄土，稍稍压实。随后要经常喷水，保持土壤湿润，连续养护 30～45 天，撒播的草茎就会发出新芽。

5. 草籽喷播法

草籽喷播法是利用专用的草坪喷播机进行机械喷播建植草坪的一种方法，是将草坪种子或草段与纸浆纤维、复合肥料、防土壤侵蚀剂、保水剂、染色剂和水等放入草

坪喷播机的料罐中，在里面均匀混合成糨糊状后，再经过高压泵的作用，将混合物通过输送管主喷头均匀地喷洒在坪床上的一种建植技术。喷播技术是集机械能、生物能、化学能为一体的科技含量很高的一种建植技术，它使混种、播种、覆盖等工序一次性完成，可以克服不利条件的影响，提高了草坪建植速度和质量，目前主要用于城市大面积草坪、高尔夫球场草坪、运动场草坪及难以施工的坡陡地的草坪建植。

6. 草坪植生带铺设法

植生带建植草坪技术是建植草坪的一种重要方法。它是利用专用设备采取一定的生产工艺，将草坪种子和肥料等固定在有一定韧性和弹性、可以自然降解的无纺布基带上，形成工业化产品。其技术特点：将草种或营养繁殖材料与肥料均匀地撒在无纺布中，通过机械方法经过胶质作用或针刺复合而成植生带。采用此方法生产草坪不受气候因素的影响，可在工厂里进行工业化大批量生产，具有操作简单、节省劳力、降低成本、生产速度快、草苗出苗快且整齐、杂草少、无污染以及在坡地上施工可以有效地防止种子滑落、流失等优点。铺栽草坪植生带时注意要压实，使植生带底面与土壤紧密结合，然后再覆盖1～2厘米筛过的生土或河沙，覆土也要压实。为防止植生带边角翘起，可用细铁丝做成扣钉，将边角处钉在土面。植生带铺好后要浇水养护，每天早晚各浇一次（下雨天可不浇水），一般10～15天即可发芽，1～2个月就可形成草坪。

三、常用的草坪建植机械

随着草坪在城市园林绿地中的需求量越来越大，单一的人工操作建植草坪已不能满足需要，草坪建植的机械化是现代草坪业的发展方向。草坪建植的机械化作业除能节省劳力，提高建植工作效率外，还能保证建植草坪的高质量、高标准。

草坪建植机械是指与建坪作业有关机械的总和。按不同的营建方法，可以分成播种机械、草皮移植机械和植生带技术装备等类型。

1. 草坪播种机

目前，我国在直播建坪中普及推广的草坪播种机主要是手摇撒播式播种机和手推式播种机。

手摇撒播式播种机由储种袋、机座手摇传动装置、旋飞轮等部分组成，一个人即可操作，播种者只要将背袋套在肩上，摇动摇把，储种袋下的旋转飞轮就会把种子旋播出去。下种口的大小可调，即可根据种子的大小、播种量的多少调节下种速度。该机体积小，质量轻，结构简单，灵活耐用，不受地形、环境和气候的影响，不仅适用于大面积建坪，更适合在复杂条件下建坪使用。

手推式播种机在机架上装有一个种箱，箱底部由控制种子量的拨轮筛孔构成，其

下为一个与行走轮联动的水平安装撒种盘。在草坪上行走时，高速转动的撒种盘将种箱输出的种子借离心力撒播于坪地上。

2. 草皮移植机械

草皮移植机械主要指起草皮机。常用的起草皮机为手扶自行式，它具有两把 L 形起草皮刀，即一把垂直铡刀和一把水平的底刀。铡刀影响起下草皮的宽度，底刀切割草皮的根，影响草皮底。当刀插入草皮后，依靠刀的往返运动而整齐地切起草皮。草皮的厚度取决于刀插入草皮的深度，通常控制为 20～30 毫米。草皮的宽度取决于两把刀片垂直部分的距离，小型起草皮机约 300 毫米，大型起草皮机可达 600 毫米。

起草皮机一般由单缸汽油机驱动，动力由 V 带或链条传给橡胶轮，整机由一个或多个橡胶轮位于后部支撑。

有的起草皮机还附有垂直刀片，该刀片的作用是将切起的草皮条按需要的长度切断。工作时垂直刀片与机器前进的方向成直角。切起的草皮可由机器掀起、卷捆和堆放。

切割宽度为 300 毫米的小型起草皮机每分钟可切起 10 平方米的草皮。

第四节　立体绿化施工

近年来，我国城市人口日益增多，高层建筑不断增加，而建筑的增加势必使平地绿化面积减少，因而充分利用攀缘植物进行垂直绿化是增加绿化面积、改善生态环境的重要途径。我国攀缘植物资源极为丰富，各地均有不少适于垂直绿化的种类，但在园林中应用的不足百种，绝大多数资源尚处于野生状态，因而进一步开发利用攀缘植物资源并应用于垂直绿化具有广阔的前景。

一、垂直绿化施工

垂直绿化是指利用攀缘植物的攀附特性绿化墙壁、栏杆、棚架、杆柱、阳台及陡直的山石等，使被绿化物与植物材料的色彩、形态、质感相协调。

1. 垂直绿化的意义

垂直绿化可以增加建筑物等的立面艺术效果，使环境更加整洁美观、生动活泼。同时，垂直绿化具有占地少、见效快、绿化率高等优点。垂直绿化不仅能够弥补平地绿化的不足，丰富绿化层次，有助于恢复生态平衡，而且可以增加城市及园林建筑等的艺术效果，使之与环境更加协调统一，更显生动活泼。

2. 垂直绿化的方式

垂直绿化的方式很多，目前常见的主要有棚架式、凉亭式、篱垣式、附壁式、立

柱式等。此外，垂直绿化的方式还有悬挂式、阳台绿化等。不论是何种方式，在选择植物材料时首先应当充分利用当地的植物资源，这不仅是从生态适应性考虑，这些植物最适合在本地生长，而且是从园林艺术角度考量，其极易形成地方特色；其次要考虑植物攀缘习性的不同（即攀缘能力的强弱）、观赏特性的不同及被绿化物与植物材料的色彩、形态、质感的协调等因素。

考虑到单一种类观赏特性的缺陷，在垂直绿化中，应当尽可能利用不同种类之间的搭配以延长观赏期，创造出园林四季景观。如爬山虎在夏季和秋季景观秀美（尤其是秋季红叶甚为宜人），但在冬季则显得一片萧条，如能与络石合栽，则在爬山虎的生长季节，络石长在爬山虎的叶下，满足了络石喜阴的生态特性，而在冬季又可弥补爬山虎的不足。

3. 攀缘植物的攀缘习性

攀缘植物自身不能直立生长，需要依附他物。由于适应环境而长期演化形成了不同的攀缘习性，攀缘能力各不相同，因而有着不同的园林用途。通过对攀缘习性的研究，可以更好地为不同的垂直绿化方式选择适宜的植物材料。据研究，攀缘植物主要靠自身缠绕或具有特殊的器官而攀缘。有些植物具有两种以上的攀缘方式，称为复式攀缘，如倒地铃（Cardiospermurn haiicacabum）既具有卷须又能自身缠绕他物。

（1）缠绕类。依靠自身缠绕支持物而攀缘。常见的有紫藤属（Wisteria）、崖豆藤属（Millettla）、木通属（Akebia）、五味子属（Schisandra）、铁线莲属（Clernatis）、忍冬属（Lonicera）、猕猴桃属（Actinldia）、牵牛属（Pharbitls）、月光花属（Caionyction）、茑萝属（Qualmoclit）及乌头属（Aconitum）、茄属（Solannom）等的部分种类。缠绕类植物的攀缘能力都很强。

（2）卷须类。依靠卷须攀缘。其中大多数种类具有茎卷须，如葡萄属（Vitis）、蛇葡萄属（Ampelopsis）、葫芦科（Cucurbitaceae）、羊蹄甲属（Bauhinia）等种类。有的为叶卷须，如炮仗藤（Pyrostegia ignea）和香豌豆（Lathyrus odoratus）的部分小叶变为卷须，菝葜属（Smilax）的叶鞘先端变成卷须，而百合科的嘉兰（Gloriosa superba）和鞭藤科的鞭藤（Flagellarla India）则由叶片先端延长成一细长卷须，用以攀缘他物。牛眼马钱（Strychnos angustifiora）的部分小枝变态为螺旋状曲钩，应是卷须的原始形式，珊瑚藤（Antlgonon leptopus）则由花序轴延伸成卷须。尽管卷须的类别、形式多样，但这类植物的攀缘能力都较强。

（3）吸附类。依靠吸附作用而攀缘。这类植物具有气生根或吸盘，均可分泌黏胶将植物体黏附于他物之上。爬山虎属（Parthenocissus）和崖爬藤属（Tetrastigma）的卷须先端特化成吸盘，常春藤属（Hedera）、络石属（Trachelospermum）、凌霄属（Carnpsis）、榕属（Flcus）、球兰属（Hoya）及天南星科（Araceae）的许多种类则具有气生根。此类植物大多攀缘能力强，尤其适用于墙面和岩石的绿化。

(4) 蔓生类。此类植物为蔓生悬垂植物，无特殊的攀缘器官，仅靠细柔而蔓生的枝条攀缘，有的种类枝条具有倒钩刺，在攀缘中起一定作用，个别种类的枝条先端偶尔缠绕。主要有蔷薇属（RoSa）、悬钩子属（Rubus）、叶子花属（Bougainvillea）、胡颓子属（ELaeagnus）等。相对而言，此类植物的攀缘能力最弱。

4. 垂直绿化施工

垂直绿化施工的形式很多，在选择植物材料时首先应当充分利用当地植物资源。这不仅是从生态适应性而言，这些植物最适于本地生长，而且是从园林艺术角度考虑，其极易形成地方特色。

(1) 棚架式、凉廊式绿化的施工

1）棚架式。棚架式绿化是指利用路面、天井、阳台、屋顶等搭起各种高低、大小形式不一的棚架，并在棚架旁种植各种攀缘植物。卷须类和缠绕类的攀缘植物均可使用，木质的如猕猴桃类、葡萄、木通类、五味子类、山柚藤、菝葜类、木通马兜铃等，草质的如西番莲、蓝花鸡蛋果、观赏南瓜、观赏葫芦、落葵等。花格、花架、绿亭、绿门一类的绿化方式也属于棚架式的范畴，但在植物材料选择上应偏重于花色鲜艳、枝叶细小的种类，如铁线莲、三角花、蔓长春花、双蝴蝶、探春等。部分蔓生种类也可用做棚架式，如木香和野蔷薇及其变种七姊妹、荷花蔷薇等，但前期应当注意设立支架、人工绑缚以帮助其攀附。让攀缘植物攀缘到棚架上面，是以观赏、遮阴为主要目的垂直绿化种植形式。棚架式绿化在园林中既可单独使用，也可用做由室内到室外花园的空间建筑形式的过渡物。常见的棚架形式有圆顶形、长廊形、井字形和丁字形等。

2）凉廊式。凉廊式绿化是指利用攀缘植物（一般多用木质的卷须和缠绕类的攀缘植物，如紫藤、金银花、木通、鸡血藤、常春油麻藤等）覆盖在走廊式通道的上方或侧面，从而形成绿廊或花廊、花洞。取其绿荫、花朵、叶色的观赏效果，供游人通过或休息，有的还可起到分隔空间、增加景观层次或起到背景的作用。应选择生长旺盛、分枝力强、叶浓密而且花朵秀美的种类，一般多用木质的缠绕类和卷须类攀缘植物。因为廊的侧方多有格架，所以不必急于将藤蔓引至廊顶，否则容易造成侧方空虚。在北方可选用紫藤、金银花、木通、南蛇藤、太行铁线莲、蛇葡萄等落叶种类，在南方则有三角花、炮仗花、鸡血藤、常春油麻藤、龙须藤、使君子、红茉莉、串果藤等多种可供应用。

3）植物材料的处理。用于棚架式、凉廊式绿化的植物材料，若是藤本植物（如紫藤等），最好选一根长3米以上的独藤。如果是攀缘类灌木（如木香、蔷薇等），则要剪去多余的枝条，只留1～2根最长的茎干，以集中养分供应，使茎枝能够较快地生长，在短时间内盖满棚架（凉廊）。

4）种植穴（槽）的准备。一般种植穴（槽）应挖在棚架（凉廊）柱子的外侧，穴深为40～60厘米，宽为40～80厘米，穴底应垫一层基肥并覆盖一层壤土。不挖种植穴的，可在棚架（凉廊）柱子的边缘处用砖等材料砌台，作为植物的种植槽。种植槽宽在40～100厘米，高度在35～70厘米，种植槽做好后，填入肥沃的栽培土。

5）植物种植。棚架、凉廊植物的具体种植方法与一般树木基本相同。应在春季栽植，并宜于萌芽前栽完。栽苗时，苗应稍向棚架、凉廊的柱子方向倾斜。考虑到要让植物攀缘到棚架、凉廊上面，所以在种植施工完成后，还要用竹竿或其他杆件搭在棚架、凉廊的柱子旁，以便把植物的藤蔓牵引到棚架、凉廊的顶上。若棚架顶上的檩条比较稀疏，还应在檩条之间均匀地放一些竹竿或在棚架顶上铺上铁丝网，以增加承托面积，方便植物枝条的生长和铺展。

攀缘植物移栽成活后，在其生长过程中，要随时抹去棚架顶面以下主藤茎上的新芽，剪除其上萌生的新枝，促进藤条长得更长，藤端分枝更多。对棚架、凉廊顶上缘分布不均匀的，要做人工牵引，使其分布均匀。

（2）篱垣式、附壁式、立柱式绿化的施工

1）篱垣式。篱垣式绿化是指将攀缘植物攀附在矮墙、篱架、栏杆、铁丝网等处，以花为主要目的的垂直绿化种植形式。由于一般高度有限，所以篱垣式绿化对植物材料攀缘性能的要求不太严格，几乎所有的攀缘植物均可用于此类绿化。

2）附壁式。附壁式绿化也称墙面绿化，是指将攀缘植物攀附于墙面、裸岩壁、桥梁、假山石等上面，形成大面积的绿化帘幕，起美化、降温等作用的垂直绿化种植形式。附壁式绿化一般选择一些有吸盘（如爬山虎、崖爬藤等）、气生根（如凌霄、常春卫矛、常春藤、小叶薜荔等）或其他吸附能力强（如扶芳藤、络石等）的攀缘植物为材料。

3）立柱式。立柱式绿化是指将攀缘植物攀附于各种立柱上（如电线杆、灯柱、高架桥立柱、立交桥立柱等），起美化作用的垂直绿化种植形式。一般缠绕类和吸附类的攀缘植物均适用于立柱式绿化。

附壁式（主要是墙面）、立柱式绿化常用爬附能力强的爬山虎、凌霄、常春藤等作为绿化材料。若依附物表面光滑，应设牵引铅丝。墙面绿化及立柱绿化一般将植物种植在墙脚（或立柱脚）下。施工时，先在墙脚（或立柱脚）下建种植槽，种植槽的宽度为50～80厘米、高为20～60厘米，种植槽的长度根据绿化的墙面长度（或立柱的大小）来确定，种植槽内的土层厚度不得小于50厘米（种植槽的高度低于50厘米的，应向下挖），槽底每隔200～250厘米应留出一个排水孔。种植槽的土建做法同花坛的做法，对一些较矮的种植槽，也可用砖等材料进行简单的围砌处理。种植槽做完后，应填入肥沃的壤土，然后种植攀缘植物。栽种时，苗木根部应距墙根（或柱根）15～20厘米，株距一般为50～100厘米，以50厘米的效果为好，苗木面拉成网状，供植物攀附。墙面（立柱）绿化种植完后的初期要加强养护管理，如遇大风天气，应

及时绑扎，以防植物的藤蔓脱落、下垂。对藤蔓脱落、下垂的，应及时修整和固定。

(3) 阳台绿化施工。阳台由于面积较小，常常还要负担其他功能，所以其绿化一般只能采取比较灵活的吊箱、盆栽（用木箱或缸等容器）或种植池（用砖等材料砌成）。吊箱主要吊在阳台栏杆上，盆栽主要布置在阳台栏板顶上（放置时要有围护设施，以防盆栽往下落），种植池一般固定在阳台的一个角落。种植池要注意在底部钻一些孔洞，以利于排水。为了减轻建筑结构的负荷，阳台绿化最好使用轻质人工合成基质。

二、屋顶绿化施工

屋顶绿化是指在建筑物的顶面（即屋顶）建植植物。它是园林绿化与城市建筑密切结合并向立体空间发展的一种绿化种植新形式。

1. 屋顶绿化的意义

屋顶有良好的光照条件，只要人为地在屋顶上创造并建成适合植物生长所需的立地条件，就可以种植植物。同时，还可结合植物绿化，在屋顶上布置花台、水池、喷泉、假山、亭台、园路等园林小品与设施，将屋顶建成以植物种植为主的园林空间。

绿化的屋顶不仅增加了绿化面积，而且使屋顶密封性好，能防止紫外线的照射，使屋顶具有降温、绿化的效果，同时还可以防止火灾。因此，在现代城市日益发展、高层建筑不断增加、城市用地越来越紧张的情况下，充分利用屋顶进行屋顶绿化，是开拓城市绿化空间、美化城市、调节城市气候、提高城市环境质量、改善城市生态环境的重要途径之一。

屋顶绿化要因地制宜，因“顶”制宜。要巧妙地利用主体建筑的屋顶、平台、阳台、窗台、檐口、女儿墙和墙面等，开辟绿化园地，并使这些绿化有别于一般陆地的绿化。

2. 建植屋顶绿化的基本条件

由于屋顶绿化受建筑高度、屋顶的整体承载能力、屋顶土层厚度、风力等因素的影响，因此，在进行屋顶绿化施工时要考虑以下条件：

(1) 绿化屋顶的整体承载能力。屋顶绿化种植必须在建筑物整体荷载允许范围内进行。在建植屋顶绿化前，首先要正确计算出屋顶的荷载，合理选择基质建造种植池和排水系统。要尽量选择一些轻型材料，如用浮石、膨胀水泥、特制泡沫塑料板等做蓄水层以利于排水，选择轻质栽植容器及栽培基质，从而降低绿化屋顶的结构荷载。

(2) 屋顶整体设计。根据建筑周围的环境条件，考虑风向、周边建筑物的遮挡情况，及屋顶原有的附属设备和设施的占地情况等因素，进行绿化的风向、安全、防晒设计。

（3）土层厚度及蓄排水能力。屋顶绿化的土层厚度一般要求为30～40厘米，不宜过薄及过厚，太薄不能满足植物的正常生长需要；太厚会增加屋顶的结构荷载。根据树木大小及屋顶的荷载情况，土层的局部厚度可设计成50～100厘米。种植池里应选用保水、保肥、排水性能好的壤土或选用人工配制的轻型土壤。土层下必须有良好的排灌、防水系统，不得导致建筑物漏水或渗水。

屋顶种植土壤的质量在建筑设计中要尽量考虑进去。被绿化的屋顶活荷载应在200～250千克/平方米为宜；人群活动密集的屋顶活荷载应为250～350千克/平方米，低于这个活荷载量的屋顶一般不宜进行屋顶绿化。

在铺放人工合成种植土壤的下面一般还需铺一层过滤层，其作用是蓄积部分水分并让过多的水分排走。过滤层既要有较强的吸水作用，又要易于排水，通常用珍珠岩或蛭石等材料铺成（过滤层的厚度一般为20～25厘米）。

（4）屋顶绿化植物的选择。屋顶绿化因受土层厚度、屋顶荷载、风力、风向等的影响，故在选择绿化植物时应尽量选择一些适应性强、耐旱、耐贫瘠、喜光、姿态优美、植株矮小、浅根性、抗风能力强、不易倒伏的花灌木及球根花卉、草坪植物、藤本植物等，以低矮植物为主，尽量不要选择乔木。

华东地区常用的适合屋顶绿化的木本植物有黑松、罗汉松、瓜子黄杨、大叶黄杨、雀舌黄杨、珊瑚树、棕榈树、蚊母树、丝兰、栀子花、龙爪槐、紫荆、海棠、蜡梅、寿星桃、白玉兰、紫玉兰、杜鹃、茶花、含笑、月季、金橘、橘子、茉莉、苏铁、海桐、构骨、葡萄、紫藤、常春藤、爬山虎、六月雪、桂花、菊花、迎春等。

3. 屋顶绿化的方式

屋顶绿化根据屋顶的活荷载、载重墙的位置、人流量、周边环境、屋顶绿化的用途等不同而有不同的方式。目前常用的屋顶绿化方式主要有棚架式、地毯式、自由种植式、庭院式和自由摆放式等几种。

（1）棚架式。棚架式屋顶绿化方式是指在屋顶做一些棚架，在棚架下砌种植池，然后在种植池里种上藤本植物，藤本植物可沿棚架生长，最后覆盖整个棚架。考虑到屋顶的承重，棚架的支柱落脚点及种植池的位置应尽量选择在承重墙处（以减轻屋顶的荷载）。

（2）地毯式。地毯式屋顶绿化是指在全部屋顶或屋顶的绝大部分种植各类地被植物或植株矮小的花灌木，使屋顶形成一片“绿色地毯”。

因为地被植物等正常生长所需的种植土壤相对较浅（一般土层厚度为20～30厘米即可正常生长发育），所以地毯式屋顶绿化对屋顶所加的荷载相对较小，一般能够上人的屋顶结构都可采用。地毯式屋顶绿化方式的绿化覆盖率高，生态效益好，一般高层建筑的低矮裙楼的屋顶采用这种绿化方式较多。

（3）自由种植式。自由种植式屋顶绿化是指在屋顶上大面积、有变化地种植一些

草本、地被植物及花卉灌木。自由式种植通过园林手法使绿化的屋顶产生层次丰富、色彩斑斓的效果。

(4) 庭院式。庭院式屋顶绿化是指将屋顶建成园林庭院的形式。在屋顶上除种植园林植物外，还要建筑亭、台、水池、假山、园林小品、园路等，使屋顶空间变化多，形成有山、有水、有路的园林环境。这种绿化方式适用于较大的屋顶面积上，一般建在高级宾馆、高档写字楼、高级商住楼的屋顶上。

(5) 自由摆放式。自由摆放式屋顶绿化是指用盆栽植物自由地摆放在屋顶上达到绿化屋顶的目的。这种方式灵活多变，并可起到应急绿化、美化的作用。

4. 屋顶绿化施工

在屋顶上进行绿化时，要严格按照设计的植物种类、品种、规格和植物对栽培基质的要求来施工。

(1) 建造种植池和排水系统。施工前，要先了解屋顶承重能力，合理建造种植池和给排水系统。

种植土层的厚度要根据种植的植物种类及大小来确定。种植池里的土壤要选用肥沃、排水能力好的壤土，也可用腐熟过的锯末或蛭石土等。在做种植土层时，紧贴屋面应垫一层厚度为 3～7 厘米的排水层，排水层一般用透水的粗颗粒材料（如炭渣、豆石、粗沙等）平铺而成。在平铺的排水层上面还要铺一层塑料纱网或玻璃纤维网作为滤水层，滤水层上再铺上种植基质。种植基质应尽量选用轻质材料，一般多经人工配制而成，如采用壤土、多孔叶岩沙土和腐殖土各 1 份配制而成混合土，也可用锯末、稻谷壳、蛭石、珍珠岩等材料人工合成轻质土。

(2) 施基肥。种植土层应施用足够的有机肥作为基肥，必要时也可追肥。追肥以复合肥为主，氮、磷、钾的比例为 2∶1∶1。草坪不必经常施肥，每年只需覆 1～2 次肥土即可，方法是用壤土 1 份和腐殖土 1 份混合晒干后打碎，再用筛子均匀地撒到草坪上。

(3) 设立给水系统。给水的方式有土下给水和土上表面给水两种。一般只建植草坪和只种植较矮的花草的屋顶绿化可采用土下管道给水方式供水，其原理是通过水位调节装置把水面控制在一定位置，利用毛细管原理保证花草水分的需要。土上给水有人工喷浇和自动喷浇两种。人工喷浇是指通过人工操作，用水管或其他喷洒容器进行喷浇。自动喷浇是指在种植场地上设置一定数量的自动喷水器，通过控制自动喷水器来进行喷浇。无论设置何种给水方式，都要注意水龙头设置的合理性，以保证既能满足给水的需要，又不会影响整个绿化的景观效果。

(4) 植物种植施工。准备好屋顶种植基质及设置完相应的排水、上水系统后（庭院式的屋顶绿化还应先布置完相应的园路、园林小品等），即可进行园林植物的种植，在屋顶上进行园林植物的种植施工和在地面上施工一样，要严格按照植物种植的施工工序和技术要领来进行。同时，屋顶植物种植受土层厚度、风力、风向、气温等的影响，种植后要特别加强防旱、防倒伏、防冻等方面的养护管理。

第五节　园林绿地场地施工

园林绿地场地是指一定范围内承载树木、花草、水体和园林建筑等物体的地面。在构成园林绿地的诸要素中，地形是园林造景的基础，是构成一个园林绿地景观的骨架。不同的地形、地貌反映出不同的景观特征，它影响园林布局和园林风格。园林地形不仅会直接影响到其他要素的设计，而且地形本身也是一个观赏对象。因此，园林地形的设计是否恰当，处理是否合适，不仅仅是一个工程技术方面的问题，也是能否创造出优美的园林景观的关键。园林微地形则是专指一定园林绿地范围内植物种植地的起伏状况。在造园中，适宜的微地形处理有利于丰富造园要素，形成景观层次，达到加强园林艺术性和改善生态环境的目的。园林中的地形整理，是根据园林绿地的总体规划要求，对现场的地面进行填、挖、堆筑等，为园林绿地场地建造出一个能够适应各种项目建设、更有利于植物生长的地形。

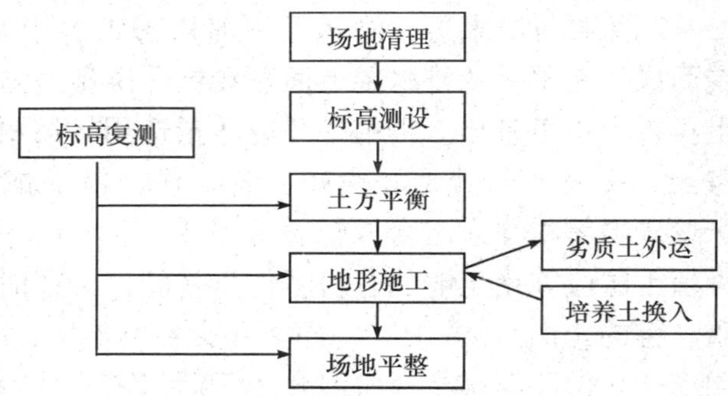

图 2—20　园林地形施工流程

园林地形施工只有掌握园林测量技术，才能进行园林地形整理和改造，才能真正建造出优美的园林。

一、园林测量基础知识

测量学是一门古老的科学，在人类的文明发展史中起着重要的作用。测量学的发展首先从满足人们兴修水利、划分土地、军事战争及航海等需要开始。

1. 测量学的概念与分支学科

（1）测量学的概念。测量学是研究地球的形状和大小以及确定地面（包含空中、地下和海底）点空间位置的一门科学。

（2）测量学的分类。测量可分为测定和测设两类：

1）测定。将地面已有的特征点位和界线通过测量手段获得，并用规定的符号和一定的比例绘制成图的工作称为测定（测图），供规划设计之用。

2）测设。将工程建设的设计位置（点位）用测量的方法测设到实地的工作称为测设，作为施工和定界的依据。测设又称施工放样。

（3）测量学的分支学科。传统的测量学主要包括以下一些分支学科：

1）大地测量学。研究地球表面广大地区的点位测定及整个地球的形状、大小和变化及地球重力场测定的理论和方法的学科。

2）普通测量学。研究将地球表面局部地区的自然地貌、人工建筑和行政权属界限等测绘成地形图、地籍图的基本理论和方法的学科。

3）摄影测量学。研究利用航空和航天器对地面摄影或遥感，以获取地物和地貌的影像和光谱并进行分析处理，从而绘制成地形图的基本理论和方法的学科。

4）工程测量学。研究工程建设在设计、施工和管理阶段中所需要进行的测量工作的基本理论和方法的学科。包括工程控制测量、土建施工测量、园林工程及设备安装测量、竣工测量和工程变形观测等。

2. 测量的任务

工程测量是运用测量学的基本原理和方法为各类工程服务。工程建设一般分为勘测设计、施工建设、运营管理三个阶段，在这三个阶段中测量工作的主要任务是：

（1）勘测设计阶段——控制，绘地形图。

（2）施工建设阶段——施工放样，竣工测量。

（3）运营管理阶段——安全监测，变形观测。

3. 地面点位置的表示

地球的表面有水域，有陆地，但主要是水域，水域面积占地球总面积的72%，而陆地仅占29%。设想将静止的海水面向陆地延伸，形成一个封闭的曲面，称为水准面。过水准面上的任意一点所作的铅垂线，在该点均与水准面正交。与水准面相切的平面称为水平面。由于水面可高可低，因此水准面有无穷多个，其中通过平均海水面的水准面，称为大地水准面，大地水准面是测量工作的基准面。如图2—21所示，大地水准面所包围的地球形体称为大地体，它代表了地球的自然形状和大小。重力的方向线称铅垂线，铅垂线是测量工作的基准线。

测量工作的基本任务是确定地面点的位置。几何学中，空间一点的位置通常由3个量确定，即（x，y，z）；测量学上，地面点的位置则由坐标和高程表示。坐标表示地面点沿基准线投影到基准面上的位置，高程表示地面点沿基准线到基准面的距离。基准线可以是点的铅垂线，也可以是法线；基准面又称为投影面，可以是椭球

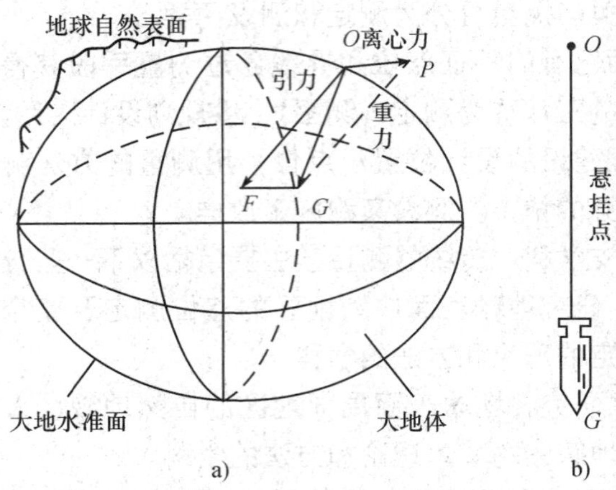

图 2—21 大地体、重力与铅垂线

a）大地体 b）铅垂线方向

面，也可以是平面。

4. 高程

地面上沿铅垂线到大地水准面的距离定义为点的绝对高程，简称为高程或标高、海拔，记为 H，如图 2—22 所示，A 点的高程为 H_A。当基准面是一般水准面时，点的高程叫做相对高程或假定高程，可见，建立高程的核心问题是如何确定高程基准面。

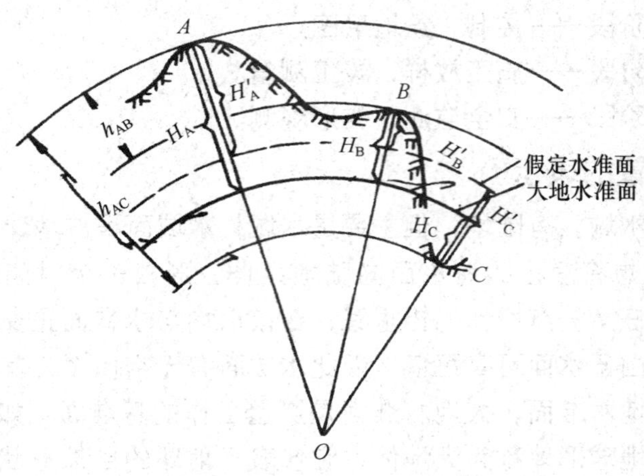

图 2—22 高程的符号

（1）1956 年黄海高程系和 1985 年国家高程基准。新中国成立以前，我国采用的高程基准面十分混乱。新中国成立后，国家测绘局统一了高程基准面，以设在山东省青岛市的国家验潮站 1950—1956 年的验潮资料，推算的黄海平均海水面作为我国高

程起算面，并以其高程为零推求出青岛国家水准原点。

高程为 72.289 米。这个高程系统称为“1956 年黄海平均海水面高程系统”，简称“1956 年黄海高程系”。全国各地高程控制点的高程均依此引测而得，所得测绘成果，如地形图、控制点高程等都注有该高程系字样。

20 世纪 80 年代初，国家又根据 1953—1979 年青岛验潮站观测资料，推算出新的黄海平均海水面零位置，并以此为起算面，测得青岛国家水准原点的高程为 72.2604 米，称为“1985 年国家高程基准”。

(2) 假定高程。全国各地的地面点的高程，都是在统一高程系统下建立的，即以青岛国家水准原点的黄海高程为起算数据，在全国布设各种精度等级的高程网，主要以水准测量方法求得点高程。在局部地区，也可建立假定高程系统，所求点的高程均为相对高程。

需要特别注意的是，我国各地，尤其在水利上有各种各样的高程系统，如上海吴淞口高程系、黄淮海地区废黄河高程系等，这些高程系统与黄海高程系均有一定的差值，在使用高程时应特别注意高程系。

为了将“1985 年国家高程基准”的成果与以前使用过的高程系成果进行换算，将“1985 年国家高程基准”与其他高程系的点进行了联测比较，得出表 2—15 的差值。令两高程系的零点差为 $\&$，1985 年国家高程基准的高程为 H_0，其他高程系的高程为 H_i，则有：

$$H_0 = H_i + \&$$

如 1956 年黄海高程系中一点的高程为 63.280 米，在 1985 年国家高程基准中的高程即为 63.251 米。

表 2—15　　有关高程系与 1985 国家高程基准零点差

高程系	1985 年国家高程基准	1954 年黄海系	1956 年黄海系	废黄河口系	大沽零点	吴淞口系	坎门零点	珠江高程系	广州高程系
零点差 &	0	0.055	−0.029	−0.092	−1.952	−1.856	0.231	0.557	−4.443

(3) 高程的符号与高差。如图 2—21 所示，高程值有正负之别，在基准面以上的点，其高程为正，如 A、B 点；反之为负，如 C 点。

相邻两点的高程之差称为高差，记为 h。高差也有正负之别，它反映两相邻点间的地表是上坡还是下坡，因此，高差值前应冠以正负号。如 $H_A = 72.567$ 米，$H_B = 39.421$ 米，A 到 B 的高差为 $h_{AB} = H_B - H_A = 39.421 - 72.567 = -33.146$ 米，表示 A 到 B 是负高差，为下坡；B 到 A 的高差 $h_{BA} = H_A - H_B = +33.146$ 米，显然是正高差，为上坡。

5. **测量的基本内容和原则**

测量工作的内容：测角度，测距离，测高差。地形图测绘，施工测量。

测量工作的原则：从整体到局部；先控制，后碎部；步步检核。

6. **测绘工作的基本步骤**

(1) 技术设计。技术设计是从技术上可行、实践上可能和经济上合理3方面对测绘工作进行总体策划，选定出优化方案，安排好实施计划。

(2) 控制测量。其任务是先在全国布设高等级平面控制网和高程控制网，测定控制点的平面坐标和高程，作为全国的控制骨架，然后根据国民经济建设的需要，分区、分期进行加密控制测量，作为测绘工作的控制基础。

(3) 碎部测量。测定地貌、地物特征点的平面坐标和高程。特征点的平面坐标和高程是由临近的控制点确定的，用多个特征点的空间位置就可真实地描述地物、地貌的空间形态和分布。

(4) 检查和验收测绘成果。测绘成果必须验收合格后才能交付使用。

二、测量仪器的使用

测量地面点高程的工作称为高程测量。高程测量的常用方法有水准测量和三角高程测量，水准测量是精密测定地面点高程的主要方法，所使用仪器为水准仪。

1. **水准测量的测量原理**

水准测量是利用能提供一条水平视线的仪器，测定地面两点间的高差，已知一点高程，推算另一点高程的一种办法。

图2—23中，已知A点的高程为H_A，要测定B点的高程H_B，在A、B两点间安置一架能提供水平视线的仪器，并在A、B两点上分别竖立水准尺，利用水平视线读出A点尺上的读数a及B点尺上的读数b，由图可知A、B两点间高差为：

$$h_{AB}=a-b \tag{2—1}$$

测量由已知点向未知点方向进行观测：设A点为已知点，则A点为后视点，a为后视读数；B点即为前视点，b为前视读数；h_{AB}为未知点B对于已知点A的高差，或称由A点到B点的高差，它总是等于后视读数减去前视读数。当高差为正时，表明B点高于A点；反之则B点低于A点。

计算高程的方法有两种：

一是由高差计算高程，即：

$$H_B=H_A+h_{AB}$$

二是由仪器的视线高程计算未知点高程。由图2—22可知，A点的高程加后视读

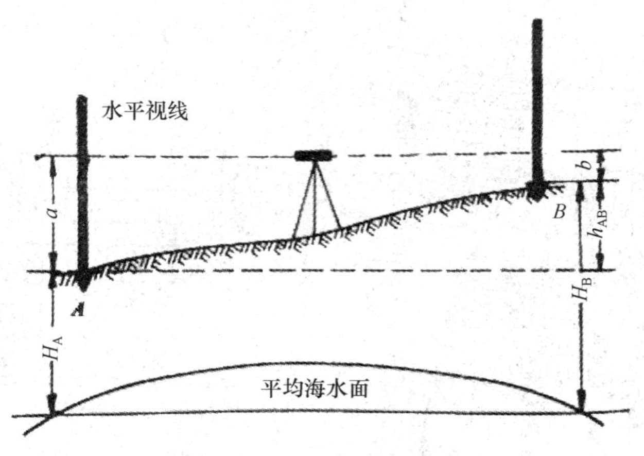

图 2—23　水准测量原理

数就是仪器的视线高程，用 H_i 表示，即：

$$H_i = H_A + a$$

由此可求出 B 点的高程为：

$$H_B = H_i - b$$

这种计算方法也称视线高程法，在工程测量中应用较为广泛。

2. 水准测量仪器和工具的构造和使用

(1) 微倾式 DS3 型水准仪的构造。我国对水准仪按其精度从高到低分为 DS05、DS1、DS3、DS10 四个等级。“D”表示大地测量，“S”表示水准仪，05、1、3、10 分别表示其精度。下面主要介绍 DS3 型水准仪（图 2—24）。

DS3 型水准仪由望远镜、水准器及基座 3 个主要部分组成。仪器通过基座与三脚架连接，支承在三脚架上。基座上的 3 个脚螺旋与目镜左下方的圆水准器，用以粗略整平仪器。望远镜旁装有一个管水准器，转动望远镜微倾螺旋，可使望远镜做微小的俯仰运动，管水准器也随之俯仰，使管水准器的气泡居中，此时望远镜视线水平。仪器在水平方向的转动，是由水平制动螺旋和微螺旋控制的。

(2) 水准尺和尺垫。水准尺是水准测量中的重要工具，多用干燥而良好的木材制成，也有铟钢制成的铟钢尺。尺的形状有直尺、折尺和塔尺。水准测量一般使用直尺，只有精度要求不高时才使用折尺或塔尺。目前常用的水准尺以 3 米的直尺较为多见，一面为黑白分划，另一面为红白分划，俗称黑红两面水准尺，1 厘米分划，10 厘米注记，黑面底端以零起算，而红面底端分别以 4.687 米和 4.787 米起算，这种红面起点注记不同的两根尺子在水准测量时配对使用。

尺垫又称尺台，其形式有三角形、圆形等。测量时为了防止尺子下沉，要将尺垫放在地上踏稳，然后把水准尺竖立在尺垫的半圆球顶上（图 2—25），尺垫只在转点上使用。

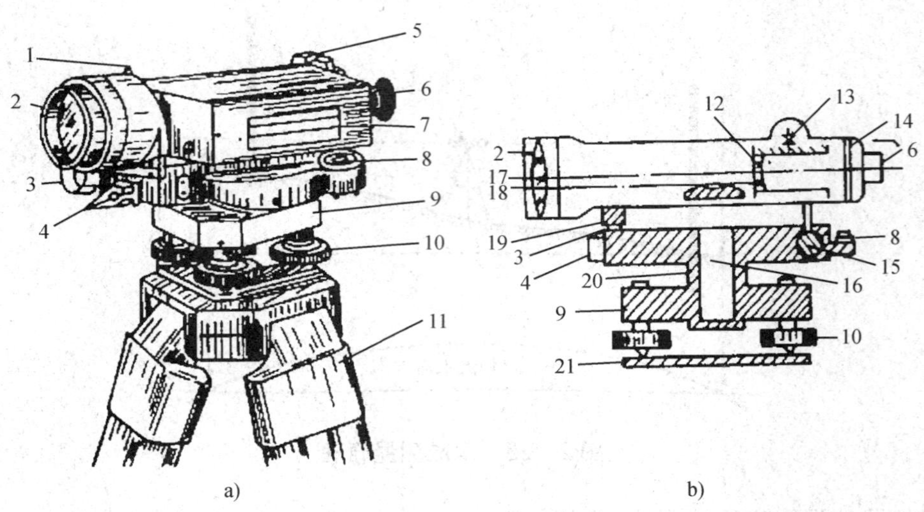

图 2—24 DS3 型水准仪

a）外形图 b）构造图

1—准星 2—物镜 3—微动螺旋 4—制动螺旋 5—缺口 6—目镜 7—水准管 8—圆水准器 9—基座 10—脚螺旋 11—三脚架 12—调焦透镜 13—调焦螺旋 14—十字丝分划板 15—微倾螺旋 16—竖轴 17—视准轴 18—水准管轴 19—微倾轴 20—轴套 21—底板

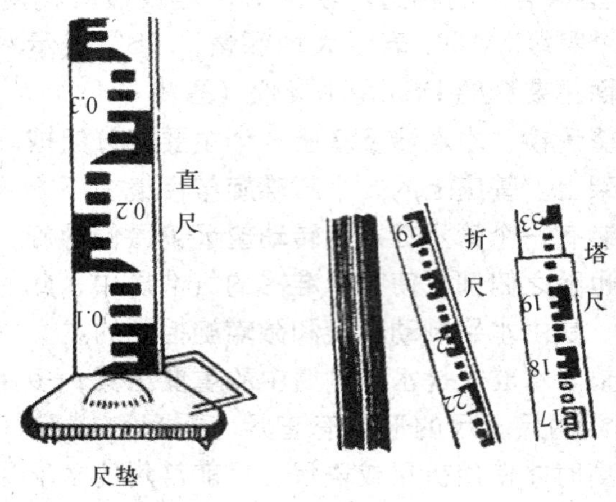

图 2—25 水准尺和尺垫

（3）水准尺的安置和使用

1）安置与粗平。选好测站，打开三脚架，将三脚架插入土中，在光滑地面使脚架不致打滑，并使架头大致水平。利用连接螺旋使水准仪与三脚架连接，然后旋转脚

螺旋使圆水准器的气泡居中，其方法如图 2—26a 所示，气泡不在圆水准器的中心而在 1 点位置，这表明脚螺旋 A 一侧偏高，此时可用双手按箭头所指的方向对向旋转脚螺旋 A 和 B，即降低脚螺旋 A，升高脚螺旋 B，则气泡便向脚螺旋 B 方向移动，气泡运动方向与左手拇指旋转方向一致，移动到 2 点位置时为止。再旋转脚螺旋 C，如图 2—26b 所示，使气泡从 2 点移到圆水准器的中心，这时仪器的竖轴大致竖直，亦即视线大致水平。

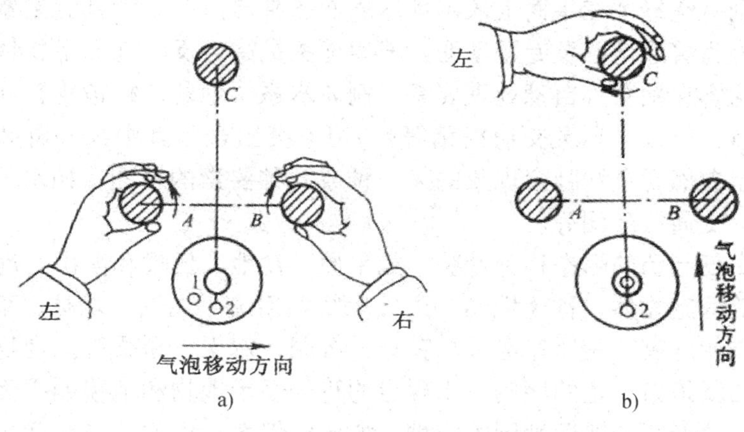

图 2—26 圆水准器的整平

2）瞄准。当仪器粗略整平后，松开望远镜的制动螺旋，利用望远镜筒上的缺口和准星概略地瞄准水准尺，关紧制动螺旋。然后转动目镜调节螺旋，使十字丝成像清晰，再转动物镜调焦螺旋，使水准尺的分划成像清晰，调焦工作完成。这时如发现十字丝纵丝偏离水准尺，则可利用微动螺旋使十字丝纵丝对准水准尺（图 2—27）。

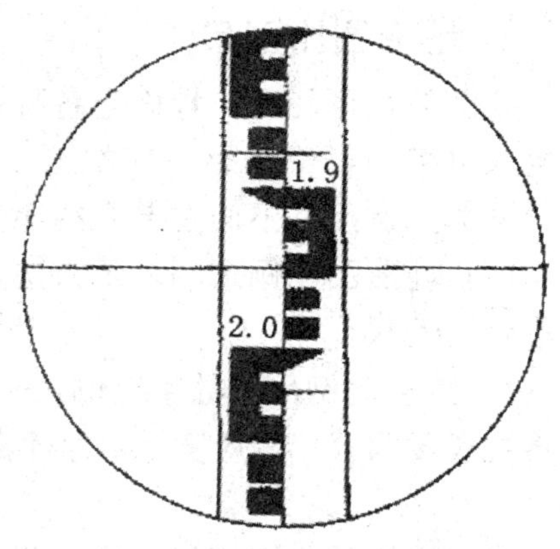

图 2—27 水准尺读数

3）消除视差。在读数前，如果眼睛在目镜端上下晃动，则十字丝交点在水准尺上的读数也随之变动，这种现象称为十字丝视差。产生十字丝视差的原因是由于目镜调焦不仔细或调焦镜调焦不仔细，有时两者同时存在。它对读数影响较大，必须予以消除。消除方法是转动目镜调节螺旋使十字丝成像清晰，再转动调焦螺旋使标尺像清晰，而且要反复调节上述两螺旋，直至十字丝和水准尺成像均清晰，眼睛上下晃动时，十字丝横丝所截取的读数不变为止。

4）精平和读数。转动微倾螺旋使水准管的气泡相吻合，其左半像的上下移动与右手拇指转动螺旋的方向一致。然后立即利用十字丝横丝读取尺上读数。因为水准仪的望远镜一般是倒像，所以水准尺倒写的数字从望远镜中看到的是正写的数字，同时看到尺上刻画的注记是由上向下递增的，因此，读数应由上向下读，即由小到大，在图 2—26 中，从望远镜中读得读数为 1.946 米。

三、地形图识别

按一定法则有选择地在平面上表示地球表面各种自然要素和社会要素的图通称为地图。地图可分为普通地图及专题地图。普通地图是综合反映地面上物体和现象一般特征的地图，内容包括各种自然地理要素（例如水系、地貌、植被等）和社会经济要素（例如居民点、行政区划及交通线路等），但不突出表示其中某一种要素；专题地图则是着重表示自然现象和社会现象的某一种或几种要素的地图，如水系分布图、土地利用现状图、交通旅游图等。

地球表面高低起伏的形态称为地貌，如平原、盆地、丘陵和高山。地面上各种天然或人工构筑的固定物体，称为地物。天然地物如河流、湖泊、森林、草地、独立岩石等，人工地物如房屋、高压输电线、铁路、公路、水渠、桥梁等。地物和地貌总称为地形。地形图就是按一定的比例，用规定的符号表示地物和地貌的平面位置和高程的正射投影图。地形图是普通地图的一种。如果仅仅表示地物的形状和平面位置而不表示地面起伏的地图称为平面图。

1. 地形图比例尺

在测绘地形图时，地面上各种被测对象不可能按真实大小描绘在图纸上，通常将实地尺寸缩小若干分之一来描绘。图上某直线长度与地面上相应线段的水平长度之比，称为比例尺。下面主要介绍比例尺的分类和比例尺的精度。

(1) 地形图比例尺的表示方法。地形图的比例尺有两种表示方法，即数字比例尺和图示比例尺。

1) 数字比例尺。数字比例尺一般取分子为 1、分母为整数的分数表示。设图上某一直线长度为 d，相应实地的水平距离为 D，则该图的比例尺为：

$$d : D = 1 : (D / d)$$

上式的米数为比例尺分母。分母越大（分数值越小），则比例尺越小。

2) 图示比例尺。为了用图方便及减弱由于图纸伸缩而引起的使用中的误差，在绘制地形图时常在图上绘制图示比例尺，最常见的图示比例尺为直线比例尺。图 2—28 所示为 1∶500 的直线比例尺，取 2 厘米为基本单位，从直线比例尺上可以直接量测到基本单位的 1 /10，估读到 1 /100。

(2) 地形图比例尺的种类。通常把 1∶500、1∶1 000、1∶2 000 和 1∶5 000 比例尺地形图称为大比例尺地形图，1∶1 万、1∶2.5 万、1∶5 万和 1∶10 万的地形图称

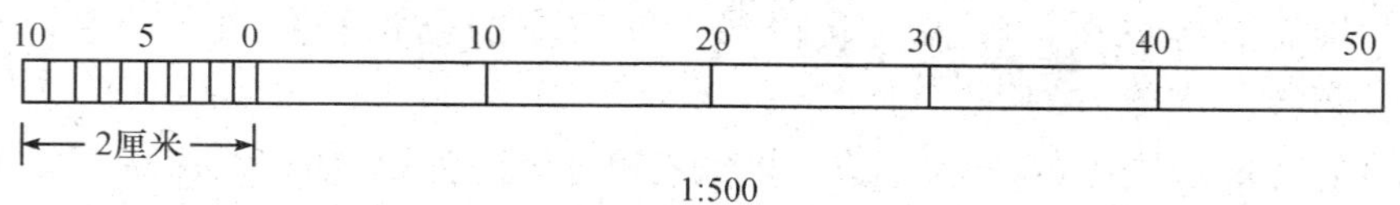

图 2—28　直线比例尺

为中比例尺地形图，1∶20 万、1∶50 万和 1∶100 万的地形图称为小比例尺地形图。1993 年 3 月开始实施的《国家基本比例尺地形图分幅和编号 GBT 13989—92》的国家标准，将 1∶5 000、1∶1 万、1∶2.5 万、1∶5 万、1∶10 万、1∶20 万、1∶50 万、1∶100 万这 8 种比例尺地形图列为国家基本地形图。

（3）比例尺的精度。由于人的肉眼能分辨的图上最小距离为 0.1 毫米，因此一般在图上量度或者实地测图描绘时，就只能达到图上 0.1 毫米的精确性。我们把图上 0.1 毫米所表示的实地水平距离称为比例尺精度。显然，比例尺越大，比例尺精度也越高。不同比例尺的精度见表 2—16。比例尺精度的概念对测图和设计用图都有重要意义。

表 2—16　不同比例尺的比例尺精度

比例尺	1∶500	1∶1 000	1∶2 000	1∶5 000	1∶10 000
比例尺精度（米）	0.05	0.1	0.2	0.5	1.0

1）测图时可根据比例尺精度取舍地物。例如在测 1∶2 000 比例尺地形图时，实地量距只需精确到 0.2 米，因为即便量得再精细，在图上也无法表示出来。建筑物的形状凹凸变化如果小于 0.2 米，则可以忽略不计，因为这些细微的变化在图上也是无法表示的。

2）根据设计图所需表述的最小尺寸选取用图的比例尺。比如，某项工程设计要求在图上能反映地面上 0.05 米的精度，则所选图的比例尺就不得小于 1∶500。

图的比例尺越大，其表示的地物、地貌就越详细，精度亦越高，但测绘工作量就会成倍地增加，测图费用也成倍增加。因此，应从工程规划、实际用图的精度要求出发，选择适当的比例尺，避免盲目追求比例尺越大越好的做法。

2. 地物地貌在地形图上的表示方法

地形图是地球表面的地物和地貌在平面图纸上的缩影，如何将地球表面的地物和地貌表示在地形图上是地形图测绘的主要内容。

（1）地形图图式。地形图用不同的符号表示不同的地物和地貌，这些符号总称为地形图图式。地形图图式由国家测绘局统一制定。地形图图式中有 3 类符号，即地物符号、地貌符号和注记符号。地物符号和地貌符号用来表示地物和地貌，用数字和文字对地物和地貌加以说明，称为注记符号，如房屋的结构和层数、地名、路名、厂名、等高线高程、水流方向等。

（2）地物在地形图上的表示方法。地物在地形图上用地物符号来表示。地物符号分为比例符号、非比例符号和线形符号 3 种，详见表 2—17。

表 2—17　　地形图图式所规定的部分常见地物符号表

编号	符号名称	图例	编号	符号名称	图例
1	坚固房屋 4-房屋层数	 坚4　1.5	7	经济作物地	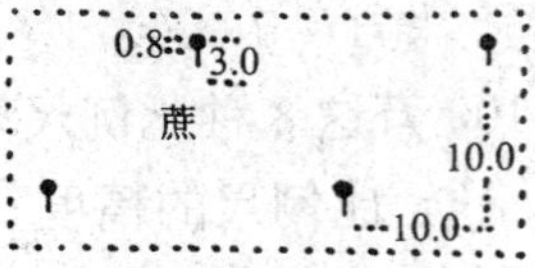 0.8　3.0　蔗　10.0　10.0
2	普通房屋 2-房屋层数	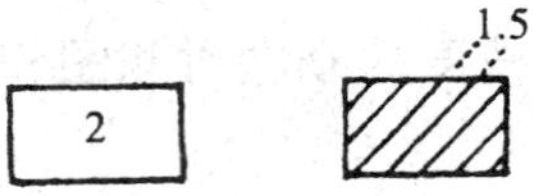 2　1.5	8	水生经济 作物地	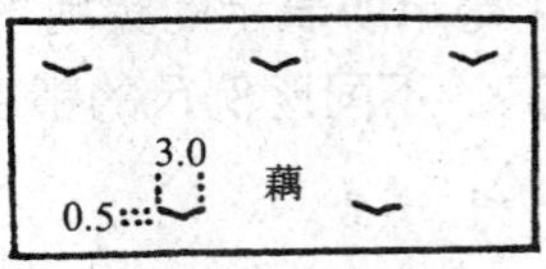 3.0　0.5　藕
3	窑洞 1-住人的 2-不住人的 3-地面下的	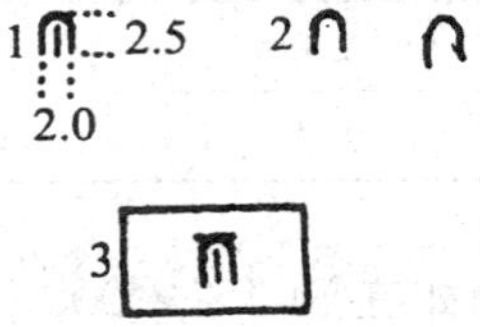 1　2.5　2.0　2　3	9	水稻田	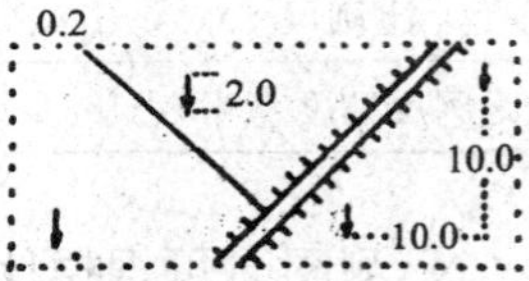 0.2　2.0　10.0　10.0
4	台阶	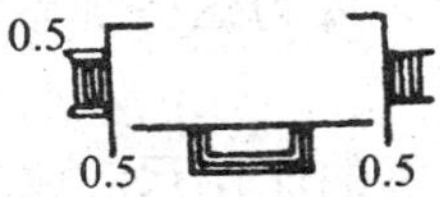 0.5　0.5　0.5	10	旱地	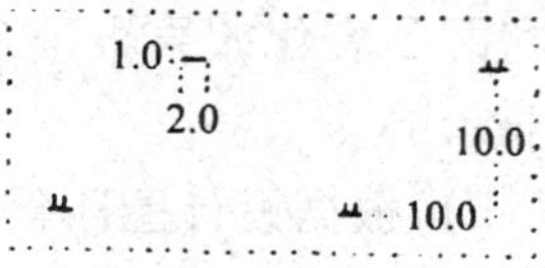 1.0　2.0　10.0　10.0
5	花圃	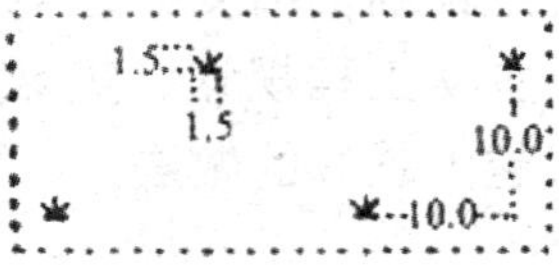 1.5　1.5　10.0　10.0	11	灌木林	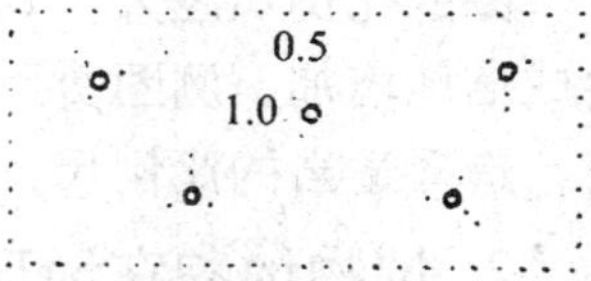 0.5　1.0
6	草地	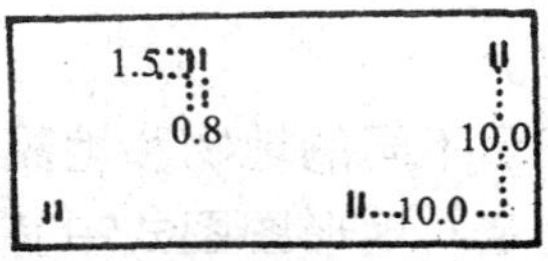 1.5　0.8　10.0　10.0	12	菜地	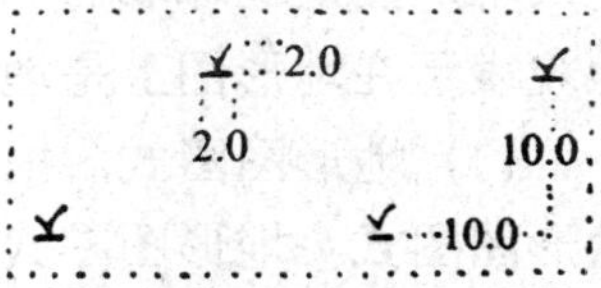 2.0　2.0　10.0　10.0

续表

编号	符号名称	图例	编号	符号名称	图例
13	高压线	4.0	22	沟渠 1-有堤岸的 2-一般的 3-有沟堑的	1 2 0.3 3
14	低压线	4.0			
15	电杆	1.0	23	公路	0.3 沥 砾 0.3
16	电线架		24	简易公路	8.0 2.0
17	砖、石及混凝土围墙	10.0 0.5 10.0 0.3	25	大车路	0.15 碎石 0.3
18	土围墙	10.0 0.5	26	小路	4.0 1.0 0.3
19	栅栏、栏杆		27	三角点 凤凰山-点名 394.468 高程	凤凰山 394.468 3.0
20	篱笆	1.0 10.0	28	图根点 1-埋石的 2-不埋石的	1 2.0 N16/84.46 2 1.5 25/62.74 2.5
21	活树篱笆	3.5 0.5 10.0 1.0 0.8	29	水准点	2.0 II京石5/32.804

续表

编号	符号名称	图例	编号	符号名称	图例
30	旗杆	 1.5 4.0 1.0 1.0	36	水龙头	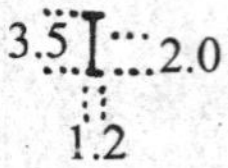 3.5 2.0 1.2
31	水塔	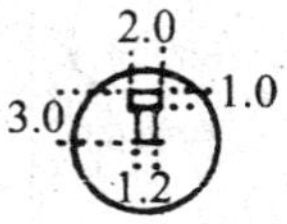 2.0 3.0 1.0 1.2	37	钻孔	 30 1.0
32	烟囱	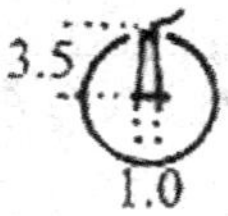 3.5 1.0	38	路灯	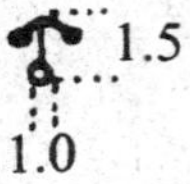 1.5 1.0
33	气象站（台）	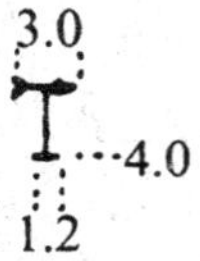 3.0 4.0 1.2	39	独立树 1-阔叶 2-针叶	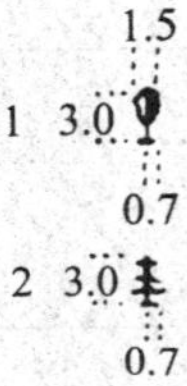 1.5 1 3.0 0.7 2 3.0 0.7
34	消火栓	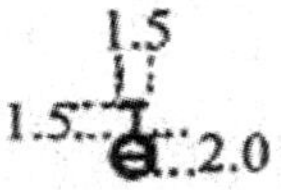 1.5 1.5 2.0	40	岗亭	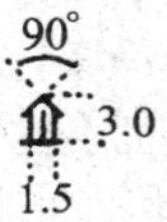 90° 3.0 1.5
35	阀门	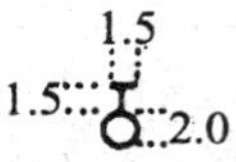 1.5 1.5 2.0	41	等高线 1-首曲线 2-计曲线 3-间曲线	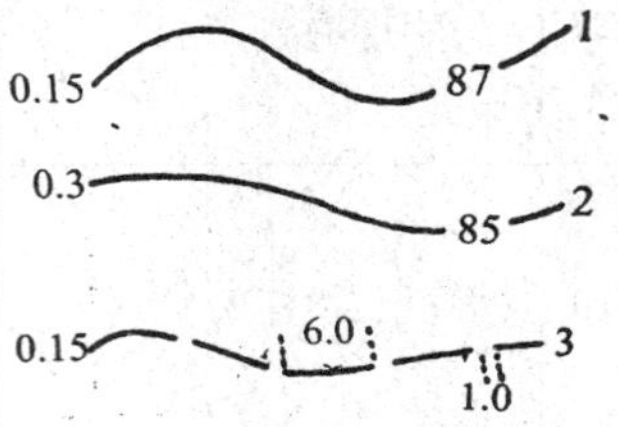 0.15 87 1 0.3 85 2 0.15 6.0 3 1.0

1）比例符号（轮廓符号）。地面上有些地物的轮廓较大，如房屋、池塘、苗圃等，其形状和大小可以按测图比例尺缩绘在图纸上，以表达其位置和轮廓特征。这类符号与实际地物的形状相似。

2）非比例符号（不依比例符号）。一些具有特殊意义的地物，因轮廓较小，不能按测图比例尺缩小绘在图纸上时，就采用特定的符号表示，如三角点、水准点、烟囱、消火栓等。这类符号在图上只能表示地物的中心位置，不能表示其形状和大小。

3）线形符号（半依比例符号）。一些呈带状延伸的地物，其长度能按比例缩绘，

而宽度不能按比例缩绘，须按规定符号表示的，称作线形符号，也称半依比例符号，如铁路、公路、围墙、通信线等。线形符号只能表示地物的位置（符号的中心线）和长度，不表示宽度。

对于不同的比例尺，比例符号与半依比例符号的界定是相对的。如公路、铁路等一些地物，在 1∶500、1∶1 000 和 1∶2 000 比例尺地形图上是用比例符号绘出的，但在小于 1∶5 000 比例尺地形图上则需按半依比例符号绘出。同样的情况也出现在比例符号与非比例符号之间。总之，测图比例尺越大，用比例符号描绘的地物越多；比例尺越小，用非比例符号表示的地物越多。

（3）地貌在地形图上的表示方法。地貌在地形图上用等高线表示。

3. 等高线的基本知识

等高线是地面上高程相等的各相邻点所连成的闭合曲线。如图 2—29 所示，设想有一座小山与某一静止的水面相交，水面绕山交成一条闭合曲线，这条曲线上的所有点高程相等。如果这个水平面的高程为 10 米，则这条曲线就是高程为 10 米的等高线。如果水面上升到高程为 12 米、14 米、16 米，则依次与山交出高程为 12 米、14 米、16 米的等高线。将这些曲线垂直投影到同一个水平面，并按一定的比例尺缩绘在图纸上，就是在地形图上表示这座小山的等高线，它客观地显示了小山的空间形态。

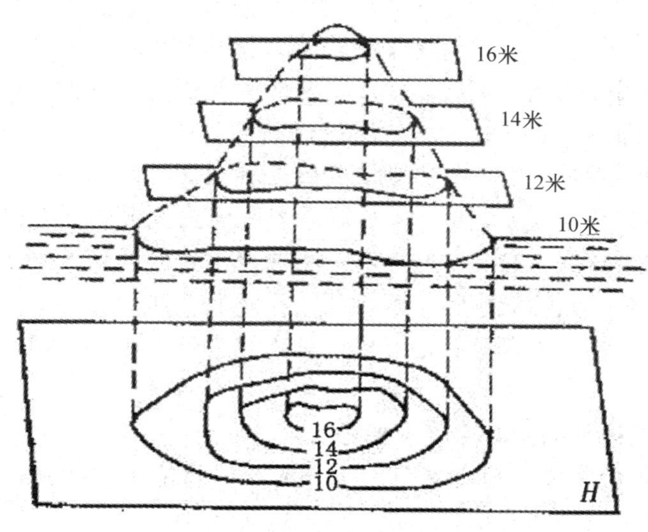

图 2—29 等高线原理图

（1）等高线的平距和等高距。相邻两等高线间的高差，称为等高距，以 *h* 表示。图 2—29 中的等高距为 2 米。相邻两条等高线之间的水平距离，称为等高线平距，以 *d* 表示。由地形图了解实际地貌的形状，是通过等高线的形状和等高线平距的变化来实现的。在一张图上，等高距是一个常数，而等高线的平距随地形的陡缓而变化。地势越陡，平距越小，等高线越稠密；反之，平距越大，等高线越稀疏，地势越平缓。因此，由等高线的疏密可以判断地势的陡缓。至于地貌的形状，可由等高线的形状看出来。比如，设想一个山的形状是圆锥形的，可以想象，表示这个山的等高线是同心圆。如果山是向某一方向延伸，则等高线也必然向某一方向弯曲。

等高距越小，地貌表示的越细致；等高距越大，地貌表示的越粗略。然而，等高线过小，不但会增加测绘工作量，而且影响图面的清晰和使用。因此，等高距的选择，要根据地势情况及图比例尺大小而定。规范对等高距的规定见表 2—18。

表 2—18　　等高距表　　米

地形类别 \ 比例尺	1∶500	1∶1 000	1∶2 000
平地	0.5	0.5	0.5（或 1）
丘陵地	0.5	0.5（或 1）	1.0
山地	0.5（或 1）	1.0	2.0
高山地	1.0	1.0（或 1）	2.0

(2) 地貌的基本形态。地貌虽然千姿百态、比较复杂，但归纳起来不外乎由山、盆地、山脊、山谷和鞍部几种组成。较四周明显突起的高地称作山。山的最高部位称作山顶，有尖顶、圆顶、平顶等形状。山的倾斜面称山坡，近于垂直的山坡称绝壁，上部凸、下部凹的称悬崖。山坡与平地的交界处称山脚。四周高、中间低的地形称盆地。小范围的盆地又称洼地或坑洼。从山顶沿着某一方向延伸的窄长高地称山脊，山脊最高点的连线称山脊线，它又称分水线。相邻两山脊间的低洼部称山谷，山谷中最低点的两线称山谷线，又称集水线。两相邻山头间的低洼部，形似马鞍，故称鞍部。

(3) 等高线的特性。为了更好地掌握用等高线表示地貌的规律，应该了解等高线的特性。

1) 同一条等高线上的所有点高程相等。

2) 等高线是闭合曲线。闭合的范围有大有小，可能在本幅图内闭合，也可能在邻幅图内或相隔若干幅图的图幅内闭合。

3) 除图 2—30a、图 2—30b 所表示的悬崖、绝壁等特殊地貌外，不同高程的等高线不能相交，同一条等高线不能分叉。

4) 等高线与山脊线、山谷线正交，并且过山脊处等高线凸向低处，过山谷处凸向高处（图 2—30c）。

5) 经过河流的等高线横跨而过，必然在接近河岸时折向上游，与河岸相交后，

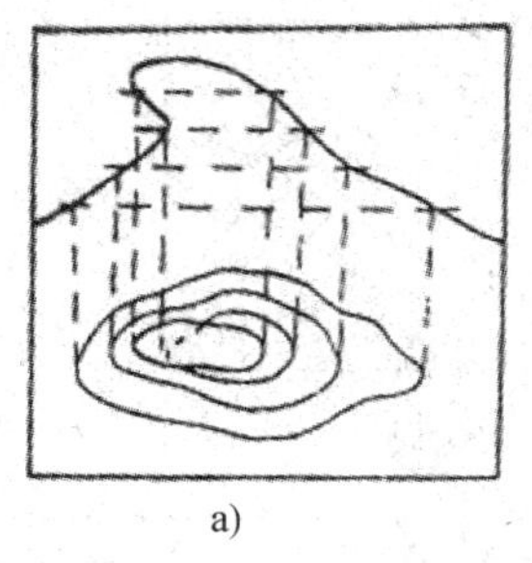

a)

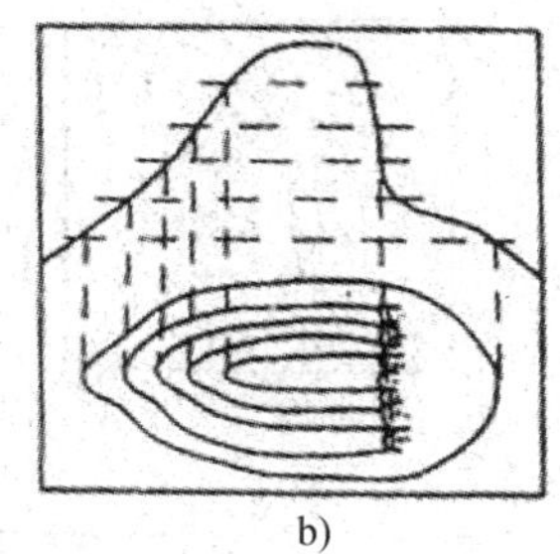

b)

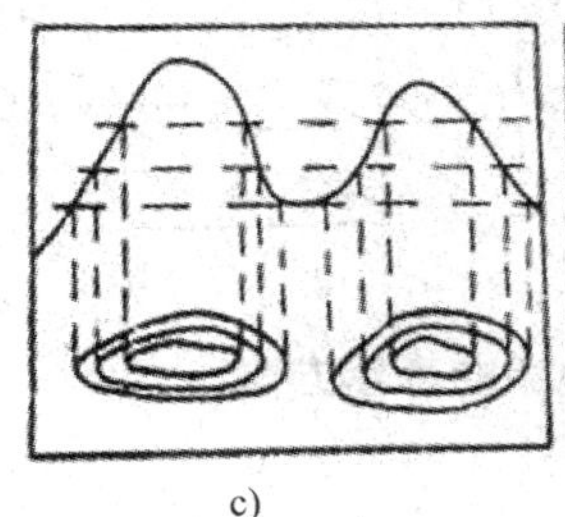

c)

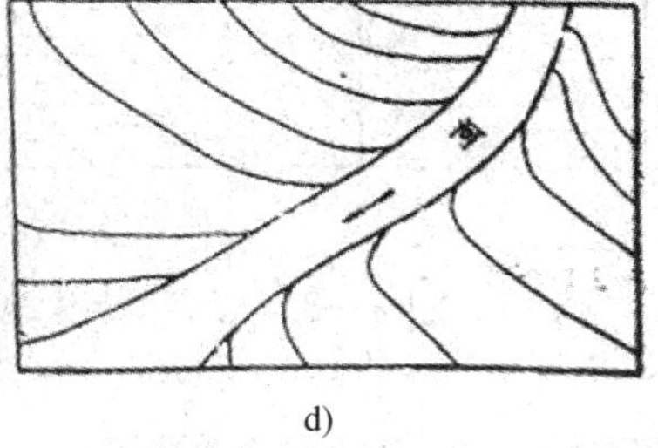

d)

图 2—30 等高线的特性

再从对岸趋向下游，如图 2—30d 所示。这是因为，河床本身类似山谷。由上一条特性可知，等高线在山谷处凸向高处。

6）在同幅图内，等高线越密，则地势越陡；反之，等高线越稀，则地势越平缓。

（4）等高线的种类。为了用图方便和满足某些工程需要，等高线分为以下 4 种：

①首曲线。按规范规定的等高距（基本等高距）勾绘的等高线，称首曲线，又称基本等高线，以细实线表示，其上不注记高程。

②计曲线。加粗等高线称计曲线，它是从高程起始面起，每隔 4 条首曲线加粗的一条首曲线（即相邻两条计曲线之间高差为 5 倍的基本等高距）。计曲线增加了图的立体感，同时，由于在计曲线上注记高程，使图清晰且使用方便。

③间曲线。在局部范围内，为了适应工程需要，将地貌表示得更细致、更真实，需要使用间曲线。间曲线又称半等高距曲线，以虚线表示。它是在两条首曲线之间按基本等高距的一半（$h/2$）绘出的。

④助曲线。助曲线是按 1/4 基本等高距勾绘的，也是以虚线表示。

（5）特殊地貌的表示方法。对于一般地貌，用等高线可以表示其形态，而有一些特殊地貌，用等高线无法表示，必须用图式中规定的符号来表示。测图时，只要测出其轮廓位置和走向，绘出相应符号即可。特殊地貌，如冲沟、雨裂、悬崖、崩崖、陡坎等，其表示方法如图 2—31 所示。

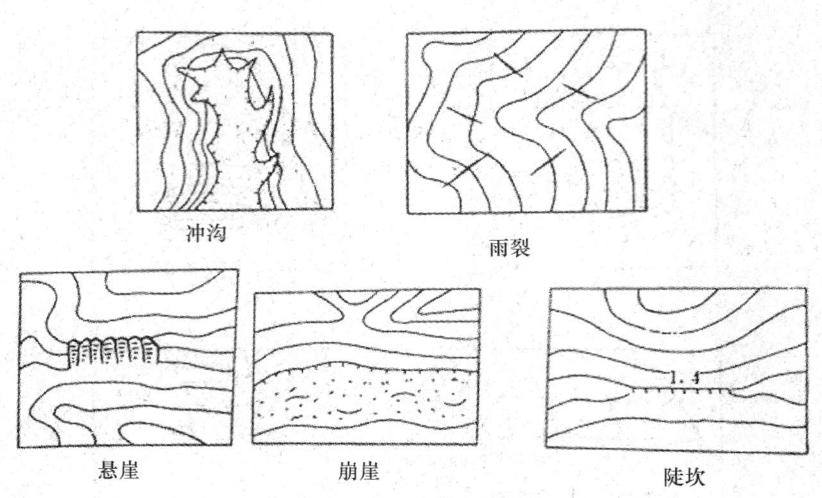

图 2—31　几种特殊地貌的表示方法

四、土方量计算与场地平整

土方量计算一般根据附有原地形等高线的设计地形图来进行。通过计算，有时反过来又可以修订设计图中的不足，使图纸更完善。土方量的计算在规划阶段无须过分精确，只需估算，但在做施工图时，则土方工程量就需要较精确地计算了。

1. 土方量计算

土方量的计算方法常用的有体积法、断面法和方格网法，可根据地形具体情况采用。现场抄平的程序和方法由确定的计算方法进行，通过抄平测量，可计算出该场地按设计要求平整需挖土和回填的土方量，再考虑基础开挖还有多少挖出（减去回填）的土方量，并进行挖填方的平衡计算，做好土方平衡调配，减少重复挖运，以节约运费。土方量的计算方法如下：

(1) 体积法。用求体积的公式进行土方估算。

(2) 断面法。以一组等距（或不等距）的相互平行的截面将拟计算的地块、地形单体（如山、溪涧、池、岛等）和土方工程（如堤、沟渠、路堑、路槽等）分截成“段”，分别计算这些“段”的体积，再将各段体积累加，以求得计算对象的总土方量。

(3) 方格网法。方格网法是把平整场地的设计工作与土方量计算工作结合在一起进行的。方格网法的具体工作程序：在附有等高线的施工现场地形图上做方格网控制施工场地，依据设计意图，如地面形状、坡向、坡度值等，确定各角点的设计标高、施工标高，划分填挖方区，计算土方量，绘制出土方调配图及场地设计等高线图。

2. 场地平整

场地平整是将施工范围内的自然地面，通过人工或机械挖填平整改造成为设计所需要的平面，以利现场平面布置和文明施工。在工程总承包施工中，“三通一平”工作常常由施工单位来实施，因此场地平整也成为工程开工前的一项重要内容。

场地平整要考虑满足总体规划、生产施工工艺、交通运输和场地排水等要求，并尽量使土方的挖填平衡，减少运土量和重复挖运。

大面积平整土方宜采用机械作业，如用推土机、铲运机推运平整土方，有大量挖方应用挖土机等进行，在平整过程中要交错用压路机压实。

按设计或施工要求范围和标高平整场地，将土方弃到规定弃土区，凡在施工区域内影响工程质量的软弱土层、淤泥、腐殖土、大卵石、孤石、垃圾、树根、草皮，以及不宜作填土和回填土料的稻田湿土，应分情况采取全部挖除或设排水沟疏干、抛填块石、沙砾等方法进行妥善处理。

有一些土方施工工地可能残留了少量待拆除的建筑物或地下构筑物，在施工前要拆除掉。拆除时，应根据其结构特点，并遵循有关的规定进行操作。

施工现场残留有一些影响施工并经有关部门审查同意砍伐的树木，要进行伐除工作。

(1) 场地清理。这项工作包括清理、清除残渣，去除表土，去除和处理规定范围内的所有草木和石砾，除非有些物品是指定保留在原地上的或是按照规范其他章节的要求不清除的。这项工作还包括保护所有指定留下的草木和物质不受损害和毁坏。对所有没有指定留下的各种表面物体、树木、枯木、树桩、根、根株、丛林，以及其他草木、垃圾和突出的障碍物等进行清理并挖掘残根，包括需要保存的处理。在道路的路基区域，如果将从该区域内去除表土和不合适材料，或指定进行压实，则所有的树桩和根子都应从原表面下至少 50 厘米深和从最下铺面层底部下至少 50 厘米深的区域中去除。在道路挖掘区所有的树桩和树根都应从路基完成地面之下不少于 50 厘米深的地方去除。对坑、沟、渠的清理和挖掘除根的工作，只需达到这些区域所需挖掘的深度即可。树根去除后所留的空隙将由合适的压实材料填充。

(2) 表土处理。一般来说，表土的挖出只包括泥土，这种泥土能使植物继续生长。在工程完工时都将还原，状态应和以前一样。对任何指定区域的表土去除，应根据设计要求或工程师的指令并达到要求的深度，并且表土应和其他挖掘材料分开存放。如果表土覆盖撒布，应由工程师指定或在图纸所示区域。在撒布之后，表土应平整成平滑表面，不得有杂草、树根、草皮和大石头。

五、土方工程的施工

园林土方工程的施工是园林绿化场地施工的主要组成部分，主要依据竖向设计进行土方施工、塑造、整理园林建设场地。土方工程的施工按照施工方法又可分为人工土方工程施工和机械土方工程施工两大类。土方施工按挖、运、填、夯等施工组织设计安排来进行，以达到建设场地的要求而结束。

1. 园林土方施工的准备工作

其主要包括以下内容：

（1）勘察施工现场。摸清工程场地情况，为施工规划和准备提供可靠的资料和数据。

（2）场地清理。含树木清理，地上、地下建（构）筑物拆除，地下管线清查等工作。

（3）土方量计算。根据施工图计算，确定园林绿化工程施工范围内填挖土情况，计算出土方运输进出的数量。

（4）编制施工方案。根据施工图绘制土方开挖图，确定开挖路线、顺序、范围等。

（5）做好施工场地的排水工作。

（6）设置作业通道、料场、废弃物堆放场，修建临时设施和道路。

2. 挖方施工

（1）挖方边坡的处理

1）挖方边坡。应根据土的内摩擦角、内聚里、湿度、质量密度等物理力学性质，确定挖方边坡的坡度。水文地质良好时，永久性挖方应符合的规定见表 2—19。

表 2—19　　永久性土工构筑物低洼放边坡坡度

项次	挖方性质	边坡性质
1	天然湿度下层理均匀、不易膨胀的黏土、亚黏土、轻亚黏土和沙土（不包括细沙和粉沙）的挖方，深度不超过 3 米	1∶1～1∶1.25
2	土质同上，深度为 12 米	1∶1.25～1∶1.5
3	干燥地区内土质结构未经破坏的干燥黄土及类黄土，深度不超过 12 米	1∶0.1～1∶1.25
4	在碎石土和泥灰岩石内的挖方，深度不超过 12 米，根据黄土的性质、层理特性和挖方深度确定	1∶0.5～1∶1.5
5	在风化岩石内，根据岩石性质、风化程度、层理特性和挖方深度决定	1∶0.2～1∶1.5
6	在轻微风化岩石内，岩石无裂缝且无倾向挖方坡角的岩层	1∶0.1
7	在未风化的完整岩石内挖方	直立的

注：①在个别设计中如有充分资料和经验做依据的话，可不受此表限制。

②表中 1～5 项挖方深度超过 12 米时，其边坡坡度应通过设计规定。

使用时间较长的临时性挖方边坡坡度，应根据地质和边坡高度，结合当地同类土体的稳定坡度值确定。在山坡整体稳定情况下，如地质条件良好，土质较均匀，深度在 10 米以内的临时性挖方边坡坡度可参照表 2—20。

表 2—20　　使用时间较长的临时挖方边坡坡度

土的类别		边坡坡度
沙土（不包括细沙、粉沙）		1∶1.25～1∶1.5
一般性黏土	坚硬	1∶0.75～1∶1.0
	硬塑	1∶1.0～1∶1.5
碎石类土	充填坚硬、硬塑黏性土	1∶0.5～1∶1.0
	充填沙土	1∶1.0～1∶1.5

注：①使用时间较长的临时性挖方是指使用时间超过 1 年的临时性道路、临时工程的挖方。
②岩石边坡应根据岩石性质、风化程度、层理特性和挖方深度按表中确定。
③黄土（不包括湿陷性黄土）边坡坡度应根据土质、自然含水量和挖方深度按表中确定。
④有成熟经验时可不受此表限制。

沙性土缺乏黏性，挖方坡度大致应相当于该土的休止角。在挖方深度超过 10 米时，土方边坡还可根据各层土质所受的压力，做成折线形，以保证土壁的稳定和减少土方量。

2）边坡处理。在容易软化的岩石内进行挖方时，边坡可采用喷浆、抹面、嵌补等护面措施，或于边沟外设置永久性护道，其宽度视挖方深度及边坡大小而定，一般可为 0.5～1 米，以拦截因风化而碎裂的岩石。土质边坡应种植草皮、灌木等植被，防止坡面被雨水冲坏，开挖后应采取排水措施，避免在影响边坡稳定的范围内积水。岩石边坡允许坡度值见表 2—21。

3）路堑修筑。在地质条件良好、土质均匀的情况下，路堑边坡坡度及其最大高度可参考表 2—22。

表 2—21　　岩石边坡允许坡度值

岩石类别	风化程度	容许坡度值	
		坡高在 8 米以内	坡高在 8～15 米
硬质岩石	微风化	1∶0.1～1∶0.2	1∶0.2～1∶0.35
	中等风化	1∶0.2～1∶0.35	1∶0.35～1∶0.5
	强风化	1∶0.35～1∶0.5	1∶0.5～0.75

续表

岩石类别	风化程度	容许坡度值	
		坡高在 8 米以内	坡高在 8～15 米
软质岩石	微风化	1：0.35～1：0.5	1：0.5～1：0.75
	中等风化	1：0.5～1：0.75	1：0.75～1：1.0
	强风化	1：0.75～1：1.0	1：1.0～1：1.25

注：岩石层面或主要节理面的倾斜方向与边坡开挖面的倾斜方向一致，且两者走向的夹角小于 45°时，边坡的允许坡度值另行设计。

表 2—22　　路堑边坡坡度

项目	土或岩石种类	边坡最大高度（米）	路堑边坡坡度
1	一般土	18	1：0.5～1：1.5
2	黄土及类黄土	18	1：0.1～1：1.25
3	砾、碎石土	18	1：0.5～1：1.5
4	风化岩石	18	1：0.1～1：0.5
5	一般岩石	—	1：0.1～1：0.5
6	坚石	—	1：0.1～直立

4）基坑基槽和管沟

①基坑、基槽或管沟的开挖，应按设计端面和标高，除留足所需回填土外，多余的土一次运至用途处或弃土处，避免二次搬运。

②在具有天然湿度，土体构造均匀，水文地质条件良好，土体不会坍滑、移动、松散或不均匀下沉的情况下，基坑、基槽、管沟不受地下水影响时，可直立开挖不加支撑，但挖土方深度不得超过表 2—23 的规定。

表 2—23　　基坑、基槽和管沟不加支撑时的容许深度

土 的 种 类	允许深度
密实、中密的沙土和碎石土及亚黏土（充填物为沙土）	1.0
硬塑、可塑的轻亚黏土及亚黏土	1.25
硬塑、可塑的黏土和碎石类土（充填物为黏性土）	1.5
坚硬的黏土	2.0

施工过程中，应每天检查管沟或边坡。深度大于 1.5 米的基坑、基槽或管沟，应根据土质情况做好支撑准备，以防塌方。

超过上述规定值时，基坑、基槽和管沟的开挖必须留有坡度，其最大允许边坡可参考表 2—24 的数值。

表 2—24　　基坑、基槽和管沟开挖最大允许边坡

土的名称	边坡坡度		
	人工挖土并将土抛于坑（槽）或沟的边沿	机械挖土	
		在坑（槽）或沟底挖土	在坑（槽）或沟上边挖土
沙土	1∶1	1∶0.75	1∶1

（2）人工挖方

1）范围。本工艺标准适用于园林构筑物的基坑（槽）和管沟等人工挖土。

2）施工准备

①主要机具有：尖头铁锹、平头铁锹、手锤、手推车、梯子、铁镐、撬棍、钢尺、坡度尺、小线或 20 号铅丝等。

②土方开挖前，应摸清地下管线等障碍物，并应根据施工方案的要求，将施工区域内的地上地下障碍物清除和处理完毕。

③建筑物或构筑物的位置或场地的定位控制线（桩），标准水平桩及基槽的灰线尺寸，必须经过检验合格并办完预检手续。

④场地表面要清理平整，做好排水坡度，在施工区域内，要挖临时性排水沟。

⑤夜间施工时，应合理安排工序，防止错挖或超挖。施工场地应根据需要安装照明设施，在危险地段应设置明显标志。

⑥开挖低于地下水位的基坑（槽）、管沟时，应根据当地工程地质资料，采取措施降低地下水位，一般要降至低于开挖底面 50 厘米，然后再开挖。

⑦熟悉图纸，做好技术交底。

3）操作工艺

①工艺流程。确定开挖的顺序和坡度→沿灰线切出槽边轮廓线→分层开挖→修整槽边→清底。挖土自上而下水平分段进行，每层 0.3 米左右，边挖边检查槽宽，至设计标高后，统一进行修坡清底。相邻基坑开挖时，要按照先深后浅或同时进行开挖的原则施工。

②坡度的确定。在天然湿度的土中开挖基坑（槽）和管沟时，如果挖土深度不超过下列数值的规定，可不放坡，不加支撑。密实、中密的沙土和碎石类土（充填物为沙土），挖土深度不超过 1.0 米；硬塑、可塑的黏质粉土及粉质黏土，挖土深度不超

过 1.25 米；硬塑、可塑的黏土和碎石类土（充填物为黏性土），挖土深度不超过 1.5 米；坚硬的黏土，挖土深度不超过 2.0 米。

超过上述规定深度 5 米以内时，如果土具有天然湿度、构造均匀、水文地质条件好，且无地下水、不加支撑的基坑（槽）和管沟，必须放坡。

③根据基础和土质以及现场出土等条件，合理确定开挖顺序，然后再分段分层平均开挖。开挖各种浅基础，如不放坡时，应先沿灰线直边切出槽边的轮廓线。开挖各种槽坑、浅条形基础，一般黏性土可自上而下分层开挖，每层深度以 60 厘米为宜，从开挖端都逆向倒退按踏步型挖掘。碎石类土先用镐翻松，正向挖掘，每层深度视翻土厚度而定，每层应清底和出土，然后逐步挖掘。浅管沟，与浅条形基础开挖基本相同，仅沟帮不切直修平。标高按龙门板上平往下返出沟底尺寸，当挖土接近设计标高时，再从两端龙门板下面的沟底标高上返 50 厘米为基准点，拉小线用尺检查沟底标高，最后修整沟底。

开挖放坡的坑（槽）和管沟时，应先按施工方案规定的坡度粗略开挖，再分层按坡度要求做出坡度线，每隔 3 米左右做出一条，以此线为准进行铲坡。深管沟挖土时，应在沟帮中间留出宽度 80 厘米左右的倒土台。开挖大面积线基坑时，沿坑三面同时开挖，挖出的土方装入手推车或翻斗车，由未开挖的一面运至弃土地点。

④开挖基坑（槽）或管沟，当接近地下水位时，应先完成标高最低处的挖方，以便在该处集中排水。土方开挖宜先从低处进行，分层分段依次开挖，形成一定坡度，以利排水。开挖后，在挖到距槽底 50 厘米以内时，测量放线人员应配合抄出距槽底 50 厘米平线；自每条槽端部 20 厘米处，每隔 2～3 米在槽帮上钉水平标高小木橛。在挖至接近槽底标高时，用尺或事先量好的 50 厘米标准尺杆，随时以小木橛上平，校核槽底标高。最后由两端轴线（中心线）引桩拉通线，检查距槽边尺寸，确定槽宽标准，据此修整槽帮，最后清除槽底土方，修底铲平。基坑（槽）开挖后应尽量减少对基上的扰动。如基础不能及时施工时，可在基底标高以上留出 0.3 米厚土层，待做基础时再挖掉。

⑤基坑（槽）、管沟的直立帮和坡度，在开挖过程和敞露期间应防止塌方，必要时应加以保护。在开挖槽边弃土时，应保证边坡和直立帮的稳定。当土质良好时，抛于槽边的土方（或材料）应距槽（沟）边缘 0.8 米以外，高度不宜超过 1.5 米。在柱基周围、墙基或围墙一侧，不得堆土过高。

⑥开挖基坑（槽）的土方，在场地有条件堆放时，一定留足回填需用的好土，多余的土方应一次运至弃土处，避免二次搬运。

⑦土方开挖一般不宜在雨季进行。工作面不宜过大，应分段、逐片分期完成。雨季开挖基坑（槽）或管沟时，应注意边坡稳定，必要时可适当放缓边坡或设置支撑。同时应在坑（槽）外侧围以土堤或开挖水沟，防止地面水流入。施工时，应加强对边

坡、支撑、土堤等的检查。

⑧土方开挖不宜在冬期施工。如必须在冬期施工时，其施工方法应按冬施方案进行。采用防止冻结法开挖土方时，可在冻结前用保温材料覆盖或将表层土翻耕耙松，其翻耕深度应根据当地气候条件确定，一般不小于 0.3 米。开挖基坑（槽）或管沟时，必须防止基础下的基土冻结。基坑（槽）开挖完毕后，如果有较长的停歇时间，应在基底标高以上预留适当厚度的松土，或用其他保温材料覆盖，使地基不受冻。如遇开挖土方引起邻近建筑物（构筑物）的地基和基础暴露时，应采用防冻措施，以防产生冻结破坏。

⑨柱基、基坑、基槽和管沟基底的土质必须符合设计要求，并严禁扰动。软土地区桩基挖土应防止桩基位移，在密集群桩上开挖基坑时，应在打桩完成间隔一段时间后，再对称挖土；在密集桩附近开挖基坑（槽）时，应事先确定防桩基位移的措施。对定位标准桩、轴线引桩、标准水准点、龙门板等，挖运土时不得碰撞，也不得坐在龙门板上休息。应经常测量和校核其平面位置、水平标高和边坡坡度是否符合设计要求。定位标准桩和标准水准点，也应定期复测检查是否正确。

⑩土方开挖时，应防止邻近已有建筑物或构筑物、道路、管线等发生下沉或变形。必要时，与设计单位或建设单位协商采取防护措施，并在施工中进行沉降和位移观测。施工中如发现有文物或古墓等，应妥善保护，并应立即报请当地有关部门处理，方可继续施工。如发现有测量用的永久性标桩或地质、地震部门设置的长期观测点等，应加以保护。在铺设地上或地下管道、电缆的地段进行土方施工时，应事先取得有关管理部门的书面同意，施工中应采取措施，以防损坏管线。

(3) 机械挖方

1）范围。一般深度 2 米以内的大面积开挖，宜采用推土机或装载机推土和装土；对长度和宽度较大的大面积土方一次开挖，可采用铲运机铲土；对面积大且深的基坑，可采用液压正、反铲开挖；深 5 米以上的设备基础或高层建筑地下室深基坑，宜分层开挖。一般机械土方开挖由翻斗汽车配合运土，如筑路、挖湖、堆山、平整场地等。

2）施工准备

①机械开挖常用机械有推土机、铲运机、单斗挖土机（包括正铲、反铲、拉铲、抓铲等）、多斗挖掘机、装载机等。推土机是土石方工程施工中的主要机械之一，它由拖拉机与推土工作装置 2 部分组成。其行走方式有履带式和轮胎式 2 种，传动系统主要采用机械传动和液压机械传动，工作装置的操纵方法分液压操纵与机械传动。铲运机在土方工程中主要用来铲土、运土、铺土、平整和卸土等工作。铲运机对运行的道路要求较低，适应性强，投入使用准备工作简单，具有操纵灵活、转移方便与行驶速度较快等优点。铲运机按其行走方式分为拖式铲运机和自行式铲运机 2 种。挖掘机

按行走方式分履带式和轮胎式 2 种，按传动方式分机械传动和液压传动 2 种。斗容量有 0.1 立方米、0.2 立方米、0.4 立方米、0.5 立方米、0.6 立方米、0.8 立方米、1.0 立方米、1.6 立方米、2.0 立方米等多种。根据工作装置不同，有正铲、反铲，使用较多的为正铲，其次为反铲。装载机按其行走方式分履带式和轮胎式 2 种，土方工程主要使用单斗铰接式轮胎装载机，它具有操作轻便、灵活，转运方便、快速，维修较易等特点。

②机械开挖时，要配合少量人工清土，将机械挖不到的地方运到机械作业半径内，由机械运走。机械开挖在接近槽底时，用水准仪控制标高，预留 20～30 厘米土层人工开挖，以防止超挖。

③开挖到距槽底 50 厘米以内后，测量人员测出距槽底 50 厘米的水平标志线，然后在槽帮上或基坑底部钉上小木桩，清理底部土层时用它们来控制标高。根据轴线及基础轮廓检验基槽尺寸，修整边坡和基底。

④土方开挖完毕后，对基底要进行钎探。钎探完成后，钎孔要用干土细沙贯实。同时在钎探平面布置图上注明特硬、特软点。基坑打钎探测完毕后，应请设计、监理、勘探及质监站等单位人员验槽。对不符合要求的软弱土层等情况做出处理记录，处理完全符合要求后，参加各方会签隐蔽工程记录。

⑤雨期施工时，要加强对边坡的保护。可适当放缓边坡或设置支撑，同时在坑外侧围以土堤或开挖水沟，防止地面水流入。冬期施工时，要防止地基受冻。

⑥熟悉图纸，做好技术交底。

3）操作工艺

工艺流程：测量放线→切线分层开挖→修坡→整平。

开挖过程中，要严格控制开挖尺寸，基坑底部的开挖宽度要考虑工作面的增加宽度，并在开挖过程中试打钎，避免大面积的二次开挖。施工时尽力避免基底超挖，个别超挖的地方经设计单位给出方案用级配沙石回填。尽量减少对基土的扰动，若基础不能及时施工时，可预留 200～300 毫米土层不挖，待做基础时再挖。开挖基坑时，有场地条件的，一次留足回填需要的好土，多余土方运到弃土处，避免二次搬运。

①土方开挖时，要注意保护标准定位桩、轴线桩、标准高程桩。要防止邻近建筑物的下沉，应预先采取防护措施，并在施工过程中进行沉降和位移观测。应防止附近构筑物、道路、管线等发生下沉和变形。必要时应与设计单位、建筑单位协商采取保护措施。

②平整地面的表面坡度应符合设计要求，如设计无要求时，一般应向排水沟方向做成不小于 0.2%的坡度。平整后的场地表面应逐点检查，检查点的间距不宜大于 20 米。土方工程施工中，应经常测量和校核平面位置、水平标高和边坡坡度等是否符合设计要求，平面控制木桩和水准点也应分期复测和检查是否正确。

③夜间施工时，应合理安排施工项目，防止挖方超挖或铺填超厚。施工场地应根据需要安装照明设施，在危险地段应设明显标志。避免雨天开挖，如因工程需要必须在雨天开挖，则工作面不宜过大，应分段逐片分期完成。

④土方开挖宜从上到下分层分段依次进行，随时做成一定的坡势，以利泄水，并不得在影响边坡稳定的范围内积水。基地修理铲平后，及时进行地基验槽及下道工序施工，避免长时间暴露。

⑤施工机械进入施工现场所经过的道路、桥梁和卸车设备等，应事先做好检查和必要的加宽、加固工作。开工前应做好施工场地内机械运行的道路，开辟适当的工作面，以利安全施工。

⑥土方开挖前，应会同有关单位对附近已有建筑物或构筑物、道路、管线等进行检查和鉴定，对可能受开挖和降水影响的邻近建（构）筑物、管线，应制定相应的安全技术措施，并在整个施工期间加强监测其沉降和位移、开裂等情况，发现问题应与设计或建设单位协商采取防护措施，并及时处理。相邻基坑深浅不等时，一般应按先深后浅的顺序施工，否则应分析后施工的深坑对先施工的浅坑可能产生的危害，并采取必要的保护措施。

⑦基坑开挖深度超过 9 米（或地下室超过两层），或深度虽未超过 9 米，但地质条件和周围环境复杂时，在施工过程中要加强监测，施工方案必须由单位总工程师审定，报企业上一级主管。深基坑四周设防护栏杆，人员上下要有专用爬梯。基坑深度超过 14 米、地下室为三层或三层以上，地质条件和周围特别复杂及工程影响重大时，有关设计和施工方案，施工单位要协同建设单位组织评审后，报市建设行政主管部门备案。

⑧用挖土机施工时，在挖土机的工作范围内不得有人进行其他工作，多台机械开挖，挖土机间距大于 10 米，挖土要自上而下，逐层进行，严禁先挖坡脚的危险作业。机械挖土，多台阶同时开挖土方时，应验算边坡的稳定，根据规定和验算确定挖土机离边坡的安全距离。

3. 填方施工

（1）填方的一般要求

1）填土应尽量采用同类土填筑，并控制土的含水率在最优含水量范围内。当采用不同的土填筑时，应按土类有规则地分层铺填，将透水性大的土层置于透水性较小的土层之下，不得混杂使用，边坡不得用透水性较小的土封闭，以利水分排除和基土稳定，并避免在填方内形成水囊和产生滑动现象。

2）填土应从最低处开始，由下向上整宽度分层铺填碾压或夯实。在地形起伏之处，应做好接搓，修筑 1∶2 台阶形成边坡，每台阶高可取 50 厘米、宽 100 厘米。分段填筑时每层接缝处应做成大于 1∶1.5 的斜坡，碾迹重叠 0.5～1 米，上下层错缝距

离不应小于1米。接缝不得在基础、墙角、柱墩等重要部位。

3）回填土一般选用含水量在10%左右的干净黏性土（以手攥成团、自然落地散开为宜）。若土过湿，要进行晾晒或掺入干土、白灰等处理；若土含水量偏低，可适当洒水湿润。

4）深浅基坑相连时，要先填深基坑，填至与浅基坑标高一致时，再与浅基坑一起填夯。分段填夯时，交错处做成阶梯形，上下接搓距离不小于1米。基坑回填应在相对两侧或四周同时进行，基础墙两侧标高不可相差太多；较长的管沟墙，内部要加支撑。

5）雨期施工时，要防止地面水流入坑内，导致边坡塌方或浸泡基土。冬期施工时，每层回填土厚度比常温时减少25%，其中冻土块体积不得超过总填土体积的15%，且应分散，冻土块粒径不大于15厘米。

6）施工时，基础墙体达到一定强度后才能进行回填土的施工，以免对结构基础造成损坏。基础肥槽回填土，必须清理到基础底面标高才能逐层回填。严禁用水浇使土下沉的"水夯法"。土虚铺过厚、夯实不够或冬施时冻土块较多会造成回填土下沉，而导致地面散水裂缝甚至下沉。室内坑槽（沟）不得用含有冻土块的土回填。

7）填方顺序：先填石方，后填土方；先填底土，后填表土；先填近处，后填远处。

（2）土方压实。因施工场地、施工机械、特殊施工技术要求等原因，一般采取人工夯实方法或机械压实方法。

1）人工夯实方法

①机械压实不到之处和小面积回填土采取人工夯实方法。

②采用蛙式打夯机等小型机具夯实时，一般填土厚度不宜大于25厘米，每层压实3～4遍，打夯之前对填土初步平整，打夯机依次夯打，均匀分布，不留间隙。回填土要分层铺摊夯实，蛙式打夯机每层铺土厚度为200～250毫米，人工夯实时不大于200毫米。每层至少夯击3遍，要求一夯压半夯。

③在打夯机工作不到的地方用人力打夯，虚铺厚度不大于20厘米，人力打夯前应将填土初步整平，打夯要按一定方向进行，一夯压半夯，夯夯相连，行行相连，两遍纵横交叉，分层夯打。夯实基槽及地坪时，行夯路线应由四边开始，然后夯向中间。

④回填管沟时，应用人工先在管子周围填土夯实，并从管道两边同时进行，直至管顶0.5米以上。在不损坏管道的情况下，可采用机械回填夯实。

2）机械压实方法

①为保证填土压实的均匀性及密实度，避免碾轮下陷，提高碾压效率，在碾压机械碾压之前，宜先用轻型推土机推平，低速预压4～5遍，使平面平实；采用振动平

碾压实碎石土，应先静压，而后振压。

②碾压机械压实填方时，应控制行驶速度，一般平碾和振动碾不超过2千米/小时，并要控制压实遍数。压实机械与基础管道应保持一定的距离，防止将基础、管道压坏或使之位移。

③用平碾压路机进行填方压实，应采用“薄填、慢驶、多次”的方法，填土（素土、灰土、碎石土）厚度均不应超过25～30厘米，每层压实6～8遍，碾压方向应从两边逐渐压向中间，碾轮每次重叠宽度15～25厘米，避免漏压。运行中碾轮边距填方边缘应大于500毫米，以防发生溜坡倒角。边角、边坡边缘压实不到之处，应辅以人力夯实或小型夯实机具配合夯实。压实密实度除另有规定外，一般以压至轮子下沉量不超过1～2厘米为度。

④平碾碾压一层完后，应用人工或推土机将表面拉毛，土层表面太干时，应洒水湿润后继续回填，以保证上、下层结合良好。

3）填方场地的质量通病及预防措施

①填方场地的质量通病。场地积水、边坡塌方、橡皮土、回填土密实度达不到要求、滑坡等。

②场地积水预防措施。平整前，需对整个场地进行系统设计，本着先地下后地上的原则做排水设施，使整个场地水流畅通；平整区域的坡度与设计相差不应超过0.1%，排水沟坡度与设计要求相差不超过0.05%，设计无要求时，向排水沟方向做不小于2%的坡度。填土应认真分层回填碾压，相对密实度不低于85%。做好测量复核工作，避免出现标高误差。

③填方边坡塌方预防措施。根据填方高度、土的种类和工程重要性，按设计规定放坡，当填方高度在10米内，宜采用1∶1.5，高度超过10米，可做成折线形，上部为1∶1.5，下部采用1∶1.75；土料符合要求，不良土质可随即进行坡面防护，保证边缘部位的压实质量，对要求边坡整平拍实的，可以宽填0.2米；在边坡上下部做好排水沟，避免在影响边坡稳定的范围内积水。边坡坡度人工施工表面平整，不应偏陡，机械施工基本成型，不应偏陡；地面、路面下的地基：水平标高0～－50毫米，平整度≤20毫米。

④填方出现橡皮土现象。填土受夯打（碾压）后，基土发生颤动，受夯打（碾压）处下陷、四周鼓起，这种橡皮土使地基承载力降低、变形加大，长时间不能稳定。预防措施：避免在含水量过大的腐殖土、泥炭土、黏土、亚黏土等厚状土上进行回填；控制含水量，尽量使其在最优含水量范围内，手握成团、落地即散；填土区设置排水沟，以排除地表水。基底处理必须符合设计要求或施工规范的规定。

⑤回填土密实度达不到要求的预防措施。土料不符合要求时，应挖出换土回填或掺入石灰、碎石等压（夯）实回填材料；对含水量过大的，可采取翻松、晾晒、风干

或均匀掺入干土；回填土的土料必须符合设计要求或施工规范的规定：碎石类土、沙石和爆破石渣粒径不大于每层铺填的 2/3，可用于表层下的填料；含水量符合压实要求的黏性土，可作各层填料；淤泥和淤泥质土，未经处理不能用做填料。使用大功率压实机械碾压。

⑥滑坡预防。保持边坡有足够的坡度，尽可能避免在坡顶有过多的静、动载。回填土必须按规定分层夯压密实：机械分层压实每层厚度不大于 30 厘米，场地压实密度不小于 90%，道路压实密度不小于 95%。

六、园路工程的施工

园路的修建在我国有着悠久的历史，积累了丰富的经验，早在汉代，我们的祖先就已用方砖铺地，并铺成各种图案。今敦煌千佛洞洞口外还保留着唐代铺设的有几何形花纹的方砖地。在我国古典园林中的道路，多以砖、瓦、卵石、碎瓷片等组成各种图案，既经济实用，又美观大方。在现代园林绿地中，园路的铺设既继承了传统的铺设方法，又出现了不少用新材料、新工艺建造的新路面，使园林绿地增色不少。

1. 园路概况

(1) 园路的功能与作用。园路即园林绿地中的道路。园路是园林绿地中的一项重要工程设施，也是园林绿地的脉络，联系着园林绿地中的各个景点。同时，园路也是构成园林绿地景观的重要因素。其主要功能与作用如下：

1) 引导游览。园路能将园林绿地中的各景区或景点有机地联系成一个整体，组织园林风景的动态系列，通过路的延伸，引导游人按照设计者的意愿，按照最佳的路线和角度去欣赏景物。

2) 组织交通。园路担负着游人的集散、疏导，满足园林绿化、园林建筑、园林设施等的维修、养护、管理工作及小卖部、安全、防火、职工生活等园务工作对交通运输的需要。

3) 组织空间、丰富园景。园林绿地中各个功能分区、景色分区往往是以园路作为分界线。同时，园路优美的平竖曲线变化和丰富多彩的路石图案铺设，以及同园林绿地内的山石、水体、建筑、植物等紧密结合，也能形成良好的景观效果。因路得景，因景设路，步移景异，有行有游，行游统一。

4) 其他功能。园路的设置还有利于园林绿地的通风、日照、卫生保洁及为园内的给排水、供电等奠定基础。

(2) 园路的类别

1) 按主要用途，可分为园景路、园林公路、绿化街道等。

①园景路。指依山傍水或有着优美植物景观的游览性园林道路。这类园路的交通

性不突出，但是却十分适宜游人漫步游览和赏景。如风景林的林道、湖滨的林荫道、山石蹬道、花径、竹径、草坪路、汀步路等。

②园林公路。指以交通功能为主的通车园路。园林公路可以采用公路式（如大型公园中的环湖公路、山地公园中的盘山公路和风景名胜区中的主干道等）。园林公路的景观组成比较简单，其设计要求和工程造价都比较低一些。

③绿化街道。主要分布在城市街区的绿化道路。在公园规则地形的局部（如在公园主要出入口的内外）也偶尔采用这种园路形式。采用绿化街道形式的好处是，既能够突出园路的交通性，又能够满足游人散步游览和观赏园景的需要。绿化街道主要是由车行道、分车绿带和人行道绿带构成。根据车行道路面的条数和道路绿带的条数，可以把绿化街道的设计形式分为一板两带式、两板三带式、三板四带式和四板五带式等几种。

2）按园路的重要性和级别，可分为主要园路、次要园路和游憩小路。

①主要园路。主要园路是指连接着整个园林绿地的各个景区及主要建筑物，起骨干主导作用的园路。主要园路常作为导游线，除了游人较集中外，还要供生产、管理用车通行，所以要求路面坚固，宽度在 4 米以上。路面铺装以水泥路和沥青路为主。

②次要园路。次要园路又称支路、游览路，是宽度仅次于主要园路，连接着园林绿地内的每一个景点的园内道路。次要园路有一定的导游性，主要供游人游览观景用，以供步行为主，也可供生产、管理用的非机动车辆通行。次要园路的宽度一般在 2～4 米，路面铺装的形式比较多样，除可用水泥、沥青等浇筑外，还可用方砖、水泥预制板、彩色道板、花岗岩、青石等铺装。

③游憩小路。这类小路一般可以延伸到园林绿地的每一个角落，供游人散步、赏景之用。游憩小路一般不允许车辆驶入，其宽度为 0.7～2 米（供一人行走的，只需 0.7 米；供两人并肩而行的，可为 1.2 米）。其铺装形式丰富多彩，如芝草冰纹路、卵石路等。

3）按铺装材料，可分为整体路面、块料路面、碎料路面和简易路面等。

①整体路面。包括水泥混凝土路面和沥青混凝土路面，这类路面也称胶洁路。

②块料路面。包括各种天然块料和各种预制块料铺装的路面。

③碎料路面。用各种碎石、瓦片、卵石等材料组成的路面。

④简易路面。用煤渣、三合土等组成的路面，多用于临时性或过渡性园路。

4）按筑路的形式，可分为平道、坡道、石梯蹬道、栈道、索道、缆车道、廊道等。

①平道。在平坦园林绿地中的道路，是大多数园路的修筑形式。

②坡道。在坡地上铺设，纵坡度较大但不做阶梯状路面的园路。

③石梯蹬道。坡度较陡的山地上设的阶梯状园路称为蹬道或梯道。

④栈道。建在绝壁陡坡、宽水窄岸处的半架空道路。

⑤索道。主要在山地风景区，是以凌空铁索传送游人的架空道路线。

⑥缆车道。是指在坡度较大、坡面较长的山坡上铺设轨道，用钢缆牵引车厢运送游人的道路设施。

⑦廊道。由长廊、长花架覆盖的园路，也可以称为廊道。廊道一般布置在建筑庭园中。

(3) 园路的平面组成

1) 车行道。用来通行车辆的部分。由于荷载大、磨耗多，所以要求使用耐压、耐磨损的材料作路面（如水泥路面、沥青路面、条石路面等）。车行道的路面要有纵横坡，以利于排水。

2) 人行道。主要供游人步行的部分。为保证游人能安全地游览赏景，当人、车分道时，人行道应高出车行道 15 厘米左右。因人行道的荷重没有车行道大，所以铺面材料可以与车行道相同，也可以与车行道不同，如果人行道较长，还可以用不同材料分段铺设，使路面富有变化。对于交通量较大的地方（如公园出入口），路面材料要适当加厚。

3) 路肩。在公路式园路中，路两边不加铺设的部分称为路肩。路肩的作用是稳固路面、保证行车安全。路肩要有一定的宽度（一般为 1～2.5 米）和排水能力。

4) 道牙。道牙又称路牙、边缘石或侧石。其作用是用以分隔行车道和人行道及满足道路排水的需要。道牙要有足够的强度，以抵挡车辆的冲击。道牙的断面形式一般为长方体，但在公园入口处等人流量比较大的地方常采用曲线形（图 2—32）。

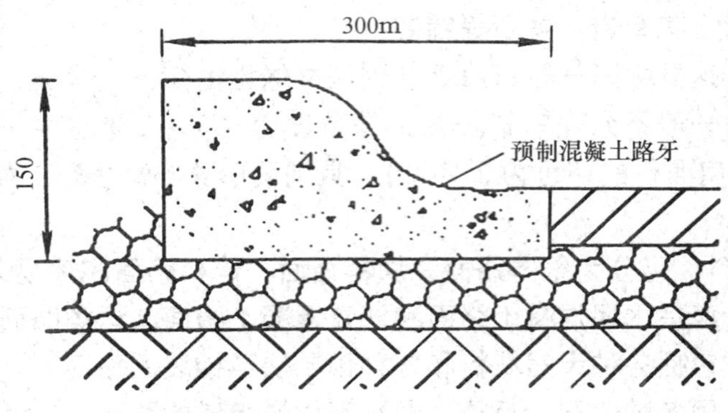

图 2—32　曲线形道牙

5) 绿带。当园林绿地中（主要是风景区）道路较宽时，常用绿带来分隔车行道和人行道，或用绿带来分隔行车道中的机动车道和非机动车道及上下行驶车道。

6) 边沟。边沟是指园路两边的排水沟。边沟的作用在于排除路面的积水。为了便于排水，边沟要有一定的坡度，一般在 5‰左右。坡度过小，不能及时排水；坡度

过大，易造成冲刷。当园路坡度较大时，边沟应设跌水。边沟的断面以梯形和弧形为好，沟底宽最少30厘米，以保证顺利排水。一般边沟每隔500米就须设置一个出水口。

7）暗沟。在面积较小的园林绿地中可以不设明沟，而改用暗沟。暗沟一般断面较小，排水量不大，所以暗沟的设置更要注意排水方向。

（4）园路的横断面组成及坡度。垂直于园路中心线的竖向截面就是园路的横断面。园路的横断面反映了道路在横向上的组成情况、道路的宽度构成、路拱、道路横坡及地上地下管线位置情况等。园路依据横断面的不同可分为城市型和公路型2类。城市型横断面的园路适用于绿化街道、小游园道路、林荫道等对景路要求较高的地方。一般在路边设有保护路面的路缘石，路面雨水通过路边的雨水口排入由地下暗沟（管）组成的排水系统，路面横坡多采用双坡。公路型横断面的园路则适宜道路密度小、起伏度大、对路景要求不高的地方。公路型园路一般道路两侧不设路缘石，而是设置有一定宽度的路肩来保护路面，路边采用排水明沟排除雨水，路面横坡为单坡和双坡混用。

按照道路在横断面组成上所具有的车行道条数，把一条车行道称为一块“板”，由路基和路面两大部分组成。而路面又包括垫层、基层、面层3部分（图2—33），每层的要求各不相同。

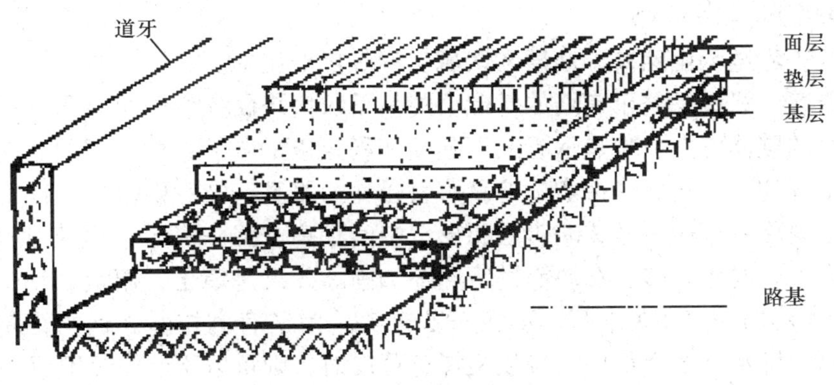

图2—33　园路的断面组成

1）路基。路基是整个道路的基础，要求有一定的强度和稳定性，能承受由路面传来的载重。同时，路基要不受气候的影响而变形。因此，用做路基的土壤要求密实、透水。

2）路面

①垫层。垫层又称结合层，其作用是加强路基表面及排除园路积水（地下水及路面上渗下来的水）。垫层可以设在基层与路基之间，也可以设在面层和基层之间，根

据不同的路面材料而选定。一般块料路面常设在面层与基层之间。

②基层。基层可以设在垫层之上，也可以直接铺在路基上面，它的作用是把面层所受到的压力传到路基，因此，基层要求耐压，不受外界环境的影响。

③面层。面层在园路的最表面，直接承受载重和磨损，而且面层暴露在大气中，直接受冷热气候的影响和雨雪的侵蚀，因此，要求面层坚固耐磨、不透水。同时，由于园路是园林绿地总体规划的一部分，它能起到导游、赏景等作用，因此，还要求路面平坦、美观，晴天不起灰，雨天不泥泞。

3）园路的横坡。园路的横坡指路面的横向坡度，又称路拱。路拱的作用是使路面上的水迅速排向边沟。园路的横坡坡度一般为 2%～3%，其形式有抛物线形和直线形 2 种（图 2—34）。

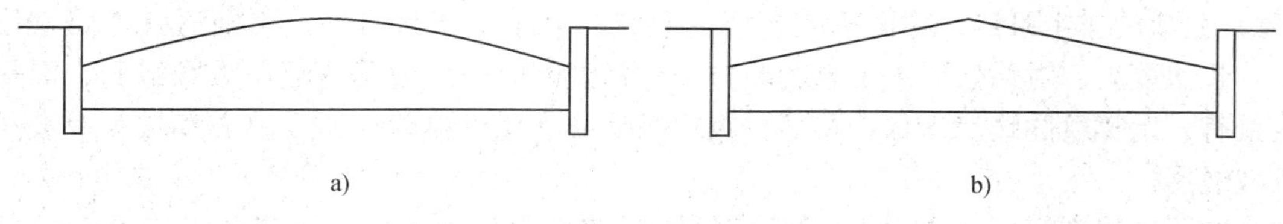

图 2—34　路拱的形式

a）抛物线形　b）直线形

2. 园路的工程结构

园路的工程结构由路基、面层和附属工程 3 部分组成。

（1）路基。路基是整个道路的基础。路基不仅为路面提供一个平整的基面，承受路面及外力的整体压力，也是保证路面强度和稳定度的重要条件。经验认为，一般黏土或沙性土开挖后用蛙式夯夯实 3 遍就可直接作为路基（特殊要求除外）。

公园里的路基一般要做成略带圆弧形，中间稍高（图 2—35）。做路基时，如遇到淤泥等应换土，或用碎砖、石块等进行局部加固。如果是填土，要填铺均匀，且应该分层夯实，每层 20～30 厘米厚，不能一次夯实。为了有利排水、保护路基，在路基两边应有明沟排水（当道路侧面较低又铺有草皮时，则可以不专门设置明沟）。

图 2—35　路基断面示意图

（2）面层结构。路面是坚硬材料铺设在路基上的一层或多层的道路结构部分。路面应当具有较好的耐压、耐磨和抗风化性能，要求平整、通顺，能方便行人或行车。

作为园林道路，还要求有美观、别致和行走舒适的特点。依照路面在荷载作用下工作特性的不同，路面可以分为刚性路面和柔性路面。

刚性路面主要是指现浇的混凝土路面。这种路面具有较强的抗弯强度（其中又以钢筋、混凝土路面的强度最大）。刚性路面坚固耐久、保养翻修少，但造价高，一般在公园、风景区的主要园路和最重要的道路上采用。

柔性路面指用黏性、塑性材料和颗粒材料做成的路面，也包括使用土、沥青、草皮和其他结合材料进行表面处理的粒料、块料加固路面。柔性路面在受力后抗弯强度很小。这种路面的铺路材料种类较多，适应性较强，易于就地取材，造价相对较低。一般园林中人流量不大的游览道、散步小道、草坪路等适宜用柔性路面。

园路面层结构的组合形式多种多样。一般的园路按施工程序，其面层结构可分为垫层、基层、结合层和面层 4 个层次。在实际施工中，园路的结构层次随道路级别、功能的不同而又有所不同，如在土壤坚固的地方（或旧路基上）修筑园路就不一定要设基层，混凝土路的面层、垫层和基层可结合在一起，沥青路、表面处理的碎石路等整体路面，可以没有结合层。

1）垫层。在路基排水不良或有冻胀、翻浆的路段上，为了垫平、排水、隔温、防冻的需要，常用煤渣土、石灰土等筑成垫层。在选用粒径较大的材料做路基基层时，也应在基层与路基之间设垫层。做垫层的材料要求水稳定性良好，一般可采用煤渣土、石灰土、沙砾等材料，铺设厚度为 8～15 厘米。当选用的材料兼具垫层和基层作用时，也可合二为一，不单独设垫层。

2）基层。基层在路基和垫层之上，起承重作用，一方面支撑着由面层传下来的荷载，另一方面又把此荷载传给路基。由于基层不直接与车辆、人流接触，也不直接受气候因素影响，所以对材料的要求比面层低，一般用碎（砾）石、灰土或各种工业废渣等筑成。园路的基层铺筑厚度为 6～15 厘米。

3）结合层。在铺筑园路中，当采用块料铺筑路面时，为使面层与基层结合，以及使整个路面平整而设置的一些中间层就称为结合层。结合层的材料一般选用 3～5 毫米的粗沙与水泥拌成水泥砂浆或白灰砂浆进行铺筑。

4）面层。面层是路面的最表层，包括其附属的磨耗层和保护层。面层由于直接承重，受磨损大，容易受气候因素的影响和地面水的冲刷，因此，从工程角度讲，面层要求采用坚硬、平稳、防滑、耐磨耗、热稳定性好的材料。如有用水泥混凝土或沥青混凝土整体现浇的，有用整体石块、预制块铺砌的，有用粒状材料镶嵌拼花的，还有用砖石砌块材料与草皮相互嵌合成园路的。有的园路，在面层还要做一层磨耗层、保护层或装饰层。磨耗层的厚度一般为 1～3 厘米，所用材料有一定的级配，如用 1∶2.5 水泥砂浆（用粗沙）抹面，用沥青沙铺面等；保护层厚度一般小于 1 厘米，可用粗沙或选用与磨耗层一样的材料；装饰层的一般厚度为 1～2 厘米，可选用的材料很多，如花岗岩、大理石、釉面墙地砖、水磨石、豆石嵌花等。

常见的园路面层结构组合如图 2—36 所示，不同类型园路路面面层结构层的最小厚度见表 2—25 。

简图	材料或做法	简图	材料或做法
 混凝土车行道	C20混凝土160厚 30厚粗砂间层 大块石垫层厚180 素土夯实 A	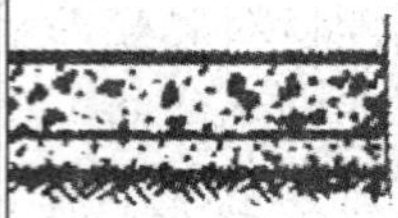 混凝土车行道	C20混凝土120厚 80厚粗砂垫层 素土夯实 B
 沥青混凝土路	40厚中粒沥青混凝土 80厚碎（砾）石间层 100厚碎（砾）石间层 素土夯实 C	 沥青表面处治	20厚沥青表面处置 级配碎石面层厚80 碎（砾）石垫层厚120 素土夯实 D
 混凝土砌块路面	C20混凝土砌块厚100 1:3水泥砂浆厚15 级配沙石垫层 素土夯实 E	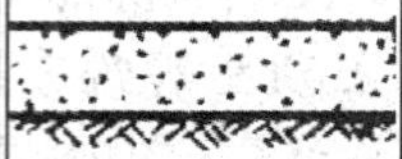 三合土路面	石灰、黏土、炉渣三合土 比例15:10:15，厚100 素土夯实 F
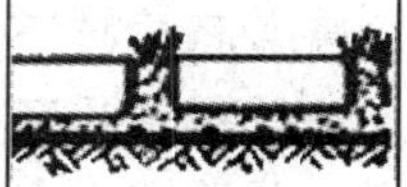 石板嵌草路面	100厚石板留草缝宽40 50厚黄沙垫层 素土夯实 G	 平铺砖路面	普通砖平砌细沙嵌缝 10厚石灰、黏土、炉渣 或5厚粗沙 素土夯实 H
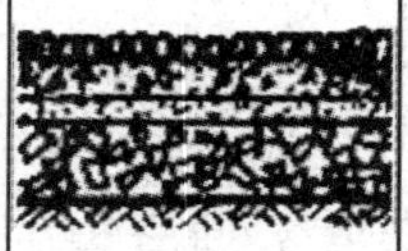 卵石路面	70厚混凝土栽小卵石 40厚M2.5混合砂浆 200厚碎砖三合土 I	 砌块嵌草路面	100厚混凝土空心砖 30厚粗沙间层 200厚碎石垫层 素土夯实 J
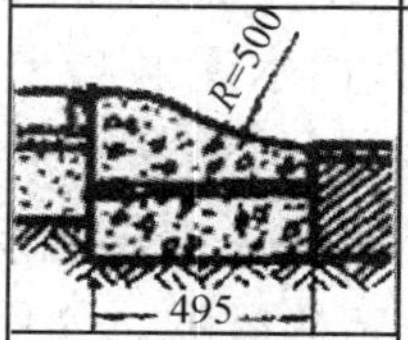 R=500 495 曲面路缘石	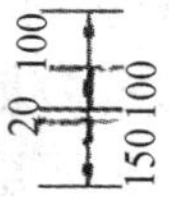 100 100 20 150 100 C20混凝土 预制路缘石 1:2.5水泥 砂浆砌筑 K	 1:3石灰 砂浆砌 混凝土路缘石	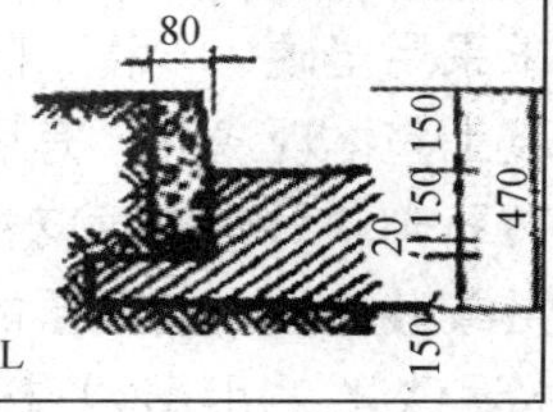 80 150 150 470 20 150 L

图 2—36　常见的园路面层结构组合

表 2—25　　园路路面面层结构层的最小厚度

序号	结构层材料		层位	最小厚度（厘米）	备注
1	水泥混凝土		面层	6	
2	水泥砂浆表面处置		面层	1	1∶2 水泥砂浆用粗沙
3	石片、釉面砖表面铺贴		面层	1.5	水泥砂浆做结合层
4	沥青混凝土	细粒式	面层	3	双层式结构的上层为细粒式时，其最小厚度为 2 厘米
		中粒式	面层	3.5	
		粗粒式	面层	5	
5	沥青表面处置		面层	1.5	
6	石板、预制混凝土板		面层	6	预制板加 ø6～ø8 号钢筋
7	整齐石块、预制砌块		面层	10～12	
8	半整齐、不整齐石块		面层	10～12	包括拳石、圆石
9	铺砖地		面层	6	用 1∶2.5 水泥砂浆或 4∶6 石灰砂浆做结合层
10	砖石镶嵌拼花		面层	5	
11	泥结碎（砾）石		基层	6	
12	级配碎（砾）石		基层	6	

（3）附属工程

1）道牙。道牙又称路牙，分立道牙（侧牙）和平道牙（缘石）2 种（图 2—37）。道牙安装在路的两侧，使路面与路肩在高程上能衔接起来，同时能起到保护路面及便于排水的作用。道牙一般用砖、预制混凝土及块石等材料做成。

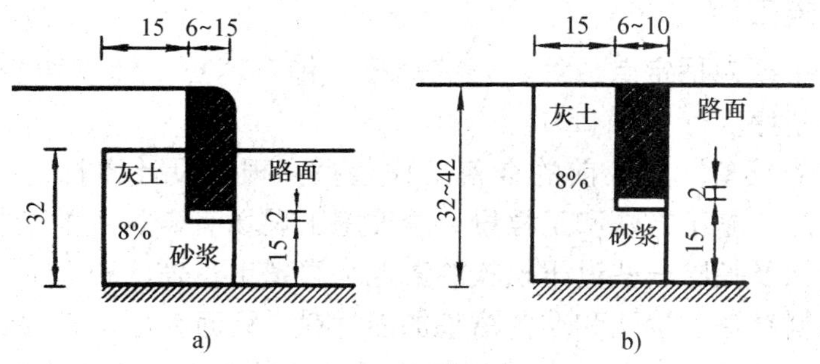

图 2—37　园路道牙结构图

a）立道牙　b）平道牙

2）雨水井。雨水井是路面排水的构筑物，分沉淀池和无沉淀池 2 种。在园林中设置的雨水井常用砖砌成，多为矩形。雨水井间距按道路纵坡而定，常按 50～80 米

设置一个雨水井上的盖板，其式样造型要十分讲究，流水的空眼设计要有艺术感。

3）台阶、蹬道、坡道、礓䃰。当路面坡度超过 12%时，为了便于行走，在不通行车辆的路段上可设台阶。台阶的宽度与路面相同，每级台阶的高度一般为 12～17 厘米，宽度为 30～38 厘米。一般台阶不宜连续使用，如地形许可，每 8～14 级后应设一段平坦的地段，使游人有消除疲劳的机会。为防止台阶积水、结冰，每级台阶应有 1%～2%的向下坡度，以利排水。在园林绿地中根据造景的需要，台阶可以用天然山石、预制混凝土做成木纹板或树桩等各种形式，以点缀园景。

有时在坡度较大的地段上本应设台阶，但为了能通行车辆，可将路面做成浅阶的坡道，称为礓䃰。礓䃰的形式和尺寸如图 2—38 所示。

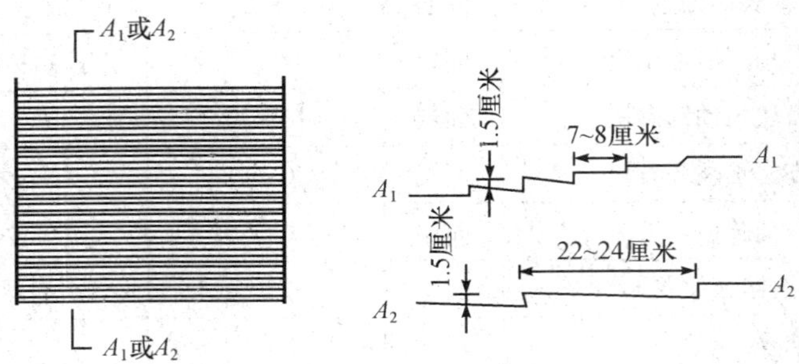

图 2—38　礓䃰示意图

4）种植池。在园路的两边，有时为了栽种植物而要做一些种植池。种植池的大小、规格等应根据所要栽的植物要求及设计需要来确定。

5）路肩。在公路式园路中，路两边不加铺设的部分称为路肩。路肩的作用是稳固路面、保证行车安全。路肩要有一定的宽度（一般为 1～2.5 米）和排水能力。

3. 园路的施工

园路的施工主要包括定点放线、开挖路槽、铺筑基层、铺筑结合层、安装道牙、铺筑面层等几道工序。

（1）施工前的准备。施工前的准备工作包括：根据设计图样，核对地面施工区域，确认施工程序、施工方法和工程量；清理施工现场有碍施工的杂物，将施工线内的积水排除掉，以及挖除一些过于松软的淤泥、腐殖土；确认和标示地下埋设物等。

（2）施工材料准备。确认和准备路基加固材料、路面垫层、基层材料和路面面层材料（包括碎石、块石、石灰、水泥砂浆或设计所规定的预制砌块、饰面材料等），同时还要确定材料的规格、质量、数量及临时堆放的位置。

（3）园路定点放线。定点放线的方法多种多样，一般是按设计的路面中线，在地面上每隔 20～50 米放一中心桩（长为 30～40 厘米的小木桩），在弯道的曲线上，应在曲线的两端及中间各放一中心桩。每一个中心桩都要写上标号，并按设计高度用红

线标记在中心桩上作为道路断面各层标高的标准。定好中心桩后，再以中心桩为准，按设计路面的宽度定好边桩，最后将两边的边桩用白石灰粉等材料连成平滑的曲线，即为路面的平曲线。

(4) 地基施工。地基施工首先要确定路基作业使用的机械及其进入现场的日期；重新确认水准点；调整路基表面高程和其他高程的关系，然后进行路基的填挖、整平、碾压等作业。路基碾压等完成后，按已定的园路边线，每侧放宽 200 毫米开挖路基的基槽，路槽的深度等于路面的厚度，槽底应有 2%～3% 的横坡度，使其成为中间高、两边低的圆弧形或折线形。路槽挖好后，洒上水，使土壤湿润，然后用蛙式跳夯等手动工具或机械设备夯 2～3 遍，使槽面密实。槽面平整度允许误差在 20 毫米以下。对填土路基，要分层填土分层碾压；对于软弱的地基，要做好加固处理。施工中要随时检查横断面坡度和纵断面坡度，要用暗渠、侧沟等排除流入路基的地下水、涌水、雨水等。

(5) 铺筑垫层。将灰土、沙石等按比例混合，进行垫层材料的铺垫、刮平和碾压。如果用灰土做垫层，铺垫一层灰土就称一步灰土，一步灰土的夯实厚度为 150 毫米（铺垫厚度根据土质不同而不同，一般在 210～240 毫米）。

(6) 铺筑基层。根据设计要求准备好铺筑材料，分层填筑基层。基层的每层材料施工碾压的厚度：下层为 200 毫米以下，上层为 150 毫米以下；基层的下层要进行检验性碾压。基层经碾压后，没有达到设计标高的，应该翻起已压实部分，一面摊铺材料，一面重新碾压直到压实到设计标高的高度。施工中的接缝，应将上次施工完成的末端部分翻起来，与本次施工部分一起滚碾压实。

(7) 铺筑结合层。结合层一般用 25 号水泥、白灰、沙组成的混合砂浆或 1∶3 的白灰砂浆在基层上进行摊铺。摊铺的厚度为 25 毫米左右，宽度应大于铺装面 30～50 毫米。已拌好的砂浆应当天用完，所以一次不能拌得太多。结合层也可直接用 30 毫米左右厚的粗沙均匀摊铺而成。

(8) 安装道牙。道牙基础与路槽应同时填挖碾压，以保证均匀密实度。结合层可用 1∶3 的灰砂浆铺 25 毫米左右厚或采用粗沙垫层（厚度为 30 毫米左右）。道牙安装平稳牢固后，接口处应用 1∶3 的水泥砂浆勾缝，凹缝深 5 毫米。道牙背后应用 12% 的白灰土夯实，灰土宽度 50 毫米、厚度 15 厘米、密实度 90% 以上。

(9) 铺筑面层。铺筑面层前，要先在完成的路面基层上重新定点放线，放出路面的中心线及边线。设置整体现浇路面边线处的施工挡板，确定砌块路面的砌块行列数及拼装方式。将面层材料运入现场。铺筑面层根据所用材料的不同而有不同的方法。

1) 土路面铺筑。土路是指完全用当地的土铺筑的路面。土路常用于游人较少的地方或作为临时性的道路。

土路面层的铺筑宜选用轻松的土壤，如是黏土则应混入适量的沙，面层土壤的厚度一般为 10 厘米左右，铺好后要用机械或人工压实，至少要碾压 2 次。

2）草皮路面铺筑。草路即指在路面上铺种草皮，做成草皮路面。草路一般用在排水良好、游人不多的地方，要求路面不积水。在做草皮路面时，要选用耐践踏的草种（如绊根草、结缕草等）。为了使草路平整，并供游人在雨天行走，最好在路的两旁有条石或水泥路肩。

草路施工与铺草坪相似，路槽深 10 厘米左右，做好路槽后，先在上面铺一层煤渣，以利排水，在煤渣上再放一层营养土，然后撒上草种或铺上草皮即可。草路的纵坡不能超过 10%，若坡度太大，应做成台阶状。

3）水泥混凝土路面铺筑。水泥混凝土路面是指用水泥、沙、碎石加水搅拌混合凝固硬化而成的路面。其材料的配比：水泥 1 份，30～60 毫米的水洗碎石 2 份，粗沙 3～4 份。混凝土路面的厚度以其功能性质及交通量而定（一般用做人行道的园路，其厚度在 100 毫米左右即可，主要园路的厚度应为 200～250 毫米）。浇筑路面前，先要钉模板，路宽在 5 米以上的，要分两次制成，路宽在 5 米以内的，一次制成。为防止热胀冷缩破坏路面，一般每隔 5～8 米左右要留一条横伸缩缝（也可在路面做完、混凝土面层基本硬化后，用锯割机在横向上每隔 7～9 米切缝一道，作为路面的伸缩缝），每隔 3 米左右留一条纵伸缩缝，深约 50 毫米。伸缩缝中嵌入薄木板或其他材料，灌沥青或夹橡胶带。制好模板后，将水泥、沙、碎石、水等材料通过人工或机械的方法混合搅拌成碎石混凝土，将混凝土浇灌到路面，混凝土浇灌后要振荡夯实，顶面用长 1 米以上的直尺刮平。顶面稍干一点时，再用抹灰沙板抹平至设计标高。施工中要注意做出路面的横坡和纵坡。

路面浇筑完后，应及时养护，可用湿的织物、稻草、锯末粉、湿沙及塑料薄膜等覆盖在路面上进行养护，两周内需经常浇水保持路面湿润，两周后拆除模板，再保养几天，到 28 天后方可使用。在冬季寒冷季节，养护期中要经常用热水浇洒，以对路面进行保温。

在园林中，有时为了使园路更加美观、实用，可对路面进行一定的装饰。水泥路面装饰的方法有很多种，在实际运用中要按照设计的路面铺装方式来选用合适的施工方法，常见的水泥混凝土路面的装饰施工方法及施工技术要领如下：

①普通抹灰与纹样处理。用普通灰色水泥配成 1∶2 或 1∶2.5 水泥砂浆，在混凝土面层浇筑后尚未硬化时进行抹面处理，抹面厚度为 10～15 毫米。当抹面层初步收水、表面稍干时，再用下面的方法进行路面纹样处理。

a. 滚花。用钢丝网做成的滚筒或者用模纹橡胶裹在直径为 300 毫米铁管外做成的滚筒，在经过抹面处理的混凝土面板上滚压出各种细密纹理。滚筒长度在 1 米以上较好。

b. 压纹。利用一块边缘有许多整齐凸点或凹槽的木板或木条，在混凝土抹面层上

挨着压下，一边压一边移动，就可以将路面压出纹样。用这种方法要求抹面层的水泥砂浆含量较高（水泥与沙的配比可为 1∶3）。

c. 锯纹。在新浇的混凝土表面，用一根直木条如同锯割一般来回动作，一面锯一面前移，即能够在路面上锯出平行的直纹。

d. 刷纹。使用弹性钢丝做成的钢丝刷（刷子宽 450 毫米，刷毛钢丝长 100 毫米左右，木把长 1.2～1.5 米）。在还没完全硬的混凝土面层上刷出直纹、波浪纹或其他形状的纹理。

②彩色水泥抹面装饰。在用做抹面的水泥砂浆里加入各种颜料做成彩色水泥砂浆，用这种材料可做出彩色水泥路面。彩色水泥调制中使用的颜料，需选用耐光、耐碱、不溶于水的无机矿物颜料（如红色的氧化铁红、黄色的柠檬铬黄、绿色的氧化铬绿、蓝色的钴蓝和黑色的炭黑等）。不同颜色的彩色水泥及其所用颜料见表 2—26。

表 2—26　　　　彩色水泥的配制

调制水泥色	水泥及其用量	颜料及其用量
红色、紫砂色水泥	普通水泥 500 克	铁红 20～40 克
咖啡色水泥	普通水泥 500 克	铁红 15 克、铬黄 20 克
橙黄色水泥	白色水泥 500 克	铁红 25 克、铬黄 10 克
黄色水泥	白色水泥 500 克	铁红 10 克、铬黄 25 克
苹果绿色水泥	白色水泥 1 000 克	铬绿 150 克、钴蓝 50 克
青色水泥	普通水泥 500 克	铬绿 0.25 克
	白色水泥 1 000 克	钴蓝 0.1 克
灰黑色水泥	普通水泥 500 克	炭黑适量

③彩色水磨石饰面。彩色水磨石路面是用彩色水泥石子浆罩面，再经过磨光处理而做成的装饰性路面。其做法：按照设计，在平整、粗糙、已基本硬化的混凝土路面面层上，弹线分格，用玻璃条、铝合金条或铜条做好分隔条，然后在路面上刷一道素水泥浆，再用 1∶1.25～1∶50 彩色水泥细石子浆铺面（厚度为 8～15 毫米）。铺好后拍平，表面用滚筒滚压实在，待出浆后再用抹子抹平。用做水磨石的细沙子，如采用方解石，并用普通灰色水泥，做成的就是普通水磨石路面；如果用各种颜色的大理石碎屑，再与不同颜色的彩色水泥配制在一起，就可做成不同颜色的彩色水磨石地面。彩色水泥的配制可参考表 2—20 的内容。水磨石的开磨时间应以石子不松动为准，磨后将泥浆冲洗干净。待稍干时，用同色水泥浆涂擦一遍，将砂眼和脱落的石子补好。第二遍用 100～150 号金刚石打磨，第三遍用 180～200 号金刚石打磨，方法同前。打磨完后洗掉泥浆，再用 1∶20 的草酸水溶液清洗，最后用清水冲洗干净。

④露骨料饰面。采用这种饰面方式的混凝土路面和混凝土铺砌板，其混凝土应用粒径较小的卵石配制。混凝土露骨料主要是采用刷洗的方法在混凝土浇好后2～6小时内就应进行处理，最迟不得超过浇好后的16～18小时。刷洗工具一般用硬毛刷子。刷洗应当从混凝土板块的周边开始，要同时用充足的水把刷掉的泥沙洗去，把每一粒暴露出来的骨料表面都洗干净。刷洗后的3～7天内，再用10%的盐酸水洗一遍，使暴露的石子表面色泽更明净，最后还要用清水把残留盐酸完全冲洗掉。

4）片块状材料的面层铺筑。片块状材料做路面面层，在面层和道路基层之间所用的结合层的做法有2种：一种是用湿性的水泥砂浆、石灰砂浆或混合砂浆做结合材料，另一种是用干性的细沙、石灰粉、灰土（石灰和细土）、水泥粉沙等做结合材料或级层材料。

①湿法铺筑。用厚度为15～25毫米的湿性结合材料（如用1∶2.5或1∶3水泥砂浆、1∶3石灰砂浆、M2.5混合砂浆或1∶2灰泥浆等）垫在路面面层混凝土板上面或垫在路面基层上面作为结合层，然后在其上面铺筑片状或块状贴面层。砌块之间的结合以及表面抹缝，亦用这些结合材料。以花岗岩、釉面砖、陶瓷广场砖、碎拼石片、马赛克等片状材料贴面铺地，都要采用湿法铺砌。用预制混凝土方砖、砌块或黏土砖铺地，也可以用这种铺筑方法。

②干法铺筑。以干性粉沙状材料做路面面层砌块的垫层和结合层。这种材料常见的有干沙、细沙土、1∶3的水泥干沙、3∶7的细灰土等。砌筑时，先将粉沙材料在路面基层上平铺一层（用干沙、细土做垫层，厚度为30～50毫米；用水泥沙、石灰沙、灰土做结合层，厚度为25～35毫米），铺好后找平。然后按照设计的砌块、砖块拼装图案，在垫层上拼砌成路面面层。路面每拼装好一小段，就用平直的木板垫在顶面，用铁锤在多处振击，使所有砌块的顶面都保持在一个平面上，这样可以将路面铺筑得十分平整。路面铺好后，再用干燥的细沙、水泥粉、细石灰粉等撒在路面上并扫入砌块缝隙中，使隙缝填满，最后将多余的灰沙清扫干净。适宜采用这种干法铺筑的路面材料有石板、整形石块、混凝土铺路板、预制混凝土方砖和砌块等。

5）地面镶嵌与拼花。施工前，要根据设计的图样准备镶嵌地面用的砖石材料。设计有精细图形的，要先在细密质地的青砖上放好大样，再细心雕刻，做好雕刻花砖，施工时可嵌入铺地图案中。要精心挑选铺地用的石子，挑选出来的石子应按照不同颜色、大小、长扁形状分类堆放，铺地拼花时方能方便使用。

施工时，先要在已做好的道路路基上铺垫一层结合材料，厚度一般在40～70毫米。垫层结合材料主要有1∶3石灰沙、3∶7细灰土、1∶3水泥沙等，用干法铺筑或湿法铺筑均可，但干法施工更为方便一些。在铺平的松软垫层上，按照预定的图样开始镶嵌拼花。一般用立砖、小青瓦瓦片来拉出线条、纹样和图形图案，再用各色卵石、砾石镶嵌作花，或者拼成不同颜色的色块，以填充图形大面。然后，做进一步修

饰和完善图案纹样，并尽量整平铺地，就算完工。完工后的铺地地面，仍要用水泥干沙、石灰干沙撒布其上，并扫入砖石原缝中填实。最后，除去多余的水泥石灰干沙，清扫干净，再用细孔喷壶对地面喷洒清水，稍使地面湿润即可（不能用大水冲或使路面有水流淌），完成后，养护 7～10 天。

6）嵌草路面的铺筑。无论是用预制混凝土铺路板、实心砌块、空心砌块，还是用顶面平整的卵石、整形石块或石板，都可以铺筑成砌块嵌草路面。

施工时，先在整平压实的路基上铺垫一层栽培壤土做垫层。壤土要求比较肥沃，不含粗颗粒物，铺垫厚度为 100～150 毫米。然后在垫层上铺筑混凝土空心砌块或实心砌块，砌块缝中半填壤土，并播种草籽。

实心砌块的尺寸较大，草皮嵌种在砌块之间预留的缝中。草缝设计宽度可在 20～50 毫米，缝中填土至砌块的 2/3 高。砌块下面如上所述用壤土做垫层并起找平作用，砌块要铺装得尽量平整。实心砌块嵌草路面上，草皮形成的纹理为线网状。

空心砌块的尺寸较小，草皮嵌种在砌块中心预留的孔中。砌块与砌块之间不留草缝，常用水泥砂浆戮结。砌块中心孔填土亦为砌块的 2/3 高；砌块下面仍用壤土做垫层找平，使嵌草路面保持平整。空心砌块嵌草路面上，草皮呈点状有规律的排列。空心砌块要结实坚固和不易损坏，预留孔径不能太大（孔径最好不要超过砌块直径的 1/3）。

采用砌块嵌草铺筑的路面，砌块和嵌草层是道路的结构面层，其下面只能有一个壤土垫层，在结构上没有基层，只有这样的路面结构才有利于草皮的存活和生长。

第六节　园林小品施工

随着社会的发展，现在的园林小品范畴不断扩大，除了园林建筑小品、环境装饰小品之外，还包括了许多的小型艺术造型等。生活中常见的园林小品主要有假山、置石、喷泉、水池、景亭、花架、构架、园桥、铺地、景墙、花坛、休息椅等，还有电话亭、候车亭、照明灯具、指路牌、垃圾桶、踏步、饮水龙头、告示牌等非生物、非建筑的小型实体。园林小品的分类也多种多样。

一、园林小品的概述

园林小品一般意义上指那些园林中供休息、装饰、照明、展示和为园林管理及方便游人之用的小型建筑设施。园林小品既包括具有功能简明、体量小巧、造型别致、带有意境、富于特色的小型园林建筑，也包括能够美化环境、装点生活、增添情趣的环境装饰构件。

1. 园林小品的分类

园林小品有很多分类方法，从其功能可分为3类：

(1) 园林建筑小品。这类园林小品是以建筑物和构筑物为主，主要包括入口园门、景墙、隔断、桥、亭、廊架等。与建筑不同的是，园林建筑小品的占地面积和体量一般较小，强调功能性与艺术性相结合。它是一定的可使用的内部空间，并与整个景观主题相协调，为游人提供游览、观赏和休憩场所的小品。

(2) 景观小品。这类园林景观小品基本都是从古代园林中遗留下来的，更偏重于艺术性的表述，能够很好地体现园林整体的风格。它主要包括假山、水景、地面铺装、绿化（花坛、花钵）、栏杆、座椅、灯具、雕塑等。

(3) 公共设施。这类园林景观小品是园林景观中实用性与专业性较强的，在近现代园林中才开始出现，其服务性比较强。它主要包括休闲娱乐型园林公共设施（儿童游玩器具、健身器具）、服务型公共设施（指示牌、电话亭、候车亭、垃圾箱、饮水器）等。

2. 园林小品的功能

(1) 组景。园林小品在园林空间中，除具有自身的使用功能外，更重要的作用是把外界的景色组织起来，在园林空间中形成无形的纽带，引导人们由一个空间进入另一个空间，起着导向和组织空间画面的构图作用，能在各个不同角度都构成完美的景色，具有诗情画意。如在公园、景区岔路设置的小品（或石刻，或雕塑等），既有预示性、指示性的作用，引人入胜，又丰富了景观视角。

(2) 点景。园林小品作为艺术品，它本身具有审美价值，由于其色彩、质感、肌理、尺度、造型的特点，加之成功的布置，本身就是园林环境中的一景。如在空旷的草坪之中合适地设置一组羊群石塑，静中有动的效果非常明显，情趣盎然。北京大观园庭院中人工山水池中放置一组人物雕塑，使庭院艺术趣味焕然一新。

由此可见，运用小品的装饰性能够提高其他园林要素的观赏价值，满足人们的审美要求，给人以艺术的享受和美感。

(3) 渲染气氛。园林小品除具有组景、点景作用外，还把桌凳、地坪、踏步、标示牌、灯具等功能作用比较明显的小品予以艺术化、景致化。一组休息的坐凳或一块标示牌，如果设计新颖、处理得宜，做成富有一定艺术情趣的形式，会给人留下深刻的印象，使园林环境更具感染力。如水边的两组坐凳，一个采用石制天然坐凳，恬静、祥和，可与环境构成一幅中国天然山水画；另一个凳面上刻有艺术图案，独特新颖、别具情趣，迎水而坐令人视野开阔、心旷神怡。

因此，构思独特的园林小品与环境结合，会产生不同的艺术效果，使环境宜人而更具感染力。

二、假山和置石工程的施工

假山是中国自然山水园林的重要组成部分，对形成中国园林的民族风格有着重要作用，是生活中最常见的园林小品之一。在园林绿地中，通常所说的假山，实际上包括假山和置石2部分。假山是以造园游览为主要目的，充分结合其他多方面的功能作用，以土、石等为材料，以自然山水为蓝本，并加以艺术的提炼和夸张，是人工造筑的仿自然山水景观的通称；置石是指以山石为材料，做独立性或附属性的造景布置，主要表现山石的个体美或局部组合体的美，而不具备完整的山形，主要以观赏为主，但也可结合一些功能方面的作用。

相比较而言，假山的体积大而集中，可观可游，能使人有置身于自然山林之感。置石则主要以观赏为主，结合一些功能方面的作用，体量较小而分散。

假山因材料不同可分为土山、石山、带土的石山和带石的土山等几种。因景观特征不同可分为仿真型、写意型、透漏型、实用型和盆景型5种（图2—39）。置石的布置形式则可分为特置、孤置、对置和山石器设等（图2—40）。在我国岭南园林中，还

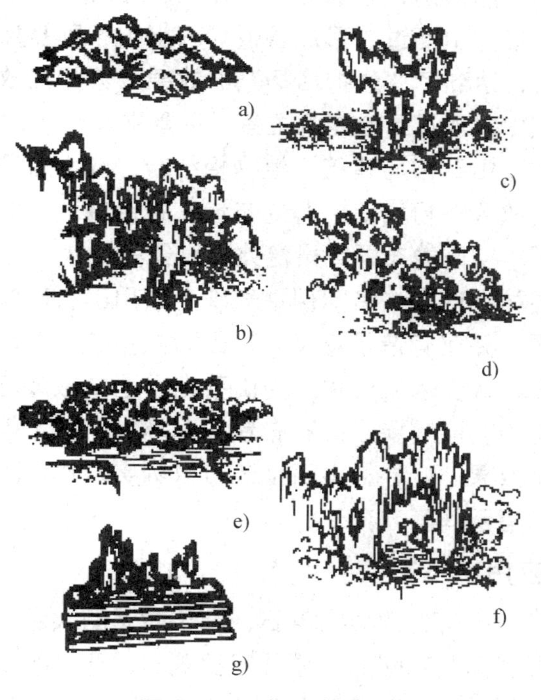

图2—39 假山的类型

a)，b）仿真型 c）写意型 d）透漏性

e)，f）实用型 g）盆景型

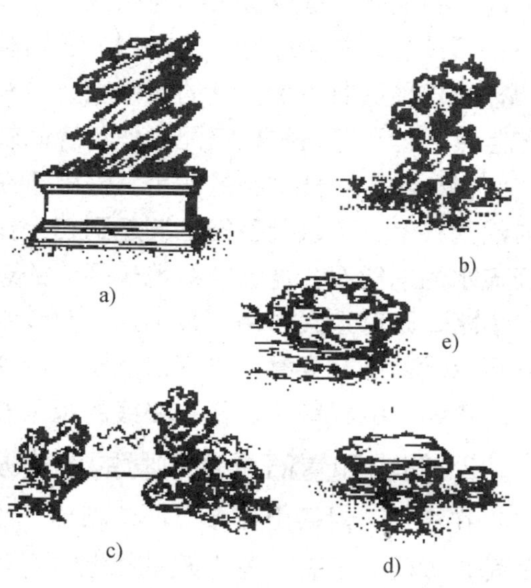

图2—40 置石的布置形式

a）特置 b）孤置 c）对置

d)，e）山石器设

有灰塑假山的工艺。现在又发展出用水泥等材料塑的假山和置石等，成为假山工程中的一门专门工艺。

1. 假山和置石的功能与作用

(1) 作为自然山水园的主景和地形骨架。我国的园林多为自然山水园（特别是古典园林），园林中有的以山为主，有的是以有山石驳岸的水池为主景，整座园子的地形骨架都以此为基础而变化。如南京的瞻园、上海的豫园、扬州的个园、苏州的环秀山庄等都是以假山为主。在这类以假山、置石为主的园林中，建筑并不占首要地位，所以这类园林实际上是假山园。

(2) 起划分或组织园林空间的作用。我国园林善于运用各种造景手法，根据不同的用地功能和造景特色，将园子化整为零，形成丰富多彩的景区，从而达到小中见大的目的。划分空间的手法很多，而利用假山划分空间具有自然和灵活的特点。用假山划分、组织空间有障景、对景、框景、夹景等多种手法，还可以与水体相结合，使空间的变化更富有情趣。如颐和园仁寿殿和昆明湖之间的地带，是宫殿区和居住、游览区的交界处，在这里用土山带石的做法堆了一座假山，起到障景的作用，在宏伟的仁寿殿后面，把园路收缩得很窄，并采用之字形穿山而过，形成谷道。一出山谷则豁然开朗，辽阔、明丽的昆明湖突然展现在眼前，达到了“先抑后扬”的效果。苏州拙政园进门的地方也是以假山作为障景，绕过假山才能见到全园的主景（远香堂及荷池）。

(3) 起点缀园林空间的作用。在园林中，山石常与建筑、植物相结合，成为点缀园林的一种重要手段。有的石峰凌空，有的散置在粉墙前，有的布置在花台中，有的与芭蕉、竹子等植物相搭配，作为廊间转折小空间的布置或景窗处的对景等。

(4) 起实用性小品的作用。假山石在园林中还有许多实用性表现。如用山石砌筑自然式石壁，可以代替挡土墙起到挡土作用，并兼有造景意义。以山石做护坡、做地面流水的消能石，能够减缓地表径流的速度，减少水土流失。用山石在水池中做成汀步小路，既有造景作用，又满足了散步游览的功能需要。山石布置在草坪中、树下等处可以代替园林桌凳，具有自然别致的使用效果。此外，山石上还可以刻字，作为景名、植物名的标牌石、指引路线的指路石和指示牌等。

2. 假山和置石常用石材的种类及应用

在古代，对假山石多以产地相称，如产于广东英德县的英石，产于太湖的太湖石等都是如此。还有一些山石是按地方的习惯名称来称呼的，如苏州的黄石、北京的青石、西南地区的钟乳石、水秀石等。只有少数是按岩石学的名称来命名的，如四川目前所用的云母片石。

(1) 湖石。湖石又称太湖石，因历史上开发最早的产地是在江苏太湖一带而得名。湖石主要产于江浙一带，是江南园林中运用最为普遍的一种石材。石材线条浑圆

流畅，洞穴通透灵巧，适宜特置或叠石。常见的湖石种类有太湖石、房山石、英德石、宣石等。

1）太湖石。太湖石原产于苏州所属太湖中的西洞庭山，江南其他湖泊区也有出产。太湖石一般为灰白色，紧密的细粉沙质地，较重，坚硬，稍有脆性；石形玲珑，透、漏特征显著；轮廓柔和圆润，婉约多变；石面环纹曲线婉转回还，穴窝（弹子窝）、孔眼、漏洞错杂其间，使石形变异极大。由于太湖石的观赏价值高，因此常选其中形体怪异、嵌空穿眼者作为特置石峰。

2）房山石。房山石原产于北京房山区大灰厂一带的山上。它与太湖石一样，同为石灰岩，坚硬，质量大，有一定的韧性。新采的山石带有泥土的红色，日久则石面带灰黑色。房山石又称为北太湖石，石形也像太湖石一样具有窝、穴、环、洞的变化，但外观多密集的小孔而少有大洞，显得浑厚、稳实。

3）英石。岭南园林中常用的山石，因原产广东省英德市一带而得名。英石质坚而脆，用手指弹扣有较大的共鸣声。英石色泽青灰，有的间有白色脉络，一般体积较小，很少见到大石块的，常做几案石品用。

4）宣石。原产于安徽省宁国县，初出土时表面有铁锈色，经刷洗后，时间久了就转为白色；或在灰色山石上有白色的矿物成分，有如皑皑白雪盖于上面，具有特殊的观赏价值。扬州个园用它做冬山的材料，效果很好。

在湖石一类中，除以上外，还有灵璧石、仲宫石等。

(2）黄石。一种带橙黄色的细沙岩。苏州、常州、镇江、无锡、常熟等地皆有所产。此石形体棱角分明，纹理近乎垂直，质感浑厚沉实，具有强烈的光影效果。如明代所建的上海豫园的假山、扬州个园的秋山均为黄石缀成的假山。

(3）青石。属于水成岩中呈青灰色细沙岩，质地纯净而少杂质。由于是沉积而成的岩石，石内就有一些水平层理。水平层的间隔一般不大，所以石形大多为片状，而有“青云片”的称谓。这种石材的石面有相互交织的斜纹，不像黄石那样一般是相互垂直的直纹。青石在北京园林假山叠石中很常见，产于北京西郊红山口一带。

(4）石笋石。石笋石产于江西与浙江交界的常山、玉山一带，又称白果笋、虎皮石、剑石。颜色多为浅灰绿色、土红灰色或灰黑色。质重而脆，是一种长形的砾岩岩石。石形修长呈条柱状，立于地上即为石笋，顺其纹理可竖向劈分。大多数石笋石都是三面可观，仅背面光秃，观赏价值不大。常用于竹林中作竖立配置，有“雨后春笋”的景观效果。如扬州个园的春山用的就是石笋石。

此外，还有钟乳石、水秀石、云母片石、大卵石、黄蜡石等石材，都可用于园林造景。

3. 假山工程施工

假山工程不同于一般的园林建筑工程，假山施工是具有明显再创造特点的活动。

在大中型的假山工程中，一方面要根据假山设计图进行定点放线和随时控制假山各部分的立面形象及尺寸关系，另一方面还要根据所选用的石材的形状、皴纹特点，在细部的造型和技术处理上有所创造、有所发展。小型的假山工程和置石有时则不进行设计，而是直接在施工中临时发挥，一面施工一面构思，最后就可完成假山作品的艺术创作。

（1）施工前的准备。在假山施工开始之前，需要做好一系列的准备工作才能保证工程施工的顺利进行。假山施工前的主要准备工作：施工材料的准备（包括山石的准备、辅助材料的准备及施工工具与机械设备的准备），假山工程量的估算，施工人员配备等。

（2）假山基础施工

1）假山定位与放线。首先是在设计平面图上按照 5 米×5 米或 10 米×10 米（小型的假山也可以用 2 米×2 米）的尺寸绘出方格网，在假山周围环境中找到可以作为定位依据的建筑边线、围墙边线或园路中心线，并标出方格网的定位尺寸。按照设计图方格网及其定位关系，将方格网放大到施工场地的地面。在假山占地面积不大的情况下，方格网可以直接用白灰画到地面；在占地面积较大的假山工程中，也可以用测量仪器将各方格交叉点测设到地面，并在点上钉下坐标桩。放线时，用几条细绳拉直连上各点坐标桩，就可以表示出地面的方格网。为了基础工程完成后进行第二次放线的方便，应在纵横两个方向上设置龙门桩。

以方格网放大法，用白灰将设计图中的山脚线在地面方格中放大绘出，把假山基底的平面形状（即山石的堆砌范围）在地面上绘出。假山内有山洞的，也要按相同的方法在地面绘出山洞洞壁的边线。

最后，依据地面的山脚线，向外取 50 厘米宽度绘出一条与山脚线相平行的闭合曲线，这条闭合曲线就是基础的施工边线。

2）基础的施工。假山基础施工可以不用开挖地基而直接将地基夯实后就做基础层，这样既可以减少土方工程量，又可以节约山石材料（在设计中注明需要开挖的则一定要按照设计要求开挖）。在做基础时，先将地基土面夯实，再按设计要求摊铺和压实基础的各层结构层（桩基可以不夯实地基，直接打入基础桩）。

①桩基础。桩基多用于水中的假山或山石驳岸。桩基以木桩为多（以柏木桩和杉木桩为主），木桩顶面的直径约为 10～15 厘米，平面布置按梅花形排列，故称梅花桩。桩的类型有 2 种，一种是一直打到硬层的，称为支撑桩；另一种是用来挤压土壤的，称为摩擦桩。桩木相互的间距约为 20 厘米。桩木顶端可露出地面或湖底 10～30 厘米，其间用小石块嵌紧嵌平，再用平整的花岗岩或其他石材铺一层在顶上，作为桩基的压顶石。或者，不用压顶石而用一步灰土平铺并夯实在桩基的顶面，做成灰土桩基也可。除木桩基础外，还有石桩、钢筋混凝土基础等桩基础。混凝土桩基的做法和

木桩桩基一样，也有在桩基顶上设压顶石和设灰土层的 2 种做法。

②灰土基础。陆地上假山多用灰土基础。灰土基础的施工先要开挖基槽，基槽的开挖围按地面绘出的基础施工边线确定（比假山山脚线宽 50 毫米左右）。基槽一般深 50～60 厘米。基槽挖好后，将槽底地面夯实，再填铺灰土（灰土中的石灰一般应选用新出窑的块状灰，在施工现场化成细灰后再使用；泥土一般就地采用素土，选用土质黏性较强、干湿适中的土壤并整细）做基础。灰、土应充分混合，铺一层（一步）就要夯实一层，不能几层铺好后再一次夯实。顶层夯实后，将表面找平，使基础的顶面成为平整的表面。

③浆砌块石基础。浆砌块石基础对基槽的要求和灰土基础一样。基槽地面夯实后，可用碎石、3∶7 灰土或 1∶3 水泥干沙铺在地面做一垫层，垫层之上再做基础层。做基础的块石应用棱角分明、质地坚硬、有大有小的石材。块石一般用水泥砂浆砌筑。用水泥砂浆砌筑块石可采用浆砌和灌浆 2 种方法。浆砌就是用水泥砂浆挨个地拼砌，灌浆则是先将块石嵌紧铺装好，然后再用稀释的水泥砂浆倒在块石层上面，并促使其流动灌入块石的每条缝隙里。

④混凝土基础。混凝土基础的施工比较简便。首先挖掘基础的槽坑，挖掘范围按地面的基础施工边线，深度一般可按设计的基础层厚度，但是在水下做假山基础时，基槽的顶面应低于水底 10 厘米。基槽挖好后夯实底面，再按设计做好垫层。然后按照基础设计所规定的配合比，将水泥、沙、卵石等混合搅拌成混凝土，浇注于基槽中并捣实铺平，待混凝土充分凝固硬化后，即可进行下一步的施工。

基础施工完成后，要进行第二次定位放线。第二次放线应依据布置在场地边缘的龙门桩进行，要在基础层的顶面重新绘出假山的山脚线。同时，还要在绘出的山脚平面图形中找到主峰、客山和其他陪衬山的中心点，并在地面做出标示。如果山内有山洞的，还要将山洞每个洞柱的中心位置找到并打下小木桩标出，以便于山脚和洞柱柱脚的施工。

3）假山山脚的施工。假山山脚是山体的起始部分，直接落在基础之上。山脚的造型对山体部分的造型有很大影响，是假山造型的根本。山脚的施工主要包括拉底、起脚和做脚 3 部分：

①拉底。拉底就是在山脚线范围内砌筑第一层山石，即做出垫底的山石层。假山拉底的方式有满拉底和周边拉底 2 种。

满拉底是指在山脚线的范围内用山石满铺一层，这种做法适用于规模较小、山底面积也较小的假山；周边拉底的做法是先用山石在假山山脚沿线砌一层垫底石，再用乱石碎砖或泥土将石圈内全部填起来并压实，这一方式适用于基底面积较大的大型假山。

拉底形成的山脚边线也有 2 种处理方式，一是露脚方式，二是埋脚方式。露脚是

指直接在地面上做起山底边线的垫脚石圈，使整个假山就像是放在地上似的；埋脚是指将山底周边垫底山石埋入土下约 20 厘米深，使假山好像是从地下长出来的。

拉底的技术要求：第一，要注意选择适合的山石来做山底，不得用风化过度的松散的山石；第二，拉底的山石底部一定要垫平垫稳，保证不能动摇，以便于向上砌筑山体；第三，拉底的石与石之间要紧连互咬，紧密地扣结在一起；第四，山石之间要有不规则的断续相间，有断有连；第五，拉底的边缘部分要错落变化，使山脚线弯曲时有不同的半径，凹进时有不同的凹深和凹陷宽度，要避免山脚的平直和浑圆形状。

②起脚。在垫底的山石层上开始砌筑假山，称为起脚。起脚石直接作用于山底底部的垫脚石，它和垫脚石一样，都要选择质地坚硬、形状安稳实在、少有空穴的山石材料，以保证能够承受山体的重压。

除了土山和带石土山外，假山的起脚安排宜小不宜大，宜收不宜放。起脚一定要控制在地平山脚线的范围内，宁可向内收一点，也不要向山脚线外凸出。

起脚时，定点、摆线要准确。先选到山脚凸出点的山石，并将其沿着山脚线先砌筑上，待多数主要的凸出点山石都砌筑好了，再选择和砌筑平直线、凹进线处所用的山石。

③做脚。做脚就是用山石砌筑成山脚，它是在假山的上面部分山形山势大体施工完成后，于紧贴起脚石外缘部分拼叠山脚，以弥补起脚造型不足的一种操作技法。

假山山脚的造型应与山体造型结合起来考虑，在做山脚石时必须根据主山的上部造型来造型，既要表现出山体如同自然生长出来的效果，又要特别增强主山的气势和山形的完美。在施工中，山脚可以做成凹进脚、凸出脚、断连脚、承上脚、悬底脚、平板脚几种形式（图 2—41）。

假山山脚无论采取哪一种造型形式，它在外观和结构上都应是山体向下的延续部分，与山体是不可分割的整体。即使采用断连脚、承上脚的造型，也还要“形断迹连、势断气连”，要在气势上也连成一体。

4）山体堆砌施工。假山山体的施工，主要是通过吊装、堆叠、砌筑等操作，完成假山的造型。由于假山可以采取不同的结构形式，因此在山体施工中也应采取不同的堆叠方法。在基本的叠山技术方法上，不同结构形式的假山也会有一些共同的地方。

①山石的固定与衔接。在叠山施工中，不论采用哪一种结构形式，都要解决山石与山石之间的固定与衔接问题。假山山石的固定与衔接方法主要有支撑、铅线捆扎、铁活固定、刹垫、填肚等（图 2—42）。

a. 支撑。山石吊装到山体一定位点上，经过位置、姿态的调整后，就要将山石固定在一定的状态上，然后进行支撑，使山石临时固定下来。支撑材料以木棍为主（也可以用铁棍或长形山石），施工时，以木棍的上端顶着山石的某一凹处，木棍的另一

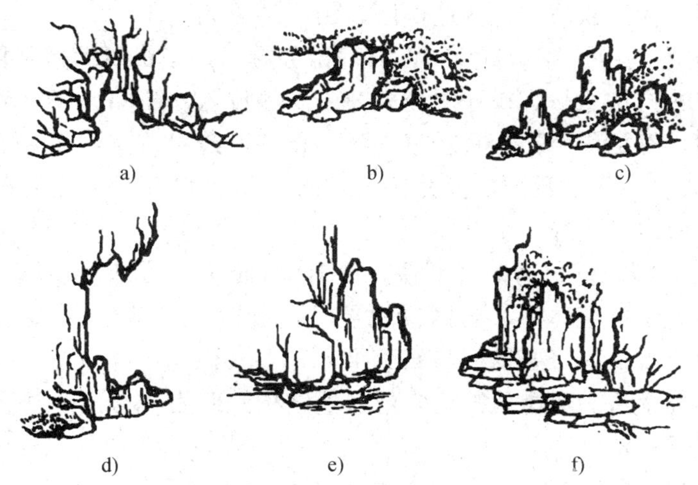

图 2—41　山脚的造型形式

a）凹进脚　b）凸出脚　c）断连脚　d）承上脚　e）悬底脚　f）平板脚

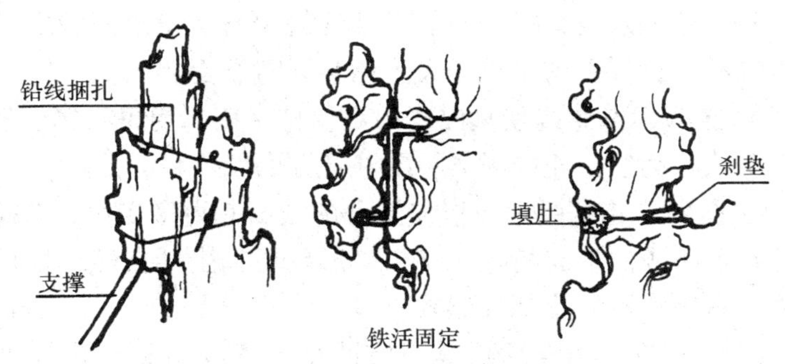

图 2—42　山石衔接与固定方法

端则斜着插在地面，并用石块等将棍脚压住。用支撑固定方法主要是针对大而重的山石，这种方法对下一步的施工操作会带来一些影响。

b. 铅线捆扎。为了将调整好位置和姿态的山石固定下来，还可以采用捆扎的方法。捆扎方法比支撑方法简便，而且对后面的施工没有影响。山石捆扎一般用 8 号或 10 号铅丝，用单根或双根铅丝做成圈，套上山石，并在山石的接触面垫上或抹上水泥砂浆后再进行捆扎。捆扎时铅丝圈先不要收紧，应适当松一点，然后再用小钢钎将其绞紧，使山石无法松动。这种方法适合体量较小山石的固定，对体量较大的山石还应辅之以支撑方法。

c. 铁活固定。对质地比较松软的山石，可以用铁爬钉打入两相连接的山石上，将两块山石紧紧地抓在一起，每一处连接部位都要打入 2～3 个铁爬钉。对质地坚硬的山石连接，要先在地面上用银锭扣连接好，再作为一整块山石用在山体上。在山崖边安置坚硬山石时，使用铁吊架也能达到固定山石的目的。

d. 刹垫。刹垫是用平稳小石片将山石底部垫起来，使山石保持平稳状态。刹垫是山石固定最重要的方法之一。操作时，先将山石的位置、朝向、姿态调整好，再用水泥砂浆塞入石底，然后用小石片轻轻打入不平稳的石缝中，直到石片卡紧为止。一般在石底周围要打进 3～5 个石片才能固定好山石。刹垫打好后，要用水泥砂浆把石缝完全塞满，使两块山石连成一个整体。

e. 填肚。山石接口部位有时会凹缺，使石块的连接面积缩小，也使连接的两块山石之间呈断裂状，没有整体感。这时就需要“填肚”。所谓填肚，就是用水泥砂浆把山石接口处的缺口填补好（要填得与石面平齐）。

②环透与层叠手法。环透式结构与层叠式结构的假山在叠山手法上基本一样，下面介绍的一些叠石手法（图 2—43），在两种结构的假山施工中可以通用。

a. 安。将一块山石平放在一块或几块山石之上的叠石方法称为安。这里的“安”字又有安稳的意思，即要求平放的山石要放稳，不能被摇动。安的手法主要用在要求山脚空透或石下需要做眼的地方。安的方法又分为单安、双安和三安。单安是指把山石放在一块支撑石上面；双安是指在两块不相连的山石上安放一块山石的形式；三安则是在三石上安一石，三安手法也用于设置园林石凳石桌。

b. 压。为了稳定假山悬崖或使挑出的山石保持平衡，用重石镇压悬崖后部或出挑山石后端的叠石手法称为压。压的时候，要注意重心的平稳。

c. 错。即错位叠石。错的手法可以使层叠的山石有更多变化，叠砌体表面更易形成沟槽、凹凸和参差不齐的形态特征，使山体形象更加生动自然。根据错位堆叠方向的不同，可分为左右错和前后错 2 种形式。

d. 搭。用长条形石或板状石跨过其下方两边分离的山石，并盖在分离山石之上的叠石手法称为搭。搭的手法主要应用于假山上做桥和对山洞盖顶的处理。

e. 连。山石之间水平方向的衔接称为连。连不是平直连接，而要错落有致、变化多端。

f. 夹。在上下两层山石（或直立的两块峰石）之间塞进比较小块的山石并固定下来，就可以在两层（或左右两边）山石间做出洞穴和孔眼，这种手法称为夹。夹是假山造型中做眼的主要方法之一。

g. 挑。又称出挑或悬挑，是利用长条形山石做挑石，横向伸出其下层山石之外，并以下层山石支撑荷重，再用另外的重石压住挑石的后端，使挑石平衡地挑出。挑分为单挑、担挑和重挑 3 种。在出挑中，挑石伸出长度一般可为其本身长度的 1/3～1/2，出挑最大可有 2 米多。挑要厚薄自然，巧安后坚，使之“其状可骇，而又万无一失”。

h. 飘。当出挑山石的形状比较平直时，在其挑头置一小石如飘飞状，这种手法叠

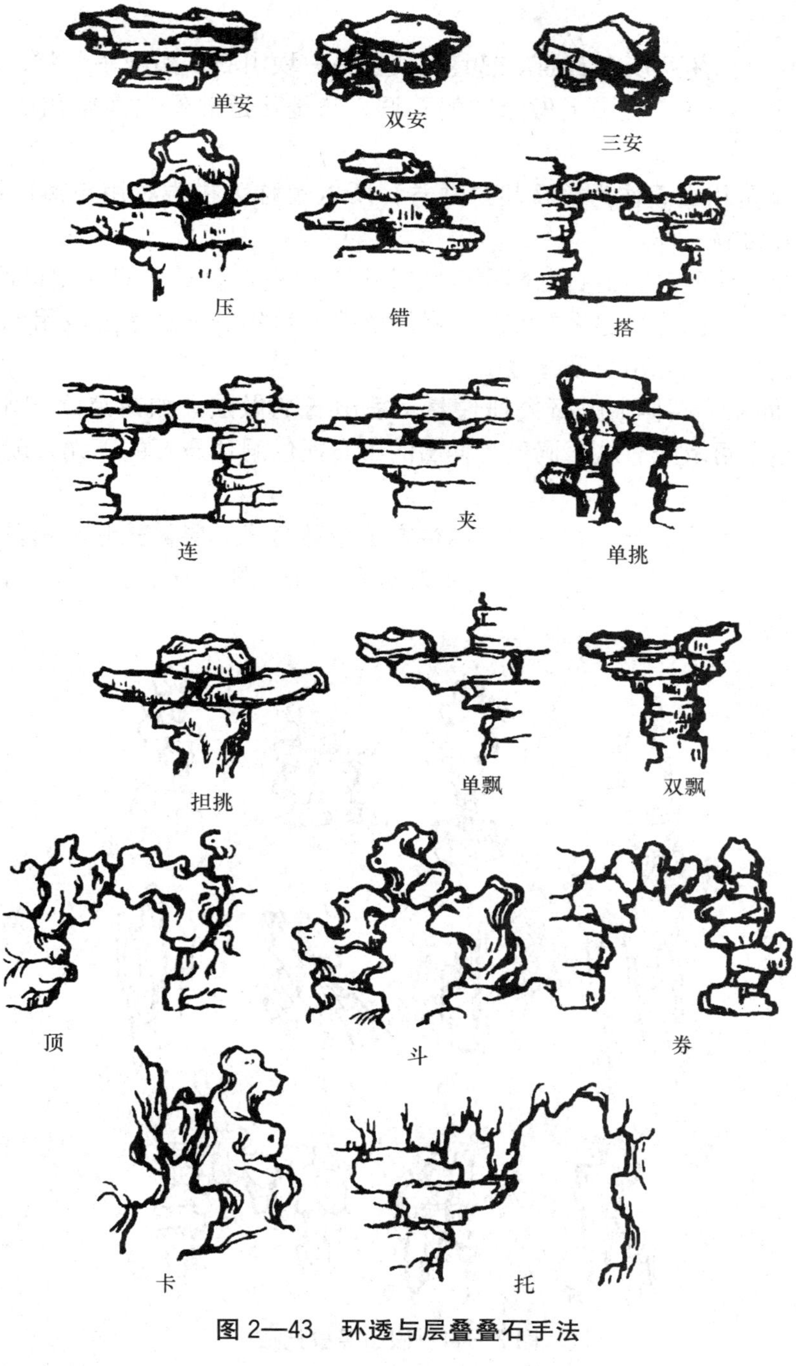

单安　双安　三安

压　错　搭

连　夹　单挑

担挑　单飘　双飘

顶　斗　券

卡　托

图 2—43　环透与层叠叠石手法

石称为飘。飘能使挑石形象更加生动一些。飘的形式有单飘和双飘 2 种。

i. 顶。立在假山上的两块山石，相互以其倾斜的顶部靠在一起，如顶牛状，这种叠石手法称为顶。

j. 斗。用分离的两块山石的顶部共同顶起另一块山石，如同争斗状，这就是斗的叠石手法。斗常用来在假山上做透穿的孔洞，它是环透式假山最常用的叠石手法之一。

k. 券。就是用山石作为券石起拱做券，所以也称为拱券。用自然山石拱券做山洞，可以像真山洞一样。

l. 卡。在两块分离的山石上部用一块较小山石插入两石之间的楔口而卡在其上，从而达到将两石上部连接起来并在其下做洞的叠石目的。卡的手法应用比较广泛，既可用于石景造型，又可用于堆叠假山。

m. 托。即从下端伸出山石去托住悬、垂山石的做法。如南京瞻园水洞的悬石，在其内侧视线不可及处有从石洞壁上伸出的山石托住洞顶悬石的下端，就是采用的托法。

③竖立叠石手法。竖立式假山的结构方法与环透式、层叠式假山相差较大，其叠山手法的相通之处相对少些。常见的手法有剑、榫、撑、接、拼、贴、背、肩、挎、垂、悬等（图 2—44）。

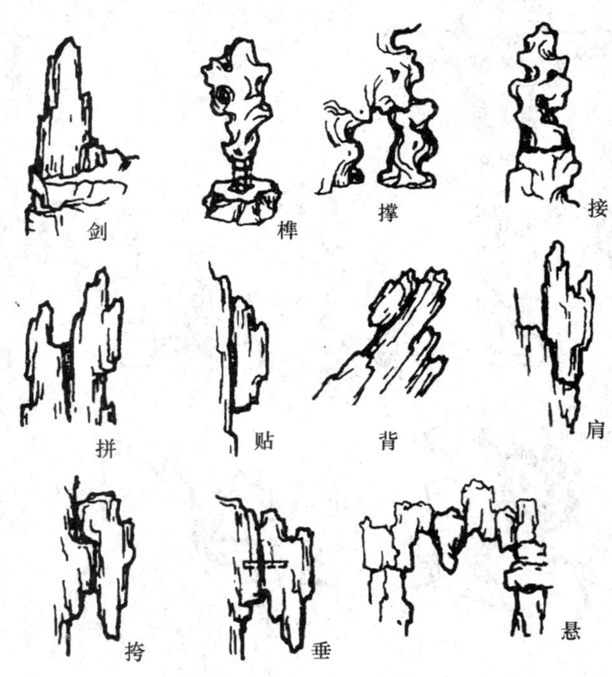

图 2—44　假山竖叠技法

a. 剑。用长条形峰石直立在假山上，做假山山峰的收顶石或作为山脚、山腰的小山峰，使峰石直立如剑，挺拔峻峭，这种叠山手法称为剑。在同一座假山上，采用剑

法布置的峰石不宜太多。剑石相互之间的布置应该多加变化，要大小有别、疏密相间、高低错落。

b. 榫。是将木作中做榫眼的方法用于石作，利用在石底石面凿出的榫头与榫眼相互扣合，将高大的石峰立起来。这种方法多用来竖立单峰石，做成特制的石景。

c. 撑。又有称为戗的，是在重心不稳的山石下面用另外的山石加以支撑，使山石稳定，并在石下造成透洞。支撑石要与其上的山石连接成整体，要融入到整个山体结构中，而不要为支撑而支撑，不能显出支撑的人为性特点。

d. 接。山石之间竖向间衔接称为接。接既要善于利用天然山石的茬口，又要善于补救茬口不够吻合的所在，使上下茬口互咬；接口处在外观上要依皴连接，至少要分出横竖纹来，一般是同纹相接，在少数情况下，横竖纹也可相接。

e. 拼。在比较大的空间里，如果石材太小、单置体量不够时，可以将数块乃至数十块山石在竖向上拼成一整块山石，使山峰雄厚起来，这种叠石手法称为拼。

f. 贴。在直立大石的侧面附加一块小石，就是贴的叠山手法。这种手法主要为了使过于平直的大石石面形状有所变化，使大石形态更加自然，更加具有观赏性。

g. 背。在采用斜立式结构的峰石上部表面附加一块较小山石，使斜立峰石的形象更为生动，这种叠石手法称为背。

h. 肩。为了加强立峰的形象变化，在一些山峰微凸的肩部立起一块较小山石，使山峰的这一侧轮廓出现较大变化，这种叠石手法就是肩。

i. 挎。在山石外轮廓形状单调而缺乏凹凸变化的情况下，可以在立峰的肩部挎一山石，犹如人挎包一样。挎石要充分利用茬口咬压，或借上面山石的重力加以稳定，必要时要在受力处用钢丝或其他铁活辅助进行稳定。

j. 垂。山石从一个大石的顶部侧位倒挂下来，形成下垂的结构状态，称为垂。垂为侧垂，而悬为中悬。垂的说法往往能够造出一些险峻状态，因此多被用于立峰上部、悬崖顶上、假山洞口等处。

k. 悬。在下面是环孔或山洞的情况下，使某山石从洞顶悬吊下来，这种叠石手法称为悬。设置悬石，一定要将其牢固嵌入洞顶，若怕悬之不坚，也可在视线看不到的地方附加铁活稳固设施。

5）山石胶结与勾缝、抹缝处理。除了山洞以外，在假山内部叠石时，只要使石间缝隙填充饱满、胶结牢固即可，一般不需要进行缝口表面处理。但在假山表面或山洞的内壁砌筑山石时，却需要一面砌石一面勾缝，并对缝口进行表面处理。

山石之间的胶结，是保证假山牢固和能够维持假山一定造型状态的重要工序。假山石间胶结所用的结合材料在古代和现代是不同的。

在古代发明石灰之前已有假山的堆造，但其假山的构筑一般是以土带石，用泥土堆壅、填筑来固定山石，也有用刹垫法干砌、用素土泥浆湿浆砌石假山。到了宋代以后，假山结合材料主要以石灰为主。用石灰做胶结材料时，为了提高石灰的胶合性能与硬度，一般都要在石灰中加入一些辅助材料，配制成纸筋石灰、明矾石灰、桐油石灰和糯米浆拌石灰等。其中明矾石灰和糯米浆拌石灰凝固后硬度大、黏结牢固，是多数假山所使用的胶结材料；现代假山基本上是用水泥砂浆（水泥与粗沙的比为 1∶1.5～1∶2.5）或混合砂浆（在水泥砂浆中加入适量的石灰浆）来胶合山石。

山石胶结的主要技术要求：在胶结前，应当用竹刷刷洗并用水冲洗山石表面，以免石上的泥沙等影响胶结质量。水泥砂浆要现配现用，不能用隔夜后已有硬化现象的水泥砂浆砌筑山石，最好在两块山石的胶结面都涂上水泥砂浆后再相互贴合与胶结。两块山石相互贴合并支撑、捆扎固定好了，还要用水泥砂浆把胶合缝填满，不留空隙。

用水泥砂浆砌筑后，对于留在山体表面的胶合缝要给予抹缝处理。抹缝一般用“柳叶抹”为工具，再配合手持灰板和盛水泥砂浆的灰桶，就可以进行抹缝操作。抹缝时应使缝口的宽度尽量窄些，不要使水泥污染缝口周围的石面，尽量减少人工胶合痕迹。对于缝口太宽处，要用小石片塞进填平，并用水泥砂浆抹光。假山抹缝的缝口形式一般有平缝和阴缝 2 种（图 2—45）。

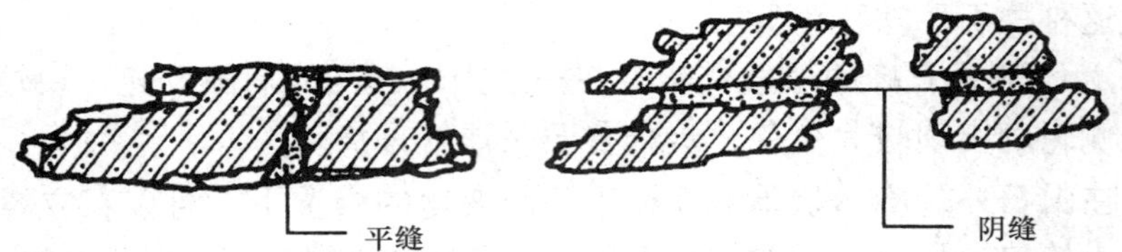

图 2—45　假山的抹缝形式

假山所用石材如果是灰色、青灰色山石，在抹缝完成后可以直接用扫帚等工具将缝口表面扫干净，这样同时也可使水泥缝口的抹光表面不再光滑，从而更加接近石面的质地。对用灰白色湖石做成的假山，为使色泽相近，要用灰白色的水泥砂浆抹缝。采用灰黑色山石砌筑的假山，可在抹缝的水泥砂浆中加入炭黑调制成灰黑色浆体后再抹缝。对于土黄色山石的抹缝，则应在水泥砂浆中加入柠檬铬黄。如果是用紫色、红色的山石砌筑假山，可以采用铁红把水泥砂浆调制成红色浆体再用来抹缝。

6）假山上的植物配植。假山抹缝以及缝口表面处理完成后，假山的造型、施工工作也就基本完成了。完成以上工序后，一般还应在假山上配种一些植物，通过植物来点缀、美化假山，营造山林环境和掩饰假山上的某些缺陷。在假山上栽种植物，应在假山山体设计中将种植穴的位置考虑在内，并在施工时预留下来。

假山上的种植穴形式很多，常见的有盆状、坑状、筒状、槽状、袋状等，可根据具体的假山局部环境和山石状况灵活地确定种植穴的形式。穴坑面积不用太大，只要

能够栽种中小型灌木即可。

假山上栽种的植物应选用植株高矮适中、叶片细小的品种，以便能够在对比中有助于小中见大效果的形成。假山植物应以灌木为主，一部分假山植物要具有一定的耐旱能力。在山脚下可以配植麦冬草、沿阶草等草丛，用茂密的草丛遮掩一部分山脚，可以增加山脚景观的表现力。在崖顶配植一些下垂的灌木（如迎春、蔷薇等），可以丰富崖顶的景观。在山洞洞口的一侧种一些植物半掩洞口，能够使山洞显得深不可测。

7）人工塑造山石。在现代园林中，有时为了取材的方便及其他需要（如为了塑造比较大的假山），常用人工方法塑石或塑山。人工塑山一般用钢筋混凝土、玻璃钢、有机树脂、GRC 假山材料等为原材料。人工塑造山石的优点是造型随意、体量可大可小，特别适用于施工条件受限制或屋顶花园结构受限制的地方，但缺点是寿命短、人工味较浓。

三、园林水景工程的施工

水是构成园林的重要因素。园林水景工程是城市园林中与用水造景相关的工程总称。一般来说，园林水景工程主要包括喷泉工程、室内水景工程、园林水体建造工程及岸坡工程等。水景工程和土建、管线安装、市政、给排水、电气等工程密切相关，专业性很强，在这里只对一般水景工程的设计与施工知识作一简单的介绍。

1. 喷泉工程

在园林动态水景中，喷泉是最常见的一种，常用于城市广场、公共建筑庭园、园林广场或园林小品。喷泉以其华丽的水声、活跃的氛围和动态、优美、花样繁多的水形，广泛应用于室内外空间中。

（1）喷泉的类别及结构形式。在现代园林中，喷泉有很多类型，大致可分为普通装饰性喷泉、与雕塑结合的喷泉、水雕塑、自控喷泉等类型。

喷泉的结构一般分 2 种，天然水源的喷水原理是在高处设贮水池，利用水位的高差自动喷水；人工喷泉则由管道系统（包括进水管和溢水管）、喷射系统（包括喷头、阀门、水泵等）、灯光照明系统和水池等部分组成。其水源有天然和人工水源 2 种，人工水源是通过自来水本身的压力或水泵的加压作用，将水送到喷头处喷出。

不同的环境、不同的园林主题，采用不同的给排水方式，常见的喷泉用水的给排水方式包括：由自来水直接给水后排掉，泵房加压给水后排掉，泵房加压、循环供水，潜水泵循环供水，高位水体供水等（图 2—46）。

（2）喷泉池的结构设计。对于大中型水池，最常采用的是现浇混凝土结构。为保证不漏水，宜采用防水混凝土。为防止裂缝，应适当配置钢筋。大型水池还应考虑设置伸缩缝、沉降缝，这些构造缝应设止水带，用柔性防漏材料填塞。水池与管沟、水

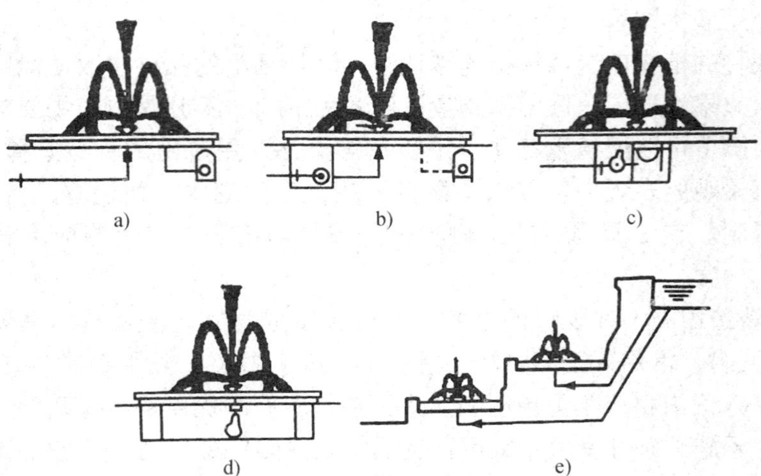

图 2—46 喷泉的给排水方式

a）小型喷泉供水 b）小喷泉加压供水 c）泵房循环供水

d）潜水泵循环供水 e）利用高位蓄水池供水

泵房等相连接处，也宜设沉降缝并同样进行防漏处理。

喷泉水池的池壁可采用花岗石、釉面砖贴面装饰，但要采用防水砂浆。

池底和池壁的构造做法，根据具体的设计各有不同（图 2—47、图 2—48）。

（3）喷泉施工注意事项。喷泉工程的施工程序，一般是先按照设计将喷泉池和地下水泵房修建起来，并在修建过程中同时进行必要的给排水主管道安装。待水池、泵房建好后，再安装各种喷水支管、喷头、水泵、控制器、阀门等，最后才接通水路，进行喷水试验及喷头、水形调整。除此之外，在整个施工过程中，还应注意以下问题：

1）喷水池的地基若比较松软，或者水池位于地下构筑物之上，则池底、池壁的做法应根据具体情况，进行力学计算之后再做出专门设计。

2）池底、池壁防水层的材料，宜选用防水效果较好的卷材。

3）水池的进水口、溢水口、泵坑等要设置在池内隐蔽的地方。泵坑的位置、穿管的位置宜靠近电源、水源。

4）在冬季冰冻地区，各种池底、池壁的做法要考虑冬季排水出池问题，水池的排水设施一定要便于人工控制。

5）池底应尽量采用干硬性混凝土，严格控制沙石中的含泥量，以保证施工质量，防止渗透。

6）较大水池的变形缝间距一般不宜大于 20 米。水池设变形缝应从池底、池壁一直沿整体断开。

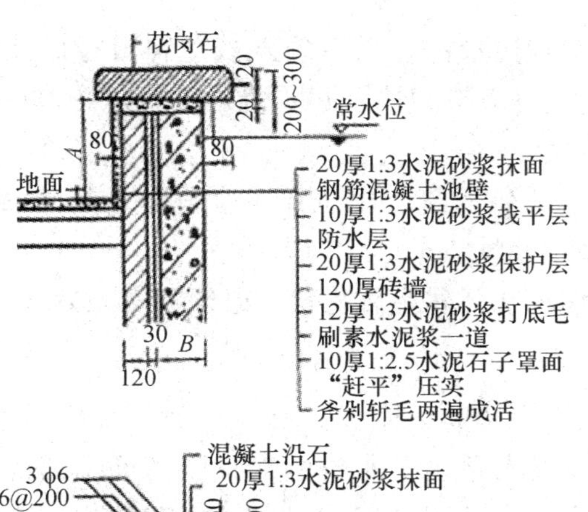

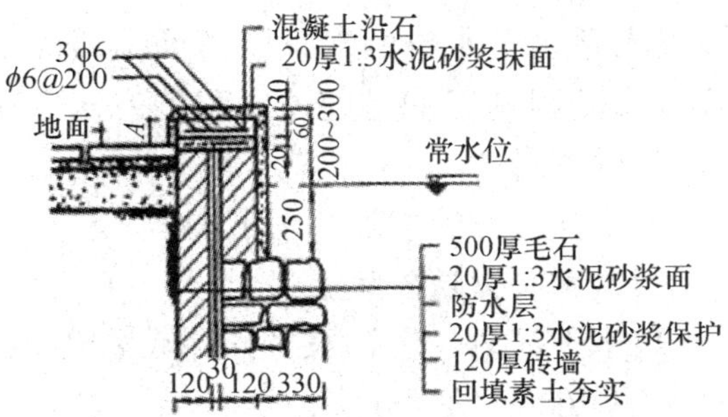

图 2—47 喷水池池壁及池底的构造（一）

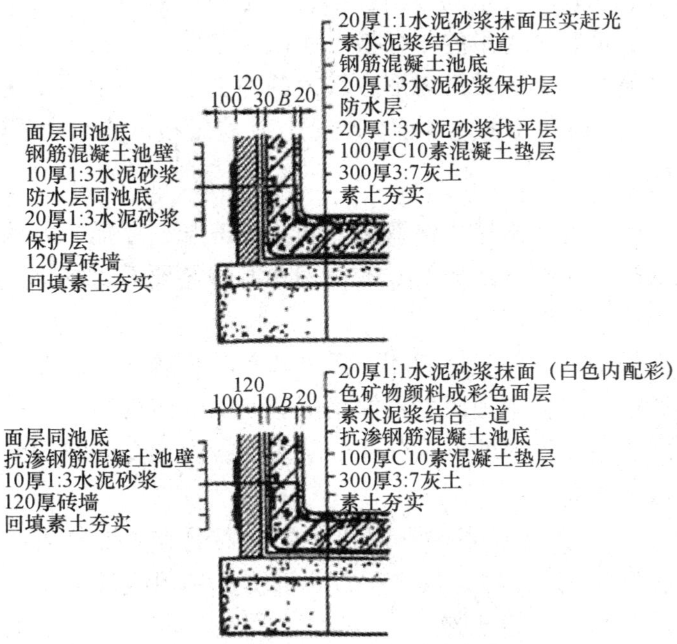

图 2—48 喷水池池壁及池底的构造（二）

7）变形缝止水带要选用成品，采用埋入式塑料或橡胶止水带。施工中浇注防水混凝土时，要控制水灰比在0.6以内。每层浇注均应从止水带开始，并应确保止水带位置准确，嵌接严密牢固。

8）施工中必须加强对变形缝、施工缝、预埋件、坑槽等薄弱部位的施工管理，保证防水层的整体性和连续性。

9）施工中所用预埋件和外露金属材料，必须认真做好防腐防锈处理。

2. 瀑布和跌水工程

在自然界中，从河床河横断面陡坡或悬崖处倾泻而下的水称为“瀑”，因遥望如布下垂，故称“瀑布”。瀑布是由于水位的突然跌落而造成的，水位相差不大的瀑布也称为“跌水”。瀑布和跌水工程施工就是通过人工的方法，在园林中做成仿天然的瀑布及跌水景观形式。具体做法有：

（1）乱石叠泉法。使泉水经过石的虚乱处发出响声。

（2）垂石隐泉法。远望泉水有欲断欲续之状。

（3）一泉三分法。当泉水下泻时，用石块将其分成数路下泻，落入深潭。奔泻时远望像匹练倒挂，近视则飞雾弥漫、寒气逼人。

瀑布四周宜种植松、柏、杉等种类常绿树，形成风过处水声合成天然节奏。

瀑布的施工方法和技术要求同假山工程，这里不再赘述。

园林的跌水工程是联水造景的一种技术手段。它使水流在上、下游较短距离内形成较大的落差，水流在一定的坡度内形成较大的冲击力。跌水可分为单级式和多级式2种。跌水由进口、胸墙和消力池3部分组成，其施工技术要点也同假山工程。

3. 岸坡工程

园林水景工程中，为了维持水体稳定，防止因冻胀、浮托、风浪的淘刷或超重荷载而导致的岸边塌陷，因园林造景及其他使用功能的需要而对水体边缘与陆地交界处所做的工程处理，称为岸坡工程。

在岸坡的设计施工中，要坚持实用、经济和美观相统一的原则，统筹考虑、相互兼顾，达到水体稳定、岸坡牢固、水景岸景协调统一的效果。

（1）岸坡的层段划分。岸坡一般分3个层段，各段所受破坏因素不同，采用的防护材料及设计坡度也不同。

1）水下层段。位于常水位下的一段，该层主要受水的渗透侧向水压，一般坡角较上部小，横斜坡度为1∶2～1∶4，1∶2的斜坡多采用粗沙或密实的沙质黏土，较缓的坡，可用细沙和黏土类的土壤。

2）淹没层段。位于常水位和洪水位之间，经常被周期性淹没。如为土坡岸，其坡度不应陡于1∶2，用块石护坡则不应陡于1∶1.5，如为整形石砌或钢筋混凝土岸

驳岸，因岸壁高度有限，允许做成垂直形。

3）不淹没层段。在洪水位以上，经常受波浪和风化等方面的破坏，另外水下面各段的岸坡被淘刷时，也会对其有影响，故该层的坡度宜采用 1∶1.5，如为整形石岸或钢筋混凝土岸可做成垂直形。

（2）岸坡的施工。水体岸坡的施工材料和施工做法，因岸坡的设计形式不同而有一定的差别。但在多数岸坡种类的施工中，也有一些共同要求，下面针对几种常见的水体岸坡施工情况，介绍一些基本工程做法和施工要点。

1）重力式岸坡施工做法

①混凝土重力式驳岸。目前常采用 C10 块石混凝土做驳岸墙体。施工中，要保证岸坡基础埋深在 80 厘米以上，混凝土捣制应连续作业，以减少两次浇注的混凝土之间留下缝隙。岸壁表面应尽量处理光滑，不可过于粗糙。

②块石砌重力式驳岸。用 M2.5 水泥砂浆做胶结材料，分层砌筑块石构成岸体，使块石紧密结合、整体性能良好。临水面的砌缝可用水泥砂浆抹成平缝，但有时为了美观好看，也可勾成凹缝或凸缝。

③砖砌重力式驳岸。用 MU7.5 标准砖和 M5 水泥砂浆砌筑而成，岸壁临水面用 1∶3 水泥砂浆粉面，还可在外表面用 1∶2 水泥砂浆加 3%防水粉做成防水抹面层。

2）干砌块石岸坡做法。这种岸坡一般采用直径在 300 毫米以上的块石砌成，砌筑上又可分为干砌和浆砌 2 种。干砌适用于斜坡式块石岸坡。一般采用接近土壤的自然坡，其坡度为 1∶1.5～1∶2，厚度为 25～30 厘米；基础为混凝土或浆砌石块，其厚为 300～400 毫米，需做在河底自然倾斜线的实土以下 500 毫米处，否则易坍塌。同时，在顶部可以压顶，用砌浆块石或素混凝土代之。浆砌块石岸坡的做法：尽量选用较大的石块，用 M2.5 水泥砂浆砌筑。为使岸坡整体性加强，常用混凝土压顶。

3）虎皮石岸坡施工。在背水面上铺宽 500 毫米的级配沙石带，以减少冬季冻土对岸坡的破坏。常水位以下部分用 M5 砂浆砌筑块石，外露部分应抹平。常水位以上部分用 M2.5 砂浆砌筑，外露部分应抹平，或常水位以上部分用块石混凝土浇灌，使岸体整体性能好，不易沉陷。岸顶用预制混凝土块压顶，向水面挑出 50 毫米。压顶混凝土块高出最高水位 300～400 毫米。岸壁斜坡坡度为 1∶10 左右，每隔 15 米设伸缩缝，用涂有防腐剂的木板嵌入，上砌虎皮石，用水泥砂浆勾缝。

4）自然山石驳岸施工。在常水位线以下的岸体部分，可按设计做成块石重力式挡土墙、砖砌重力式墙、干砌块石驳岸等。在常水位线上下，用 M2.5 的水泥砂浆砌自然山石做岸顶。砌筑山石的时候，要注意使山石的大小搭配，前后错落、高低起伏，使岸边轮廓线凹深凸浅、曲折变化。石块与石块之间的缝隙要用水泥砂浆填塞饱满，个别的缝隙也可用水泥砂浆抹成孔穴。山石表面留下的水泥砂浆缝口，可用同种山石的粉末敷在表面并按实，起到遮掩缝口的作用。待山石驳岸砌筑完成后，要将石块背后用泥土填实筑紧，使山石与岸土结合一体，然后种植花草植物或铺植草皮。

第七节　园林绿化工程验收规范

工程竣工后，施工单位应进行施工资料整理，做出技术总结，提供有关文件，提前一周向验收部门提请验收。验收时间、有关工程质量验收规定详见《城市绿化工程施工及验收规范》（CJJ/T 82—1999）、《公园设计规范》（CJJ48）、《建筑安装工程质量检验评定统一标准》（GBJ 301）等行业标准。

一、绿化工程的验收办法

园林绿化工程的施工环节较多，为了全面加强质量管理，做到预防为主、保证施工质量，在施工过程中必须加强施工材料及中间工序的验收。绿化工程的种植材料、种植土和肥料等，都应在种植前由施工人员按其规格、质量分批进行验收。

1. 绿化工程中间验收

绿化工程中间验收工序应符合下列规定：

(1) 种植植物的定点、放线应在挖穴（槽）前进行。

(2) 种植的穴（槽）应在未换种植土和施基肥前进行。

(3) 更换种植土和施肥，应在挖穴（槽）后进行。

(4) 草坪和花卉的整地，应在播种或花苗（含球根）种植前进行。

(5) 工程中间验收，应分别填写验收记录并签字。

2. 绿化工程竣工验收

绿化工程无论是承包施工或是单位自行施工，工程竣工后都要组织验收。验收分两步进行：第一步验收是否符合原设计要求；第二步验收在过了夏天后检查植物栽植成活率。成活率的计算公式为：

$$\text{成活率}=\frac{\text{成活植株数（发芽发叶的植株）}}{\text{定植总植株数}}\times 100\%$$

(1) 绿化工程竣工验收的要求

绿化工程竣工验收前，施工单位应提前一周向绿化质检部门提供下列有关文件：

1) 土壤及水质化验报告。

2) 工程中间验收记录。

3) 设计变更文件。

4) 竣工图和工程结算。

5) 外地购进苗木检验报告。

6) 附属设施用材合格证或试验报告。

7）施工总结报告。

（2）绿化工程竣工验收的时间

1）新种植的乔木、灌木、攀缘植物，在一个年生长周期满后方可验收。

2）地被植物应在当年成活后，郁闭度达到 80% 以上时进行验收。

3）花坛种植的一二年生花卉植物及观叶植物，应在种植 15 天后进行验收。

4）春季种植的宿根花卉、球根花卉，应在当年发芽出土后进行验收，秋季种植的则应在第二年春季花芽出土后验收。

（3）绿化工程质量验收规定

1）乔木、灌木的成活率应达到 95% 以上，珍贵树种和孤植树应保证成活。

2）强酸性土、强碱性土及干旱地区，各类树木成活率不应低于 85%。

3）花卉种植地应无杂草、无枯黄，各种花卉生长茂盛，种植成活率应达到 95%。

4）草坪无杂草、无枯黄，种植覆盖率应达到 95%。

5）绿地整洁，表面平整。

6）植物材料的整形修剪应符合设计要求。

7）绿地附属设施工程的质量验收应符合《建筑安装工程质量检验评定统一标准》（GBJ 301）的有关规定。

（4）绿化工程竣工验收单

绿化工程竣工验收后，应填报竣工验收单（表 2—27）。

表 2—27　　绿化工程竣工验收单

<table>
<tr><td colspan="2">工程名称</td><td></td><td colspan="2">工程地址</td><td></td></tr>
<tr><td colspan="3">绿地面积（平方米）</td><td colspan="3"></td></tr>
<tr><td>开工日期</td><td></td><td>竣工日期</td><td></td><td>验收日期</td><td></td></tr>
<tr><td colspan="2">树木成活率（%）</td><td colspan="4"></td></tr>
<tr><td colspan="2">花卉成活率（%）</td><td colspan="4"></td></tr>
<tr><td colspan="2">草地覆盖率（%）</td><td colspan="4"></td></tr>
<tr><td colspan="2">整洁及平整度</td><td colspan="4"></td></tr>
<tr><td colspan="2">整形修剪</td><td colspan="4"></td></tr>
<tr><td colspan="2">附属设施评定意见</td><td colspan="4"></td></tr>
<tr><td colspan="2">全部工程质量评定及结论</td><td colspan="4"></td></tr>
<tr><td colspan="2">验收意见</td><td colspan="4"></td></tr>
<tr><td colspan="2">施工单位</td><td colspan="2">建设单位</td><td colspan="2">绿化质检部门</td></tr>
<tr><td colspan="2">签字　公章</td><td colspan="2">签字　公章</td><td colspan="2">签字　公章</td></tr>
</table>

二、绿化工程的附属设施验收标准

各类园林绿地应根据气候特点、地形、土质、植物培植和管理条件，设置相应的附属设施。

1. 绿地的给水和喷灌的施工规定

(1) 给水管道的基础应坚实和密实，不得铺设在冻土和未经处理的松土上。

(2) 管道的套箍、接口应牢固、紧密，管道清洁不乱丝，对口间隙准确。

(3) 管道铺设应符合设计要求，铺设后必须进行水压试验。

(4) 管道的沟槽还土后应进行分层夯实。

2. 园林绿地排水管道施工规定

(1) 排水管道的坡度必须符合设计要求，管道标高偏差不应大于 ±10 毫米。

(2) 管道连接要求承插口或套箍接口平直，环形间隙应均匀，灰口应密实、饱满，抹带接口表面应平整，无间隙和裂缝、空鼓现象。

(3) 排水管道覆土深度应根据雨水井与接连管的坡度、冰冻深度和外部荷载确定，覆土深度不应小于 50 厘米。

(4) 园林绿地排水采用明沟排水时，明沟的沟底不得低于附近水体的高水位。采用收水井时，应选用卧泥井。

3. 园林绿地护栏施工规定

(1) 铁制护栏立柱混凝土墩的强度等级不得低于 C15，墩下素土应夯实。

(2) 墩台的预埋件位置应准确，焊接点应光滑牢固。

(3) 铁制护栏锈层应打磨干净，并刷防锈漆一遍，刷调和漆两遍。

4. 花池挡墙施工规定

(1) 花池挡墙地基下的素土应夯实。

(2) 花池地基埋设深度，北方应在冰冻层以下。

(3) 防潮层应采用 1∶2.5 水泥砂浆，内渗 5%防水粉，厚度为 20 毫米，压实。

(4) 清水砖砌花池挡墙，砖的抗压强度标号应大于或等于 MU7.5，应以 1∶2 的水泥砂浆勾缝。

(5) 花岗岩料石花池挡墙，水泥砂浆标号不应低于 M5，宜用 1∶2 的水泥砂浆勾凹缝，缝深 10 毫米。

(6) 混凝土预制或现浇花池挡墙，宜内配直径 6 毫米的钢筋，双向中距 200 毫米，混凝土强度等级不低于 C15，壁厚不小于 80 毫米。

实训三 园林种植综合施工

一、实训目的

通过园林种植综合施工实训，了解胸径8～10厘米的常绿乔木栽植、胸径8～10厘米的落叶乔木栽植、花灌木栽植等工艺流程及其技术要点。

二、实训材料及用具

常规园林树木栽植工具：锄头、铁锹、枝剪、卷尺、钢锯、草绳、水桶、软水管等；植物材料：按图纸规定的植物，或部分植物，或视实际情况而定。

三、实训要求

根据图纸、季节、植物品种、植物数量、植物规格、种植实地条件等制定实训方案，合理组织人、材料、机械及技术措施。注意及时进行理论和实践的总结，规范施工，灵活施工。

四、实训内容及方法

胸径8～10厘米的常绿乔木栽植、胸径8～10厘米的落叶乔木栽植、花灌木栽植施工前的准备、现场的准备、定点放线、苗木起挖、苗木运输、土壤改良、挖树坑、栽前修剪、栽植、绕干、立支撑、浇水、栽后养护管理。

五、实训成果

学生分组写出施工组织方案、施工日志。

实训四 庭院综合施工

本课题必须要建设校园实训基地，面积为1 000平方米左右。校园实训标准场地10米×10米，分组分块进行实训练习，按6～10位学生和一位实训指导老师的组合模式分组，并进行公司化管理模式操作。

一、实训目的

通过庭院综合施工实训，进一步掌握庭院施工程序和施工技巧，并进一步了解铺装结构的施工技术要点。

二、实训材料及用具

施工工具：木桩、皮尺、绳子、卷尺、夯实工具、铁锹、运输工具、橡胶锤等；施工材料：道牙石、灰土、过筛的粗沙、透水砖、细沙，或按图纸规定的建材，或视实际情况而定。

三、实训内容及方法

(1) 定点放线。

(2) 挖路基。

(3) 夯实路基。

(4) 铺基层灰土，并夯实。

(5) 安道牙石（注意用水泥砂浆固定）。

(6) 铺粗沙结合层（有条件最好自然沉淀2天）。

(7) 结合层找平。

(8) 铺面层（注意用橡胶锤敲打面层找平）。

(9) 粗沙扫缝。

四、实训成果

学生分组写出施工组织方案、施工日志。每位学生交庭院综合施工实训总结报告一份。

思考与练习

1. 园林绿化工程施工前的现场踏勘要求有什么人员参加？现场踏勘要了解哪些内容？

2. 何谓栽植？园林绿地栽植施工应遵循哪些原则？

3. 为什么说春季是我国大部分地区主要和较好的植树时期？相对来说，我国哪些地区春季植树较为不利？为什么？

4. 试列举出5种当地比较容易移栽成活且可以进行裸根移栽的树木。

5. 植树工程主要包括哪些施工工序？

6. 园林栽植地土壤改良的任务和目的是什么？为什么很多园林栽植地要进行土壤改良？

7. 成片绿地栽植施工的定点、放线有哪些方法？对范围较大、地势较为平坦的绿地常采用哪种方法？具体怎么操作？

8. 为保证苗木的高质量，挖苗前应做好哪些准备工作？

9. 裸根挖苗方法及其质量要求有哪些？

10. 带土球苗木挖苗方法及其质量要求有哪些？

11. 苗木种植前一般都要进行一定的修剪，乔木类的苗木在种植前的修剪应符合

哪些规定？

12. 试述裸根苗木的栽植操作方法。

13. 园林树木栽植的注意事项及其质量要求有哪些？

14. 试述散生竹的栽植技术要领。

15. 大树移栽前应做好哪些调查工作？

16. 何谓大树移栽的“多次移植法”和“回根法”？

17. 大树移栽建立的移栽记录表应记载哪些主要内容？

18. 何谓水生植物？根据水生植物的生长习性，可将水生植物分为哪几类？

19. 草坪建植场地的土壤改良方法有哪些？

20. 建植草坪的常用方法有哪些？

21. 试列举出 5 种适合用播种法繁殖草坪的草种。

22. 草坪播种常用的方法有哪些？

23. 何谓草坪种子混播技术？草坪混播应符合哪些规定？

24. 草皮铺栽常用的方法有哪些？

25. 什么是草坪植生带铺设法？采用草坪植生带铺设法建植草坪有什么优点？

26. 在园林绿化中，垂直绿化有何重要意义？垂直绿化常见的种植形式有哪些？

27. 试列举出 5～10 种本地区适合做附壁式垂直绿化的园林植物。

28. 试述附壁式、立柱式垂直绿化施工的主要技术要领。

29. 屋顶绿化有何意义？建植屋顶绿化应符合哪些基本条件？

30. 屋顶绿化的方式有哪些？选择屋顶绿化植物应注意哪些要求？试列举出 10 种常用做屋顶绿化的园林植物。

31. 试述测量学的概念、测量学的分类、高程的概念。

32. 试述地形图比例尺的种类和精度。

33. 等高线的特性是什么？

34. 土方量的计算方法是什么？

35. 园林土方施工的准备工作主要包括哪些内容？

36. 机械挖方常用机械有哪些？

37. 填方的一般要求有哪些？

38. 填方场地有哪些质量通病？预防措施有哪些？

39. 在园林绿地中，园路的主要功能与作用有哪些？

40. 按筑路的形式分，可将园路分为哪几类？

41. 园路工程施工主要包括哪些主要施工工序？

42. 水泥混凝土路面铺筑施工的技术要领有哪些？

43. 嵌草路面铺筑施工的技术要领有哪些？

44. 试述园林小品的分类和作用。
45. 在园林中，假山和置石的功能与作用有哪些?
46. 在园林中常用的湖石有哪些? 各有何特点?
47. 试述假山工程施工中对假山的施工定位与放线方法。
48. 假山的基础类型有哪些? 分别应用于何种类型的假山?
49. 假山山脚的施工包括哪几道工序?
50. 环透式结构与层叠式结构的假山有哪些共同常用的叠山手法?
51. 喷泉工程施工，在整个施工过程中应注意哪些问题?
52. 重力式岸坡的施工做法有哪些?
53. 绿化工程中间验收工序应符合哪些规定?
54. 绿化工程质量验收应符合哪些规定?
55. 绿化工程竣工验收的时间应符合哪些规定?
56. 花池、挡墙施工应符合哪些规定?

第三章　园林绿地养护管理

学习目标

◆了解园林绿地养护管理的质量标准、养护管理工作月历，熟练掌握园林树木的养护管理全过程及其质量要求

◆了解古树名木养护管理的意义及熟悉古树名木养护管理的全过程

◆熟练掌握草坪、花坛、垂直绿化及屋顶绿化的养护管理技术要领

◆熟练掌握园路及园林小品的养护管理技术要领

◆了解园林养护机械的组成及类型，见习养护绿化机械的操作

园林绿地养护管理是城市园林绿化管理的一项重要内容，是巩固绿化建设成果，尽快取得园林绿地绿化、美化效果的重要环节。严格来说，园林绿地的养护管理应该包括两方面的内容：一方面是养护，即根据不同园林植物的生长需要和特定要求，及时对植物采取施肥、中耕除草、修剪、防治病虫害等园艺技术措施；另一方面是管理，即对园林绿地进行看管、围护、清扫保洁等的园务管理工作及对园林场地、园林小品设施等的保养、修复。

第一节　园林绿地养护管理的质量标准

为了加强城市园林绿地养护管理，进一步提高园林绿化管理水平，使城市园林绿地养护管理工作逐步走上规范化、科学化管理的轨道，特此提出了城市园林绿地养护等级新的质量标准、技术措施和要求。

一、行道树养护管理质量标准

行道树的养护管理质量标准共分3级，即一级标准、二级标准、三级标准，最高标准为一级。

1. 一级标准

(1) 整条街道的行道树按规划要求种植，新栽树木的成活率在90%以上，保存率达85%以上。

(2) 行道树定干高度3.2米以上，主、侧枝分布均匀，树冠大小整齐一致，新栽行道树在栽后的3年内完成树冠的修剪工作。

（3）树形美观，树干挺直，无偏冠现象，每年按时进行夏季和冬季修剪，树冠通风透光度良好，无枯、死、病虫枝，无扰乱树形枝，无丛生纤弱枝，生长期间枝条不碰撞架空线，不影响路灯照明。

（4）及时中耕除草，珍贵树木冬季要施基肥，旱季浇透水，雨后根际无积水，树木周围的土壤疏松、湿润、无杂草，新栽树木在3年内每年能结合抗旱施薄肥2～3次。

（5）进行病虫害测报，及时防治、以防为主，树木生长茂盛，无明显病虫害症状。

2. 二级标准

（1）整条道路的行道树基本按规划要求栽植，新栽树木成活率达85%以上，保存率达80%以上。

（2）行道树定干高度3.2米以上，主、侧枝分布均匀。

（3）每年进行夏季和冬季修剪，树冠通风透光度良好，基本上无枯、死、病虫枝，树冠较美，基本无偏冠现象，树木风倒后及时扶正，无丛生纤弱枝，不会影响路灯照明。

（4）及时抗旱、排涝、松土、除草，根际部位雨后无明显积水。

（5）进行病虫害测报，及时防治病虫害，无明显病虫害枝。

3. 三级标准

（1）行道树基本按规划要求种植，新栽树木成活率达80%以上，保存率达75%以上。

（2）行道树定干高3米左右，主、侧枝分布较均匀，可有部分偏冠现象，能及时扶正风倒树。

（3）每年进行一次夏季修剪和冬季修剪，基本上无枯死枝，无丛生纤弱枝，生长期间树木基本不碰壁线。

（4）做好松土除草、抗旱排涝等工作。

（5）进行病虫害测报工作，及时防治病虫害，使用农药无明显药害。

二、绿地、游园的养护管理质量标准

根据绿地、游园所处位置的重要程度和养护管理水平的高低而将绿地、游园的养护管理分成不同等级。绿地、游园的养护管理质量标准共分4级，由高到低分为特级标准、一级标准、二级标准、三级标准，最高标准为特级。

1. 特级标准

（1）绿化养护技术措施完善，管理得当，植物配置科学合理，达到黄土不露天。

（2）园林植物

1）生长健壮。新建绿地各种植物 2 年内达到正常形态。

2）园林树木树冠完整美观，分枝点合适，枝条粗壮，无枯枝死杈；主、侧枝分布匀称，数量适宜，修剪科学合理；内膛不乱，通风透光。花灌木开花及时，株形丰满，花后修剪及时合理。绿篱、色块等修剪及时，枝叶茂密，整齐一致，整株树木造型雅观。行道树无缺株，绿地内无死树。

3）落叶树新梢生长健壮，叶片大小、颜色正常。在一般情况下，无黄叶、焦叶、卷叶，正常叶片保存率达 95% 以上。针叶树针叶宿存 3 年以上，结果枝条在 10% 以下。

4）花坛、花带轮廓清晰，整齐美观，色彩艳丽，无残缺，无残花败叶。

5）草坪及地被植物整齐，覆盖率达 99% 以上，草坪内无杂草。草坪绿色期：冷季型草不得少于 300 天，暖季型草不得少于 210 天。

6）病虫害控制及时，园林树木无蛀干害虫的活卵、活虫；在园林树木主干、主枝上平均每 100 平方厘米介壳虫的活虫数不得超过 1 头，较细枝条上平均每 30 平方厘米不得超过 2 头，且平均被害株数不得超过 1%。叶片上无虫粪、虫网。被虫咬的叶片每株不得超过 2%。

（3）垂直绿化应根据不同植物的攀缘特点，及时采取相应的牵引、设置网架等技术措施，视攀缘植物生长习性，覆盖率不得低于 90%。开花的攀缘植物应适时开花，且花繁色艳。

（4）绿地整洁，无杂物、白色污染（树挂），对绿化生产垃圾（如树枝、树叶、草屑等）、绿地内水面杂物，重点地区随产随清，其他地区日产日清，做到巡视保洁。

（5）栏杆、园路、桌椅、路灯、井盖和牌示等园林设施完整、安全，维护及时。

（6）绿地完整，无堆物、堆料、搭棚，树干上无钉拴刻画等现象。行道树下距树干 2 米范围内无堆物、堆料、圈栏或搭棚设摊等影响树木生长和养护管理的现象。

2. 一级标准

（1）绿化充分，植物配置合理，达到黄土不露天。

（2）园林植物

1）生长正常。新建绿地各种植物 3 年内达到正常形态。

2）叶子健壮

①叶色正常，叶大而肥厚，在正常的条件下不黄叶、不焦叶、不卷叶、不落叶，叶上无虫尿、虫网、灰尘。

②被啃咬的叶片最严重的每株在 5% 以下（包括 5%，以下同）。

3）枝、干健壮

①无明显枯枝、死杈，枝条粗壮，过冬前新梢木质化。

②无蛀干害虫的活卵活虫。

③介壳虫最严重处主枝干上 100 平方厘米 1 头活虫以下（包括 1 头，以下同），较细的枝条每尺长的一段在 5 头活虫以下（包括 5 头，以下同）；株数都在 2% 以下（包括 2%，以下同）。

④树冠完整，分枝点合适，主侧枝分布匀称和数量适宜，内膛不乱、通风透光。

4）措施。按一级技术措施要求认真进行养护。

5）行道树基本无缺株。

6）草坪覆盖率应基本达到 100%；草坪内杂草控制在 10% 以内；生长茂盛颜色正常，不枯黄；每年修剪暖地型 6 次以上，冷地型 15 次以上；无病虫害。

（3）行道树和绿地内无死树，树木修剪合理，树形美观，能及时很好地解决树木与电线、建筑物、交通等方面的矛盾。

（4）绿化生产垃圾（如树枝、树叶、草末等），重点地区路段能做到随产随清，其他地区和路段做到日产日清；绿地整洁，无砖石瓦块、筐和塑料袋等废弃物，并做到经常保洁。

（5）栏杆、园路、桌椅、井盖和牌示等园林设施完整，做到及时维护和油饰。

（6）无明显的人为损坏，绿地、草坪内无堆物堆料、搭棚或侵占等；行道树树干上无钉拴刻画的现象，树下距树干 2 米范围内无堆物堆料、搭棚设摊、圈栏等影响树木养护管理和生长的现象，2 米以内范围如有，应有保护措施。

3. 二级标准

（1）绿化比较充分，植物配置基本合理，基本达到黄土不露天。

（2）园林植物

1）生长势正常。新建绿地各种植物 4 年内达到正常形态。

2）叶子正常

①叶色、大小、薄厚正常。

②较严重黄叶、焦叶、卷叶、带虫尿虫网灰尘的株数在 2% 以下。

③被啃咬的叶片最严重的每株在 10% 以下。

3）枝、干正常

①无明显枯枝、死杈。

②有蛀干害虫的株数在 2% 以下（包括 2%，以下同）。

③介壳虫最严重处主枝主干每 100 平方厘米 2 头活虫以下，较细枝条每尺长一段在 10 头活虫以下；株数都在 4% 以下。

④树冠基本完整，主侧枝分布匀称，树冠通风透光。

4）措施。按二级技术措施要求认真进行养护。

5）行道树缺株在 1% 以下。

6）草坪覆盖率达 95% 以上；草坪内杂草控制在 20% 以内；生长和颜色正常，不

枯黄；每年修剪暖地型2次以上，冷地型10次以上；基本无病虫害。

(3) 行道树和绿地内无死树，树木修剪基本合理，树形美观，能较好地解决树木与电线、建筑物、交通等方面的矛盾。

(4) 绿化生产垃圾要做到日产日清，绿地内无明显的废弃物，能坚持在重大节日前进行突击清理。

(5) 栏杆、园路、桌椅、井盖和牌示等园林设施基本完整，基本做到及时维护和油饰。

(6) 无较重的人为损坏。对轻微或偶尔发生难以控制的人为损坏，能及时发现和处理，绿地、草坪内无堆物堆料、搭棚或侵占等；行道树树干无明显钉拴刻画现象，树下距树2米以内无影响树木养护管理的堆物堆料、搭棚、圈栏等。

4. 三级标准

(1) 绿化基本充分，植物配置一般，裸露土地不明显。

(2) 园林植物

1) 生长势基本正常

2) 叶子基本正常

①叶色基本正常。

②严重黄叶、焦叶、卷叶、带虫尿虫网灰尘的株数在10%以下。

③被啃咬的叶片最严重的每株在20%以下。

3) 枝、干基本正常

①无明显枯枝、死杈。

②有蛀干害虫的株数在10%以下。

③介壳虫最严重处主枝主干上每100平方厘米3头活虫以下，较细的枝条每尺长一段在15头活虫以下；株数都在6%以下。

④90%以上的树冠基本完整，有绿化效果。

4) 措施。按三级技术措施要求认真进行养护。

5) 行道树缺株在3%以下。

6) 草坪覆盖率达90%以上；草坪内杂草控制在30%以内；生长和颜色正常；每年修剪暖地型草1次以上，冷地型草6次以上。

(3) 行道树和绿地内无明显死树，树木修剪基本合理，能较好地解决树木与电线、建筑物、交通等方面的矛盾。

(4) 绿化生产垃圾，主要地区和路段做到日产日清，其他地区能坚持在重大节日前突击清理绿地内的废弃物。

(5) 栏杆、园路和井盖等园林设施比较完整，能进行维护和油饰。

(6) 对人为破坏能及时进行处理。绿地内无堆物堆料、搭棚侵占等，行道树树干上钉拴刻画现象较少，树下无堆放石灰等对树木有烧伤、毒害的物质，无搭棚设摊、围墙圈占树等。

三、草坪的养护管理质量标准

草坪的养护管理质量标准未分等级，达到下面质量要求即可达标：

（1）草坪草绿叶期较长且绿叶期基本一致、整齐。北方地区一般冷、暖季型草坪的绿叶期分别为 260 天和 150 天左右。

（2）草坪草的覆盖率达到 80%～90% 以上。

（3）草姿优美，外观上高度一致。

（4）色泽相近，整体为绿色，避免由于肥力不均而产生的黄绿相间。

（5）根、根茎、匍匐茎等固着能力较强，并具有较好的弹性。

（6）杂草数量不超过 5%。

（7）经常修剪，保持草坪高度不超过 10 厘米。

（8）叶部病害感病率低于 5%，很少有地下害虫和食叶性害虫发生。

（9）草坪有整齐的线条和明显的边界。

第二节　园林绿地植物养护管理工作月历

园林绿地植物养护管理工作要顺应植物生长规律和生物学特性及本地区的气候条件来进行。我国幅员辽阔，各地气候相差悬殊，同一季节各地的养护管理工作不尽相同，养护管理工作应根据本地区的情况而定。在一般情况下，气候相近的地区，其一年中每一季节、每一月份的主要养护管理工作具有一定的相同规律性。下面就我国华东地区、华北地区及东北地区的园林绿地植物养护管理工作月历介绍如下：

一、华东地区园林绿地植物养护管理工作月历

1. 一月

（1）进行园林树木、盆栽花卉等的整形修剪。

（2）进行一般园林树木的移栽工作，但寒潮、雨雪、冰冻天应暂停树木的挖、移、种。

（3）翻地冬耕，施足基肥。

（4）采集、储藏好硬枝插条，安排好吊扎盆景和挖掘树桩。

（5）剪除枯、残、病虫枝，彻底清除越冬的皮虫囊、刺蛾茧以及潜伏的越冬害虫。

（6）大量积肥、沤制堆肥，配制培养土。

（7）经常注意检查防寒设备、设施及苗木防寒包扎物，随时注意温室、温床的管

理。

2. 二月

(1) 继续进行园林树木的冬季整形修剪。

(2) 继续进行一般园林树木的移栽工作。

(3) 继续积肥和沤制堆肥，配制培养土，继续对各种落叶园林树木施冬肥。

(4) 完成硬枝扦插条的采集、剪截工作，并可对杨树、柳树、悬铃木等进行扦插。

(5) 完成育苗地的整理及施基肥工作。

(6) 继续剪除病虫枝，并注意观察病虫害的发生情况，温室注意灰霉软腐病、瓜叶白粉病的发生与防治。

(7) 注意做好温室、温床的通风、遮阴、防寒等工作。

3. 三月

(1) 植树节 (3 月 12 日) 应安排好义务植树活动，大量栽种树木、花草，做好爱护、保护绿化成果的宣传和教育工作。

(2) 做好苗木挖运工作，保证大规模植树所需苗木的供应，新栽树木要加强养护管理，保证成活。

(3) 全部完成育苗地的整地作畦工作，保证播种、扦插及移植苗木的顺利进行。对落叶树木 (特别是行道树) 的休眠期修剪必须在月底前结束。及时对各种园林植物进行扦插、播种、分株以及部分花木的嫁接等繁殖工作。

(4) 天气渐暖，许多病虫害即将发生，要维护修理好各种除虫防病器械并准备好药品。注意蚜虫、草履蚧的发生，做到及时防治。

(5) 经常注意温室、温床的通风等管理工作。

4. 四月

(1) 本月不再移栽落叶树木，要抓紧常绿树木的移栽工作。

(2) 加强新栽树木的养护管理工作。

(3) 做好树木的剥芽、修剪工作，随时除去多余的嫩芽和生长部位不当的枝条。

(4) 播种百日草、千日红、鸡冠花、万寿菊、一串红、半枝莲等草花。

(5) 做好盆栽、地栽花木的松土、除草、花前施肥等工作。每周应对宿根花卉、春播草花施薄肥。

(6) 抓好蚧虫、蜡虫、地老虎、蚜槽、蝼蛄等害虫及白粉病、锈病的防治工作。

5. 五月

(1) 对春季开花的灌木进行花后修剪和绿篱修剪，按技术操作要求，对行道树、庭园树进行剥芽修剪，对发生萌蘖的小苗根部随时修剪剥除。

(2) 继续加强新栽树木的养护管理工作，做好补苗、间苗、定苗工作，增施追肥，勤施薄肥。

(3) 本月天气渐高，病虫害大量危害树木花卉，应注意虫情的预测预报，做好防虫防病工作。

(4) 进行草坪轧剪工作，继续除去草坪中的杂草。

6. 六月

(1) 本月进入梅雨季节，气温高、湿度大，应抓紧进行补植和嫩枝扦插。

(2) 对花灌木进行花后修剪、施肥；对一些春播草花进行摘心；对行道树进行适当修剪，解除枝条与架空线路的矛盾。

(3) 继续除去杂草，对草坪进行轧剪。

(4) 做好病虫害的防治工作，本月着重防治袋蛾、刺蛾、毒蛾、尺蛾、龟蜡蚧等害虫和叶斑病、炭疽病、煤污病等病害。

7. 七月

(1) 本月天气炎热，杂草生长快，要继续中耕除草、疏松土壤。

(2) 袋蛾、刺蛾、天牛、龟蜡蚧、盾蚧、第二代吹棉蚧、螨类等害虫大量发生，应注意防治，同时要继续防治炭疽病、白粉病、叶斑病等病害。

(3) 伏天气温高、雨水少时要灌溉抗旱。本月又是暴雨较多的月份，要注意防涝。

(4) 本月进入台风、潮汛季节，要做好防台、防汛工作，经常检查，及时扶正风倒树木，及时修剪影响架空线路安全的枝条。

(5) 扦插苗遮阴、浇水，薄肥勤施。

8. 八月

(1) 继续中耕除草，疏松土壤。

(2) 继续做好防旱排涝工作，保证苗木的正常生长。

(3) 本月份苗木生长旺盛，要及时追施肥料，对小苗要薄肥勤施。

(4) 加强梅雨季节扦插的小苗管理。

(5) 继续做好防台风、防汛工作，发现风倒树木应及时扶正。

(6) 继续做好防治病虫害工作，要认真防治危害树木的主要害虫（袋蛾、第二代刺蛾、天牛、螨虫类等）及主要病害（白粉病、炭疽病、叶斑病等）。

9. 九月

(1) 继续抓好防害灭病工作，特别要经常检查蚜虫、木囊蛾等的发生情况，一经发现，立即防治。

(2) 继续进行中耕除草，除去草坪杂草，进行草坪轧剪，对绿篱等进行整形修

剪。

(3) 播种秋播花卉（如石竹、金鱼草、雏菊等），扦插月季、蔷薇等。

(4) 继续抓好病虫害的防治工作，特别要检查发生较多的蚜虫、袋蛾、刺蛾、褐斑病及花灌木煤污病等病虫害情况，及时防治。

(5) 对单位庭院、道路旁及公园绿地等处配置露地花卉，准备迎接国庆节。

10. 十月

(1) 分栽各种秋播花卉，继续扦插月季、香石竹等，嫁接月季、蔷薇等。

(2) 做好防治病虫害工作，消灭各种成虫和虫卵。

(3) 继续中耕除草。

(4) 苗木停止生长后，检查成活率，摸清家底，保证冬春绿化工作的顺利进行。

11. 十一月

(1) 本月可以移栽许多常绿树木和少数落叶树木。

(2) 进行冬季树木整形修剪，剪去病枝、枯枝、虫卵枝及竞争枝、过密枝等。修剪行道树，操作时要严格掌握操作规程和技术要求。

(3) 开始冬耕竹林，进行耕后施肥。

(4) 继续做好除害灭病工作，特别是除袋蛾囊、刺蛾茧等。

(5) 对温室进行消毒，做好温室花木进房前的病虫害防治工作。

(6) 做好防寒工作，对部分树木进行涂白，或用草绳包扎，或设风障。

(7) 采集、剪取、储藏扦插枝条。

(8) 进行冬翻，改良土壤。

12. 十二月

(1) 继续进行园林树木的整形修剪工作。

(2) 除雨、雪、冰冻天外，可以挖掘种植大部分落叶树。

(3) 大量积肥，冻耕翻地，改良土壤。

(4) 做好防寒保暖工作，随时检查温室、温床、覆盖物、包扎物等设备设施，发现问题要迅速采取措施。

(5) 继续抓好防治病虫害工作，剪除病虫枝、枯枝，消灭越冬病虫源，并结合冬季大扫除，搞好绿地卫生工作。

(6) 继续采取、剪取、储藏扦插枝条。

(7) 维修工具，保养机械设备。

二、华北地区园林绿地植物养护管理工作月历

1. 一月

(1) 进行树木的冬季修剪，处理剪、伐除的枯枝、死树及花卉的秸秆等，消灭枝上的各种病虫害。

(2) 对多年生观叶草本盆花进行扦插繁殖。

(3) 加强对蜡梅、茶花、杜鹃等花木开花前的管理，施以薄肥水，以利花蕾充实、开花艳丽。

(4) 对各类盆花进行细致的浇水、施肥、松土、通风、防治病虫害、倒盆、转盆等工作。

(5) 采收秋菊及其他草本盆花种子。

(6) 进行圃场管理。

(7) 检查巡视防寒设施的完好程度，发现破损的应立即修补。

(8) 总结去年工作，制定今年生产、养护计划。

2. 二月

(1) 继续进行冬季除虫工作，进行挖蛹、消灭成虫及虫卵、截止松毛虫上树等工作。

(2) 做好春季绿化的准备工作。

(3) 沤制堆肥。

(4) 利用木本花卉修剪下来的枝条进行扦插繁殖。

(5) 播种温室草本花卉，做好温室管理。

(6) 加强对已开花花卉的养护管理。

3. 三月

(1) 三月下旬土地解冻后，可开始进行部分园林树木的春季移栽工作。

(2) 防治病虫害。

(3) 给树木灌春水，以利树木发芽、开花。

(4) 中旬可进行秋播花卉的露地定植工作。

(5) 中旬可根据情况拆除防寒设施并集中收藏。

(6) 进行木本及草本花卉的扦插繁殖。

(7) 加强“五一”节用盆花的管理，应控制适当的温度，适当施肥水。

4. 四月

(1) 继续进行树木的春季移栽工作，在树木发芽前完成植树工程。

(2) 对树木等园林植物，特别是春花植物进行灌水、施肥，以促进其发芽、展

叶、开花。

(3) 修剪冬季及早春易干梢的树木，下旬对绿篱进行修剪。

(4) 继续拆除防寒设施。

(5) 防治病虫害。

(6) 上旬对一些珍贵的树木及花灌木补施基肥。

(7) 进行春播花卉的播种及管理。

5. 五月

(1) 及时对树木进行灌水，以保证树木抽枝长叶对水分的大量需求。

(2) 对春花植物进行花后修剪、更新，对新移栽的树木进行抹芽和除蘖。

(3) 进行中耕除草和及时追肥。

(4) 防治病虫害。

(5) 月底可对一些早期开放的秋播花卉进行采种。

(6) 播种一些喜高温的草花（如鸡冠花、半枝莲、波斯菊等）。

6. 六月

(1) 做好防风工作，防止暴风雨造成折枝、倒枝及伤人事故，对全面排涝措施进行检查检修，做好雨季排水的准备工作。

(2) 播种“十一”节用部分草花；更换已残败的花坛草花，以准备迎接“七一”。

(3) 树木灌水与施肥，保证肥水供应。

(4) 修剪树木，解决园林树木特别是行道树与架空线、交通等的矛盾，防止发生事故。

(5) 中耕除草。

(6) 防治病虫害。

(7) 修剪草坪及进行铺、栽草工作。

(8) 对秋播草花继续进行采种。

7. 七月

(1) 移栽常绿树和竹类植物，栽植工作尽可能赶在雨季前期。

(2) 雨季来临，要做好排水防涝工作，特别是要及时注意新移栽树木的排涝工作，对倒伏的树木应及时扶正、加固。

(3) 继续铺栽草坪。

(4) 修剪园林树木，抽稀树冠达到防风目的。

(5) 防治病虫害。

(6) 播种、扦插“十一”用花。

(7) 对秋播草花进行采种收尾工作。

(8) 修剪月季，促使其发新枝。

(9) 中耕除草。

8. 八月

(1) 继续做好排水防涝工作。

(2) 抓住合适的栽植时间，继续移栽常绿树木。

(3) 进行园林树木及草坪的修剪，做好绿篱的造型修剪工作。

(4) 继续进行中耕除草，及时修补、平整新植草坪，挑除杂草，保持草坪的高质量。

(5) 防治病虫害。

(6) 开始播种秋播草花，修整过高的草花。

(7) 月中修剪月季，控制其在“十一”期间开花。

9. 九月

(1) 迎接“十一”，全面整理绿地，挖掘死树、死苗，剪除干枯枝、病虫枝、残花，修剪草坪。

(2) 绿篱的整形修剪工作结束。

(3) 对园林树木进行中耕除草和施肥，对一些生长势弱、枝条不够充实的树木，应追施一些磷、钾肥。

(4) 防治病虫害。

(5) 完成秋播花卉及宿根花卉的播种工作。

(6) 雨水少时应对园林树木等浇秋水。

(7) 提出修理温室计划，为冬季使用温室做好准备工作。

10. 十月

(1) 做好秋季植树准备工作，对一些耐寒性较强的乡土树种可以进行移栽。

(2) 收集落叶积肥。

(3) 对冷季型草坪加强肥水管理，以保证其旺盛生长的需要。

(4) 对一些园林树木，于下旬灌冻水后，结合封堰进行树冠下松土，以利于保墒和树木过冬。

(5) 继续进行秋播露地草花的播种工作。

(6) 防治病虫害。

(7) 清扫圃地及花场、花境。将地面上的残枝烂叶清除干净，以免病虫蔓延。

(8) 加强温室管理，特别是做好对已开花品种的管理。

11. 十一月

(1) 落叶树木在树叶脱落后，可进行秋季移栽。

(2) 继续对园林树木进行灌冻水，要在上冻前灌完。

(3) 对新移栽树木、不耐寒的树木做好防寒措施，可采取主干涂白、根部堆土和搭风障等措施。

(4) 给园林树木深翻施基肥。

(5) 对宿根花卉、月季、牡丹等普遍浇一遍冻水。

(6) 做好温室管理。

(7) 防治病虫害，做好冬季除虫工作，消灭越冬虫卵、虫茧、蛹等。

12. 十二月

(1) 总结全年绿化施工养护工作情况，做好明年绿化施工养护的准备工作。

(2) 做好园林绿地植物的防寒工作。

(3) 进行园林树木的冬季修剪。

(4) 继续进行冬季除虫工作。

(5) 继续积肥。

(6) 加强园林机具维修和养护。

三、东北地区园林绿地植物养护管理工作月历

1. 一月

(1) 对园林树木进行冬季修剪。

(2) 进行冬季积肥，准备绿化所需的肥料、农药、器材和材料。

(3) 做好绿地植物的防寒工作。

(4) 清理草坪杂物。

(5) 防治病虫害，清除越冬害虫卵、蛹。

(6) 加强温室花卉管理，保证春节开花的花卉生长良好。

2. 二月

(1) 继续修剪行道树及其他园林树木，做好落叶绿篱的整形修剪工作。

(2) 继续做好绿地植物的防寒工作。

(3) 整理绿化场地，清除杂物，修整绿化养护工具、机械。

(4) 防治病虫害，继续清除越冬害虫卵、蛹。

(5) 继续对温室进行防寒等管理工作。

(6) 播种温室针叶树。

3. 三月

(1) 进行整地、翻、耙、施底肥等工作。

(2) 继续修剪园林树木。

(3) 下旬开始陆续拆除防寒设施。
(4) 防治病虫害。
(5) 做好春季植树准备工作。
(6) 进行温室花卉播种，继续做好温室管理。
(7) 清除草坪枯黄草叶。

4. 四月

(1) 进行播种、扦插、树木移栽、草坪铺种等工作。
(2) 继续拆除防寒设施。
(3) 进行绿地植物中耕松土、灌水、防除灾害等工作。
(4) 喷洒石硫合剂，对苗木进行防病处理。
(5) 进行花卉露地搭棚、播种工作。

5. 五月

(1) 继续做好苗圃地间苗、松土、灌水等管理工作。
(2) 对园林绿地植物施加追肥。
(3) 对无性繁殖的大苗进行摘芽处理。
(4) 加强对新移栽树木的养护管理，对乔木进行剥芽、去蘖、修剪、洗尘等工作。
(5) 防治病虫害。
(6) 铺栽草坪，对原有草坪进行修剪并清除杂物。
(7) 栽植露地草花，播种“十一”节用花卉。

6. 六月

(1) 继续进行中耕、除草、灌水、抹芽、间苗及追肥等工作。
(2) 调查各种树木的开花结实情况，安排采种计划。
(3) 检查和修整排水系统。
(4) 继续管护新移栽树木，清除枯死枝，检查成活情况。
(5) 防治病虫害。
(6) 继续铺栽草坪。
(7) 修剪绿篱，对行道树进行洗尘。
(8) 补植草花并进行追肥。

7. 七月

(1) 加强绿地中耕除草、灌水、追肥等工作。
(2) 加强病虫害的防治，并注意排水。
(3) 进行雨季树木的移栽，对紫穗槐、榆树、刺槐等树种进行雨季播种。

(4) 对园林树木进行修剪，清除枯枝、死杈。
(5) 清除草坪杂草并修剪草坪。
(6) 于雨季压绿肥并积肥。

8. 八月

(1) 继续除草及防治病虫害。
(2) 继续做好排水和防涝工作。
(3) 进行各种苗木的修枝工作。
(4) 修剪草坪。
(5) 雨季防汛，防止绿化植物受害。

9. 九月

(1) 开始采收种子，准备秋季育苗地。
(2) 防治树木病虫害，树木涂白。
(3) 修剪树木下垂枝、枯死枝。
(4) 修剪草坪，清除草坪杂物。
(5) 采收花卉花籽，清除花坛中的废物，繁殖盆花，菊花打杈。
(6) 检查、验收新栽树木的成活率。
(7) 进行“十一”花卉布置，准备花展。

10. 十月

(1) 做好苗木出圃、假植等工作。
(2) 做好不抗寒树种的防寒工作。
(3) 继续做好采收种子工作，进行菊花造型。
(4) 进行园林树木移栽。
(5) 进行越冬前的病虫害防治工作。

11. 十一月

(1) 进行园林树木冬季移栽。
(2) 继续采收种子，进行采条、采根、种条和种根的贮藏。
(3) 深翻绿化用地，促使土壤风化。
(4) 做好秋栽园林树木灌冻水、培土等防寒工作。

12. 十二月

(1) 做好绿地植物的防寒工作，对园林树木进行围草防寒。
(2) 结合全年绿化施工养护工作情况，做好明年绿化施工养护的准备工作。
(3) 进行园林树木的冬季修剪。

(4) 继续进行常绿树的冬季移栽。

(5) 检修绿化工具及机械。

第三节 园林树木的养护管理

园林树木养护管理主要包括道路、绿地、商业繁华地段及广场绿化地内乔木、花灌木等植物材料养护管理。养护管理工作要顺应植物材料的生长规律和生物学特性以及当地的气候条件来进行。

一、园林树木养护管理的主要内容

园林树木养护管理的主要内容包括灌溉与排水、中耕除草、施肥、病虫害防治、整形修剪等。根据园林树木不同的生长需要和特定要求，及时采取施肥、修剪、防治病虫害、浇水、中耕除草等养护技术措施。

1. 灌溉与排水

树木在整个生命过程中都不能离开水，同时各种树木对水分的需求又各不相同。有的喜欢湿，如生长在海湾低湿地的红树；有的喜欢湿润，耐水浸、怕干旱，如柳树、枫杨、桧柏等；有的稍耐干旱，如槐、臭椿、洋槐等；有的耐干旱，如侧柏等。此外，即使耐干旱的树种也都必须在一定的水分供应状态下生长。要使树木生长健壮，充分发挥园林树木的绿化、美化效果，首先就要满足它们对水分的不同需求。树木在整个生命过程中都不能缺水，缺水造成过旱会影响其生命活动；同时，水分又不能过多，否则会使树木遭受水涝危害。因此，根据实际情况对园林树木进行合理的灌水与排水，是园林树木养护管理的一项重要内容。

(1) 灌溉。生活在土壤上的树木，当土壤含水量适合树木吸收需要时，其生长得最好；相反，当土壤含水量很少，不足以满足树木吸收之需要，树木生长就差。树木短期水分亏缺，会造成“临时性萎蔫”，此时树叶表现为发蔫，一旦补充了水分，树叶又会恢复过来。树木长期缺水，超过所能忍耐的限度后，就会造成“永久性萎蔫”，即缺水死亡。树木生长所需要的水分，主要由根部从土壤中吸取，当土壤含水量不能满足树根的吸收量时，或在地上部分的水量消耗过大的情况下，都应设法人工供水，这种人工补充水分供应的措施，称为灌溉。

1) 灌水的顺序和时期。抗旱灌水往往受设备及人力的限制，必须分轻重缓急来进行。新栽的树木、小苗、灌木等因树根较浅、抗旱能力较差，需优先灌水；阔叶树树体蒸发量大，其需水量也大，也需优先灌水。

灌水时期由树木在一生中各个物候期对水分的要求、气候特点和土壤水分的变化规律等决定，除移栽定植时要浇大量的定根水外，灌水时期大体上可分为休眠期灌水

和生长期灌水 2 种。

①休眠期灌水。休眠期灌水一般在秋冬和早春进行。在我国东北、西北、华北等地，年降雨量较少，冬春又严寒干旱，在休眠期灌水非常必要。秋末或冬初的灌水（北京为 11 月上中旬）一般称为灌冻水或封冻水。冬季结冰，放出潜热有利于提高树木越冬能力，并可防止早春干旱，故在北方地区，此次灌水不可缺少。对于边缘树种、越冬困难的树种以及幼年树木等，浇冻水更为必要。

早春灌水，不仅有利于新梢和叶片的生长，还有利于树木开花与坐果，保证树木健壮生长、花果繁茂。

②生长期灌水。生长期灌水分为花前灌水、花后灌水和花芽分化期灌水等灌水时期。

a. 花前灌水。在北方一些容易出现早春干旱和风多雨少的地区，在花前及时灌水补充土壤水分的不足，是解决树木萌芽、开花、新梢生长和提高坐果率的有效措施。花前灌水同时还可以防止春寒、晚霜的危害。盐碱地区早春灌水后进行中耕还可以起到压碱的作用。花前水可在萌芽后结合花前追肥进行，灌水的具体时间依据不同地区、不同树种而异。

b. 花后灌水。多数树木花谢后的半个月左右是新梢迅速生长期，如果水分不足，则会抑制新梢生长。果树如果此时缺少水分则易引起大量落果。尤其北方各地春天风多，地面蒸发量大，适当灌水可以保持土壤适宜的湿度。前期可促进新梢和叶片生长，扩大同化面积，增强光合作用，提高坐果率和增大果实，同时，对后期的花芽分化有一定的良好作用。

c. 花芽分化期灌水。树木一般是在新梢生长缓慢或停止生长时，花芽开始形态分化。此时也是果实迅速生长期，树木需要较多的水分和养分，在此期若水分不足，会影响果实生长和花芽分化。因此，在新梢停止生长前及时、适量灌水，可促进春梢生长而抑制秋梢生长，有利于花芽分化和果实发育。

在我国南方，夏季高温季节久旱无雨时，易引起树叶发黄或早落，应注意灌水。对叶质纤细的树木（如羽毛枫），缺水时可于日落后、日出前进行叶面喷水。华北、西北地区，冬季少雪，春旱多风，雨季前应多灌水。

夏季为树木生长旺季，树木需水量很大。但中午阳光直射、天气炎热时，最好不要浇灌温度太低的冷水，因为中午土温正高，一灌冷水，土温突然下降，会造成根部吸水困难，引起生理干旱，甚至会出现临时萎蔫。夏季中午，叶面喷水也不好。冬季最好在中午灌水（因为中午时期水温与土温最为接近，可以减少水温对树木的刺激，有利于树木的生长）。

2）灌水量。给树木灌水应掌握灌水量。灌水量与树种、品种、土质、气候、植株大小和植株生长状况等因素有关。适宜的灌水量一般应以土壤最大持水量的 60%～

80%为标准。水量过少，多次灌水过浅，会使根趋于地表分布，且表土易干燥，起不到抗旱作用；相反，灌水量太大，多次大水漫灌，会使土壤板结、通气不良，影响树根生长，同时土壤中的肥料会随水流失，甚至在有些地方会由于水分过多的渗入而使深层的可溶性盐碱因蒸发而带到土面上来，造成土壤反碱，这样会长期影响树木生长（特别是在北方地势低洼之处，更要注意这个问题）。因此，灌水的方式最好采用小水灌透的原则，使水分缓慢地渗入到土中，有条件的可采用喷灌和滴灌技术。

由于各种树木的习性不同，即使同一树种在不同年龄、不同季节的需水量也不一样，同时不同气候、土壤条件也会使树木的需水量不同，因此必须根据树木生长的需要，因树、因地、因时制宜地合理灌溉，保证树木随时都有足够的水分供应。

3）灌水方法和质量要求。正确的灌水方式可使水分均匀分布，节约用水，减少土壤冲刷，保持土壤的良好结构，充分发挥水效。

园林树木灌水常用的水源有自来水、井水（包括土井、机井、压水井等）、河水、江水、池塘水以及生产、生活废水。井水、河水、江水、池塘水含有一定数量的有机质，是较好的灌溉用水。为了节约用水，也可利用经过化验确认不含有害、有毒物质的生产、生活废水作灌溉用。

①树木灌水的方法。树木灌水的方法很多，各地应根据实际情况来选用不同的方法。常用的灌水方法主要有人工浇水、地面灌水、地下灌水、空中灌水、滴灌等。

a. 人工浇水。人工浇水是指通过人工挑水的方式对树木进行灌水。人工挑水浇灌适用于离水源较远或其他浇水方法很难操作的地方的树木浇灌。浇水前要先松土，并做好 15～30 厘米深的穴（堰），以便灌水。

b. 地面灌水。地面灌水是效率较高的常用灌水方式，可灌溉大面积范围内的树木。地面灌水可充分利用井水、河水、江水、池塘水等水源，又可分为畦灌、沟灌、漫灌等。畦灌时先在树盘外做好畦埂，灌水应使水面与畦埂相齐。待水渗入后及时中耕松土。地面灌水的优点是不会破坏土壤的原有结构，并且方便进行机械化操作。但漫灌是大面积的表面灌水方式，用水很不经济，所以很少采用。

c. 地下灌水。地下灌水是利用埋设在地下的多孔管道输水。水从管道的孔眼中渗出，湿润管道周围的土壤。地下灌水的优点是节约用水，不易使土壤板结，便于耕作，但要求设备条件较高，在碱土中要注意避免“泛碱”。

d. 空中灌水。空中灌水又称喷灌，包括人工降雨及对树冠喷水等。人工降雨是灌溉机械化中比较先进的一种技术，但需要人工降雨机及输水管等全套设备。

e. 滴灌。滴灌是指用细水管引水到树根部，用自动定时装置控制水量和时间，保证水分定时逐滴地滴入树根。滴灌是最能节约用水的灌水方法，但需要一定的设备投资。

②树木灌水的质量要求。为了保证灌水能够真正满足树木生长的需要，同时达到

节约用水、合理用水的目的，对树木的灌水应有一定的质量要求：灌水堰应开在树冠投影的垂直线以下，不要开得太深，以免伤及树根；堰壁培土要紧实，以免伤根及被水冲坏；堰底地面要平坦，保证吃水均匀。水量足、灌得均匀是最基本的质量要求，若发现漏水，应及时用土填严再进行补灌。水渗透后及时封堰中耕，通过中耕、封堰可以切断土壤的毛细管，否则水分会很快就蒸发掉，影响灌水效果。此外，通过中耕还可以把堰内的杂草除净。夏季早晚进行灌溉，冬季可在中午前后进行。

(2) 排水。排水是防涝保树的主要措施。土壤水分过多、氧气不足，造成树木根系缺氧，会抑制树木根系的呼吸，减退树木的吸收机能，短期内会使树木生长不良，时间一长还会使树根窒息、腐烂死亡。同时，土壤内缺氧，会使土壤中的好气菌的活动受到抑制，影响有机质的分解而使根内积累酒精等有害物质，使蛋白质凝固。因此，对地势低洼处，在雨季期间要做好排水防涝工作，平时也要注意防止积水（特别是对耐水力差的树种)。常见的防涝排水方法有以下 3 种：

1) 明沟排水法。在园林绿地内及树旁纵横开浅沟，内外连通，并引至出口处(河、湖、下水道等)，以排除积水。这是园林中一般采用的排水方法，排水效果好的关键是做好全园的排水系统，使多余的水有一个总出口。明沟的宽窄视水情而定，沟底坡度一般以 2‰～5‰为宜。

2) 暗沟排水法。在地下埋设管道或用砖砌筑暗沟，将低洼处的积水引出。此法的优点是既可保持地面原貌，又便交通、节约用地，缺点是造价较高。

3) 地表径流法。在建设园林绿地时，将地面整成一定的坡度，以保证雨水能够从地面顺畅流到江、河、下水道而排走。这是园林绿地最常采用的排水方法。利用地面坡度排水，一般地面的坡度以 2‰～5‰为宜，要求不留坑洼死角。

2. 中耕除草

园林树木赖以生长的土壤常因浇水、降雨、人畜走动而板结，致使土壤中空气不足、透水不良，从而影响树木的根系发育与养分供应，因此需经常适时地进行中耕和松土。一般大乔木可以 2～3 年中耕松土 1 次（结合施肥)，小乔木及灌木宜隔年 1 次或一年 1 次。中耕的时间以秋冬树木休眠期为好，因为此时损伤部分根系对树木生长影响不大，同时有利土壤风化，消灭越冬病虫源。冬季中耕深度，大乔木一般深 20 厘米，中小乔木和灌木一般深 10 厘米左右。中耕范围以树冠垂直投影为限。夏季中耕深度宜浅，主要结合除草，疏松表土，减少蒸发，切忌损伤根系。

树基部附近如有杂草或树体上有蔓藤的缠绕，会影响到树体的正常生长发育，因此需要及时除草，以保证绿地整洁、树体健康，减少病虫源。在炎热的夏季，可将除下来的杂草覆盖在树干周围的土面上，既可降低辐射热，又可减少土壤水分蒸发。除草要掌握“除早、除小、除了”的原则。在风景区林下及斜坡上所生的野草只要不十分妨碍风景美观，应留下不予清除，以保持原野风情，并减少土壤冲刷。除草的方法有人工锄除和使用化学除草剂除草。

3. **施肥**

城市园林绿地土壤一般较为贫瘠，且在园林绿地中（特别是在城市街道、广场等处），为了保持绿地的整洁美观，往往把枯枝落叶等除尽，因此土壤普遍缺肥。这样树木在生长过程中，只消耗养分，而无补充养分的来源。如果不加以人工施肥，必然导致树木生长衰弱，易遭病虫害，严重的会使树木死亡。因此，必须经常施肥，以补充树木的营养。

树木在生长发育过程中，需要的养分多种多样，主要有碳、氢、氧、氮、磷、钾、钙、镁、铁、铜、硫、硼等。碳、氢、氧可以从空气中获得，镁、铁、铜、硫、硼等需要量极少（又称微量元素），一般在土壤中可以满足。而氮、磷、钾 3 种养分需要量大，土壤中含量不高，这 3 种养分又是树木生长发育所需的主要元素。其中氮是叶绿素、酶、生物碱等的组成部分，它的主要作用是促进植物营养器官的生长和生殖器官的形成。缺氮，树木生长发育表现为叶黄，花、果少，抗逆性差；氮素过多，会造成枝条徒长、组织幼嫩，延迟休眠，在秋末冬初易遭冻害。对观花、观果树木来说，氮素过多会造成落花、落果，并且果实不耐贮藏。磷肥充足时能使花果繁茂。缺磷时，叶片上常有红紫斑。树木需磷肥最高的时期是开花结实期。钾能促使茎干坚强。缺钾时，叶片顶端和边缘常变为褐色而枯死，易遭真菌危害。

(1) 园林树木施肥的特点。首先，园林树木是多年生植物，长期生长在同一地点，从肥料的种类来说应以有机肥为主，同时适当施用化学肥料。施肥方式以基肥为主，基肥与追肥兼施。其次，园林树木种类繁多、作用不一，观赏、防护及经济效用互不相同。因此，不同地方、不同的树木种类，其施肥的种类、用量和施肥方法等方面各有差异，各地应根据实际情况进行施用。

(2) 肥料的种类与施肥方法

1) 基肥。基肥以可供较长时期吸收利用的有机肥为主。如粪肥、厩肥、堆肥、绿肥、饼肥、树枝、落叶等。有机肥料的使用，一般是将肥料发酵腐熟后，按一定比例与细土均匀混合后埋施于树的根部，使其逐步分解，供树木吸收之需要。增施有机肥还可提高土壤空隙度，使土壤疏松，有利于土壤积雪保墒，防止冬春土壤干旱，并可以提高地温，减少根际冻害。

一般基肥的肥效较长，对多数园林树木来说，不必每年都施肥，可以根据需要隔几年施一次。冬季寒冷地区，基肥以秋季施用为好，因此时被施肥所伤之根容易愈合并促发新根。结合施基肥，如能再施入部分速效性化肥，则可有利于提高树木贮藏营养物质的水平，提高树体细胞液浓度，增加树木的越冬性，并为来年生长发育打好物质基础。若因劳力不足等因素的影响，在秋季无法施基肥时，也可于冻前施肥。冬季温暖地区，多习惯于冬春施肥。

树根有较强的趋肥性，为使树根向深、广处发展，施基肥时应适当深一些，不得浅于40厘米。施肥范围随树龄而定，幼青年至壮龄树，常施于树冠投影外缘部位，衰老树施在树冠投影范围内为宜。

施基肥常用的方法有以下3种：

①穴施法。在树冠垂直投影半径范围内，挖数个深约30厘米、直径20～40厘米的施肥穴（洞穴要分布均匀），挖好后将肥料倒入穴内，上面覆土适踩，使之与地面平。穴的分布以靠近树干部分少些、外缘多些为原则。穴施法施肥效果好，方便省工。

②环沟施法。沿树冠的正投影外缘画一圆圈，开挖深约30厘米、宽25～40厘米的环状沟，然后将肥料施入沟内，上面覆土适踩，使之与地面平。此法施肥养分不易损失、肥效大，但肥料与根接触面不大。

③辐射状施法。以树干为中心，距树干不远处开始，由浅而深向外挖（按半径方向挖）4～6条分布均匀呈辐射状的沟，沟长稍超过树冠正投影的外缘，然后将肥料施入沟内，上面覆土适踩，使之与地面平。此法于树根庞大而近地表不便用环沟施法时采用，可增加肥料与侧根的接触面。

在实际中，以上3种施肥方法最好轮流采用，以便相互取长补短，达到最好的效果。

2）追肥。在树木的生长季节，根据需要加施速效肥料促使树木生长的措施，称为追肥。园林树木施追肥，因城市环境卫生等原因，一般都用化肥或菌肥，不宜用粪肥等。若用粪肥等，则应于夜间开沟施埋。

施追肥常用的方法有以下3种：

①面施法。将根部表土疏松后，把肥料施于地表，让其自然渗入地下。这种施肥方法简单，但肥分易挥发，产生恶臭。而且磷钾肥易附于地表，不易被根系吸收，这种方法只适用于浅根性或下枝极低不便耕锄的树种。

②根施法。按适当的肥量，用穴施法将肥料埋于地表下10～20厘米处，然后灌水，或结合灌水将肥料施于灌水堰内，随水渗入，供树根吸收利用。

③根外追肥。又称叶面喷肥，是指将化肥制成溶液或粉末，用喷雾器或喷粉器喷洒于叶面，或用针注射于树干内。用喷粉法施肥最好在雨后或露水未干时喷射，以使养分溶于水，易于被叶片利用。

叶面喷肥简单易行，用肥量小，肥料发挥作用快，可及时满足树木的急需，并可避免某些肥料元素在土壤中的化学和生物固定作用，但叶面喷肥并不能代替土壤施肥，其肥效在转移上还有一定的局限性。

叶面喷肥一般喷后5分钟至2小时即可被树木叶片吸收利用，但吸收强度和速度则与叶龄、肥料成分、溶液浓度等有关。一般幼叶较老叶、叶背较叶面吸水快，吸收

率也高，所以在实际喷洒时一定要把叶背均匀喷到，使之有利于树木的吸收。

(3) 施肥的次数。施肥的次数因树木需要与可能条件（如肥源、劳力等情况）而异。一般新栽树木 1～3 年内施肥 1～3 次，除基肥外，有必要追肥 1～3 次。江南多在 5 月中旬至 8 月下旬追施入粪尿。观花树木应在花期前、后各追肥 1 次。

(4) 施肥时的注意事项

1) 施肥时，有机肥料要充分发酵、腐熟，化肥必须完全粉碎成粉状。

2) 施肥后（尤其是追施化肥后），必须及时适量灌水，使肥料渗入，以防止土壤溶液浓度过大对树根生长不利。

3) 根外追肥，最好在傍晚喷施。

4) 城市园林绿地施肥不同于农业及林业施肥，在选择确定施肥方法、肥料种类及施肥量时，都要考虑市容卫生、环保等方面的问题。

4. 病虫害防治

在园林绿地中，大多数的园林树木在其一生中都可能遭受病虫的危害。园林树木病虫害一旦发生，不仅会影响树木的正常生长，而且会影响整个绿化效果，降低园林树木的观赏价值和经济效益。因此，病虫害的防治是园林树木养护管理的一项重要内容。

由于城市热岛效应的影响，城市生态系统与城郊外生态系统的气候等因素变化有一定的差异。例如城市气温往往高出郊区 3℃左右，由此不仅会影响昆虫的生长速度，也可能会改变昆虫的生活周期。二氧化硫和氟化氢对蚜虫、介壳虫和粉虱等刺吸式口器害虫的繁殖有利，街道上的尘埃覆盖在行道树叶片上既影响光合作用，又阻碍寄生蜂在寄生植物体表的产卵活动。

园林树木病虫害的防治应以预防为主、综合治理为原则。经常注意预防工作，避免不应有的损失，同时还要掌握一定的防治病虫害的方法。

(1) 病虫害的预防。园林树木病虫害的防治，应从创造有利于树木生长发育的环境入手，通过养护管理，增强树体抗病虫害的能力和减少病虫害繁衍传播的条件。其主要措施有：

1) 适地适树，加强外来树苗的检疫。当地乡土树种一般适应性强，生长健壮，抗病虫能力强。对外来树苗，特别是来自严重病虫害区的苗木，必须严格检疫，病虫害严重的不能引进，较轻的可用氢氰酸及二硫化碳在密室熏蒸。进行树木配置时不要把共同病害的转生寄主栽在一起（如圆柏是梨锈病的寄主，圆柏与梨树不能栽在一起）。

2) 改善树体卫生环境条件。树林中的枯枝落叶，往往是病菌及虫害的潜伏场所，应及时进行清除烧毁。要经常注意将树冠内的过密枝、下垂枝、受伤枝、枯腐枝及生长衰弱无希望复原的枝条修剪除去，创造良好的生长发育条件，增加树体抗病虫能力，减少病虫滋生场所。

3）中耕除草。中耕除草可为树木创造良好的生长条件，增加抵抗能力，也可以消灭地下害虫。冬季中耕可以使潜伏在土中的害虫、病菌冻死。除草可以清除或破坏病菌害虫的潜伏场所。

4）肥水管理。改善树木的营养条件，增施磷、钾肥，使树木生长健壮，能提高树木的抗病虫能力，减少病虫害的发生。合理的灌溉对地下害虫具有驱除和杀灭作用，排水对喜湿性根病具有显著防治效果。

5）保护益鸟、益虫。在防治病虫害前，首先应运用生态平衡观念弄清哪些是益虫，哪些是害虫，这样才能有效地消灭害虫，保护益虫、益鸟。

(2) 病虫害的治理。病虫害刚开始发生就必须治，治要与防相结合。要想有效地防治病虫害，首先必须对病虫的生活史及生活习性有所了解，然后针对其弱点，有效地将其消灭。

病虫害治理的方法很多，归纳起来主要有物理机械治理法、生物治理法及化学治理法等方法。

1）物理机械治理法

①人工及机械方法。利用人工或简单的工具捕杀害虫和清除发病部分。如人工捕杀小地老虎幼虫，人工摘除病叶、剪除病枝等。

②诱杀害虫。很多夜间活动的昆虫具有趋光性，可以利用灯光诱杀。如黑光灯可以诱杀夜蛾类、螟蛾类、毒蛾类等 700 多种昆虫。有些昆虫对某些色彩有敏感性，可利用该昆虫喜欢的色彩胶带吊挂在树上进行诱杀。

2）生物治理法。利用生物来控制病虫害的方法。生物治理效果持久、经济、安全，是园林树木病虫害防治的一种重要方法。

①以菌治病。利用有益微生物和病原菌间的拮抗作用，或者利用某些微生物的代谢产物来达到抑制病原菌的生长发育甚至使病原菌死亡的方法。如 5406 菌肥（一种抗菌素）能防治某些真菌病、细菌病及花叶型病毒病等。

②以菌治虫。利用害虫的病原微生物使害虫感病致死的一种治理方法。害虫的病原微生物主要有真菌、细菌、病毒等。如青虫菌能有效防治柑橘凤蝶、刺蛾等，白僵菌可以防治鳞翅目、鞘刺目等昆虫。

③以虫治虫和以鸟治虫。利用捕食性或寄生性天敌昆虫和益鸟防治害虫的方法。例如，利用草岭捕食蚜虫，利用红点唇瓢虫捕食紫薇绒蚜、日本龟蜡蚜等。啄木鸟可食树干内害虫，黄鹂能食大量天蛾、枯叶蛾、天杜蛾等害虫，雀科的各种山雀可以食各种发育期的昆虫，莺科的鸟类能食大量蚜虫。

④生物工程。生物工程防治病虫害是防治领域一个新的研究方向，近年来已取得一定的进展。如将一种能使夜蛾产生致命毒素的基因导入植物根系附近生长的一些细

菌内，夜蛾吃根系的同时也会将带有该基因的细菌吃下，从而造成毒素致死。

3）化学治理法。化学治理是利用化学农药的毒性来防治病虫害的方法。化学治理的优点是具有较高的防治效力，收效快、急效性强、适用范围广，不受地区和季节的限制，使用方便。但化学防治也有不少缺点，如使用不当会引起植物药害和人畜中毒，长期使用会对环境造成污染，易引起病虫害的抗药性，易伤害天敌等。

利用化学农药防治病虫害的具体方法可参考园林植物保护课程内容。在游人常集中的园林绿地中，易引起人中毒的药品不能喷射。一般剧毒药品，在喷射时也应设立警戒区，以免游人中毒。

5. 整形修剪

修剪的定义，有广义和狭义之分。狭义的修剪是指对树木的某些器官（如枝、叶、花、果等）加以疏删或短截，以达到调节生长、促进开花结果的目的。广义的修剪还包括整形。所谓整形，指利用剪、锯、捆扎等手段，使树木长成栽培者所期望的特定树体结构形状的措施。在园林施工养护管理当中，习惯将二者称为整形修剪。

（1）园林树木整形修剪的目的和作用

1）促控生长、调整树势。园林树木在生长过程中，因环境不同而生长情况各异。生长在片林中的树木，由于接受上方光照，因此容易向高处生长，使主干高大、侧枝短小、树冠瘦长；相反，孤植树木，同一种树木、相同树龄，则树冠庞大，主干相对低矮。为了避免以上情况，可通过人工修剪来控制。同时，利用修剪可以剪掉地上部分不需要的枝条，使养分、水分供应更集中，有利于留下枝条及芽的生长。

通过修剪可以促进树木局部生长。由于枝条位置各异，枝条生长有强有弱，往往造成偏冠，极易倒伏，因此要及早修剪改变强枝先端方向、开张角度，使强枝处于平缓状态，以减弱生长或去强留弱。但修剪量不能过大，防止削弱树势。

对潜芽寿命长的衰老树或古树，适当重剪，结合施肥浇水，能促使潜芽萌发，使树木更新复壮。

2）培养、美化树形。一般来说，自然树形是美的，但从园林景点需要来说，单纯自然树形有时是不能满足要求的，必须通过人工修剪整形，使树木在自然美的基础上创造出人为干预后的自然与艺术融为一体的美。从树冠结构来说，经过人工修剪整形的树木，各级枝序、分布和排列会更科学、更合理，树形会更美观。

3）减少伤害。通过修剪可以减去生长位置不恰当的密生枝、徒长枝及带有病虫的枝条，以保证树冠内部通风透光，也可避免相互摩擦而造成的损伤。夏季多风雨，尤其沿海有台风侵袭的地区，为减少迎风面积，可以对树冠进行疏剪或短截，以免树木被风吹倒。

4）调节矛盾。在城市中，由于市政、建筑、电力及其他设施复杂，常与树木发生矛盾，尤其是行道树，上有架空线，下有管道、电缆等，地面有人流车辆等，要使

树枝上不挂电线、下不妨碍交通人流，主要靠修剪来解决。

5）促进开花、结果。正确修剪可使树体养分集中，使新梢生长充实，促进大部分短枝和辅养枝成为花果枝，形成较多的花芽，从而达到花多、果丰的目的。

（2）园林树木整形修剪的原则。在对园林树木进行整形修剪时，应根据以下原则进行：

1）根据园林绿化对树木的功能要求进行整形修剪。不同的绿化目的各有其特殊的整形修剪要求，而不同的整形修剪措施会造成不同的后果，因此，首先应明确规定园林绿化对该树木的要求。

2）根据树木的生物学特性进行整形修剪。树木的分枝方式不同，所形成的树体骨架不同，其树冠也就不同。对不同生长习性、不同类别的树木，应采取不同的整形修剪方法。很多呈尖塔形、圆锥形树冠的乔木（如钻天杨、毛白杨、圆柏、银杏等），顶芽的生长势特别强，形成明显的主干与主侧枝的从属关系，对这一类习性的树种就应采取保留中央干的整形方式；呈丛状树冠的桂花、栀子花、榆叶梅、海桐、黄杨等，可以整成圆球形等形状；喜光的观果树种如梅、橙、李、金橘等，为使其多结实，可采用自然多心形的整形方式；具有屈垂而开展习性的树种如龙爪槐、垂枝梅等，应采用盘扎主枝为水平圆盘状的方式，使树冠呈开展的伞形。萌芽力强的树种可多次修剪，萌芽力弱的则应少修剪或轻度修剪。

3）根据树木的年龄进行整形修剪。幼年期树木不宜强度修剪；成年期树木应配合其他管理措施来综合运用各种整形修剪方法，以达到调节均衡，保持树木的繁茂；衰老期树木为恢复其生长，可适当强剪，利用徒长枝以达到更新复壮的目的。

4）根据树木与环境的关系进行整形修剪。如行道树因为街道的走向、街道两旁的建筑、架空线等影响因素的不同，修剪的方式也会不同。孤植树与成片树木，其修剪的方式也不同。

（3）园林树木整形修剪的时期。园林树木的修剪工作随时都可以进行，一般分为休眠期修剪和生长期修剪。休眠期修剪一般于树木停止生长后、树液流动之前进行。对有伤流的树木的修剪应避开伤流期，抗寒力差的树木宜早春修剪，易流胶的树种（如桃树、槭树等）不宜在生长季修剪。生长期修剪还包括抹芽、摘心、除蘖、去残花、摘果等。

（4）园林树木整形修剪的形式。园林树木在园林绿地中担负着不同的功能任务，所以整形修剪的形式有所不同，概括起来可分为以下2种形式：

1）自然式整形修剪。在园林绿地中，各种树木都有一定的树形，一般来说，自然树形能体现园林的自然美。按照树木分枝习性，依树木自然生长形成的树冠为基础进行的整形修剪，称为自然式整形修剪。

自然式整形修剪最为普遍，施行起来亦最省工，而且最易获得良好的观赏效果。

自然式整形修剪的基本方法是利用各种修剪技术，按照树种本身的自然生长习性，对树冠的形状做辅助性的调整和促进，使之早日形成自然树形。对由于各种因素而产生的扰乱生长平衡、破坏树形的徒长枝、内膛枝、并生枝以及枯枝、病虫枝等，均应加以抑制或剪除，注意维护树冠的匀称完整。

自然式整形修剪是符合树种本身的生长发育习性的，因此常有促进树木生长良好、发育健壮的效果，并能充分发挥该树种的树形特点，提高观赏价值。

2）人工造型整形修剪。在园林绿化中，有时为了达到特殊的需要，可将树木修剪成各种规则的几何形体或是非规则的各种形体（如各种动物形体），称为人工造型整形修剪或人工形体式修剪。

造型修剪因不符合树木生长习性，需经常花费人工来维持，费时费工，非特殊需要尽量不用。我国最常见的人工造型整形修剪是绿篱的几何形体修剪。

除以上 2 种方法外，还有自然与人工混合式整形修剪的方式，即根据园林绿化的需要，对自然树形加以一定的人工改造而形成的树形。这种方法主要适用于干性弱或无主枝的一些树种。

(5) 园林树木整形修剪的技法。修剪的技法很多，归纳起来可分为截、疏、伤、变、除蘖等，具体应根据修剪的目的等来灵活应用。

1）截。截又称短截或短剪，即把一年生枝条的部分剪去，促进剪口下面的腋芽萌芽（注意剪口下面的腋芽应朝上，避免产生内向枝），抽发新梢，增加枝条数量，使树木更丰满。短截程度影响到枝条的生长，短截程度越高，对单枝的生长量刺激越大。根据短剪的程度可将其分为以下 5 种（图 3—1）：

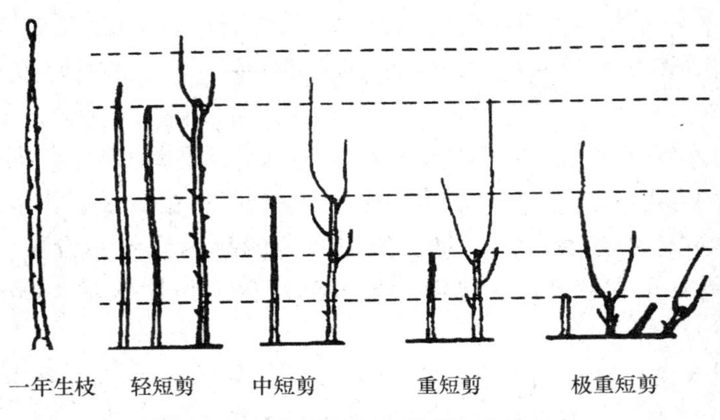

图 3—1 不同程度短剪新枝及其生长

①轻短剪。轻剪枝条的顶梢（一般剪去枝条全长的2/3～1/4），主要用于花果类树木强壮枝的修剪。轻短剪的目的是通过去掉顶梢刺激其下部多数饱满芽的萌发，从而分散枝条养分，促进产生多量中短枝，多形成花芽。

②中短剪。剪到枝条中部或中上部饱满芽处（剪去枝条的 1/3～1/2）。由于剪口芽强健壮实，养分相对集中，能刺激多发强旺的营养枝。中短剪主要用于某些弱枝复壮以及骨干枝和延长枝的培养。

③重短剪。剪到枝条下部半饱满芽处。由于剪掉枝条大部分（剪去枝条全长的 2/3～3/4），刺激作用大，一般能萌发强旺的营养枝。这种修剪主要用于弱树、老树、老弱枝的更新复壮。

④极重短剪。在春梢基部留 1～2 个瘪芽，其余剪去。由于剪口芽在基部，质量较差，一般萌发中短营养枝，个别也能萌发旺枝，故主要用于更新复壮。

⑤回缩修剪。又称缩剪，指将多年生枝条剪去一部分。回缩修剪可降低顶端优势的位置，改善光照条件，使多年生枝基部更新复壮。

在回缩修剪时往往因伤口影响下枝生长，需根据具体情况暂时留适当的保护桩，待母枝长粗后，再把桩疏掉。回缩修剪造成的伤口对母枝的削弱不明显的，可不留保护桩；延长枝回缩修剪时，伤口直径比剪口下第一枝粗时，必须留一段保护桩；疏除多年生的非骨干枝时，如果母枝长势不旺，并且伤口比剪口枝大，也应留保护桩。回缩修剪中央领导枝时，要选好剪口下的立枝方向。立枝方向与干一致时，新领导枝姿态自然（图 3—2a）；立枝方向与干不一致时，新领导枝的姿态就不自然（图 3—2b）。回缩修剪切口方向应与切口下枝条伸展方向一致（图 3—3、图 3—4）。

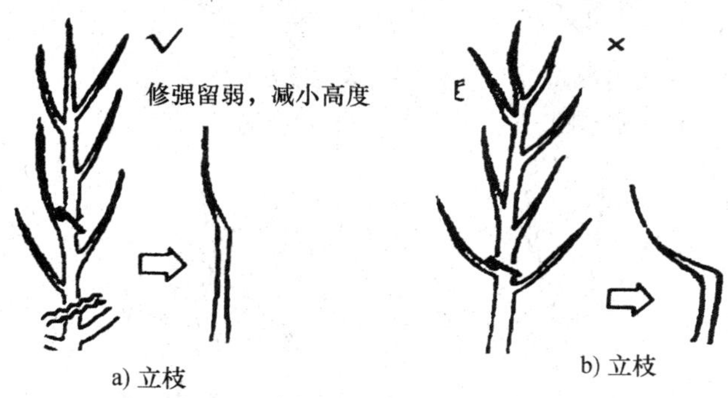

图 3—2 缩剪（一）

2）疏。又称疏剪或疏删，指将枝条自分生处（枝条基部）剪去。疏剪使分枝数减少，可调节枝条均匀分布，加大空间，改善通风透光条件，减少病虫害，有利于树冠内部枝条生长发育，有利于花芽分化、开花、结果。疏剪的对象主要是病虫害枝、伤残枝、内膛密生枝、枯老枝、并生竞争枝、徒长枝、过密的交叉枝、衰弱的下垂枝、根蘖条等（图 3—5 至图 3—7）。

依据疏剪强度可将疏剪分为轻疏（疏枝占全部枝条的 10%）、中疏（10%～20%）、重疏（20%以上）。疏剪强度依据树种、树木长势、树龄等而定。萌芽力强、

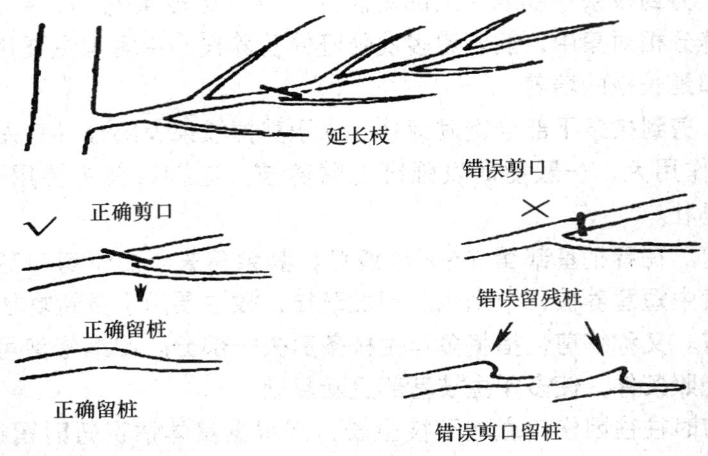

图 3—3　缩剪（二）

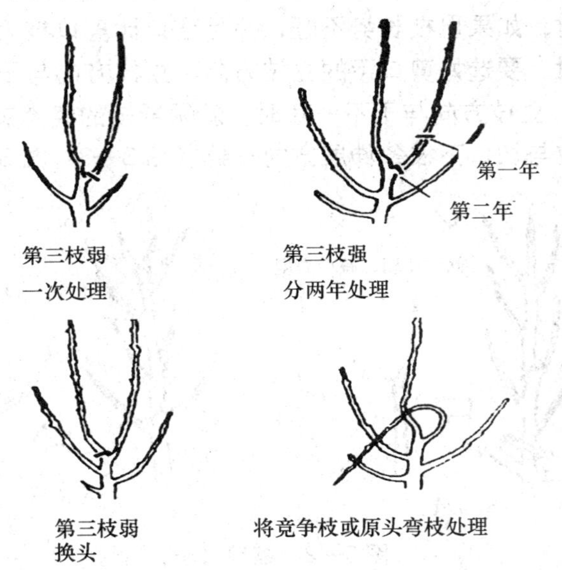

图 3—4　缩剪（三）

成枝力弱的或萌芽力、成枝力都弱的树种，应少疏枝。马尾松、雪松等枝条轮生，每年发枝数有限，尽量不疏枝。萌芽力、成枝力都强的树种，可多疏（如法桐）。幼树宜轻疏，以保证树冠能迅速扩大。成年树生长与开花进入盛期，枝条多，为调节生长与生殖关系，促进年年有花或结果，可适当中疏。衰老期树木，发枝力弱，为保持有足够的枝条组成树冠，疏剪时要小心，只能疏去必须要疏除的枝条。

大枝疏剪后，会削弱伤口以上枝条的长势，增强伤口下枝条长势，在操作当中可

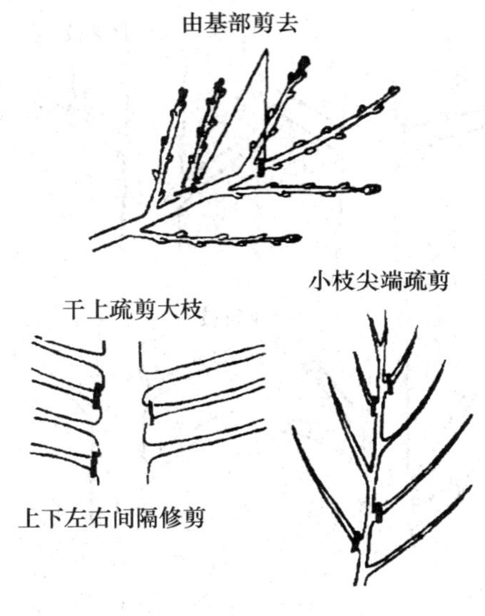

图 3—5 疏剪（一）

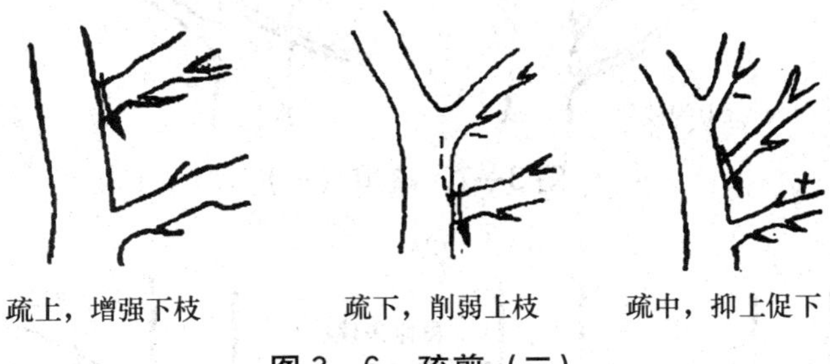

图 3—6 疏剪（二）

采取多疏枝的办法，达到削弱树势或缓和上强下弱树形的枝条长势。直径在 10 厘米以内的大枝，可离主干 10～15 厘米处锯掉，再将留下的锯口由上而下稍倾斜削正。锯直径 10 厘米以上的大树时，应首先从下方离主干 10 厘米处自下而上锯一浅伤口，再离此伤口 5 厘米处自上而下锯一小切口，然后再靠近树干处从上而下锯掉残桩，这样可避免锯到半途时因树枝的自重而撕裂造成伤口过大、不易愈合。为了避免雨水及细菌侵入伤口而导致糜烂，锯后还应用利刃将锯口修剪平整光滑，涂上消毒液或油性涂料（图 3—8 至图 3—10）。

3）伤。用各种方法破伤枝条，以达到缓和树势、削弱受伤枝条生长势的目的，如环状剥皮、刻伤、扭梢和折梢等。

①环状剥皮。在发育盛期对不太开花结果的枝条，用刀在枝干或枝条基部适当部位剥去一定宽度的环状树皮，在一段时期内可阻止枝梢碳水化合物向下输送，有利于

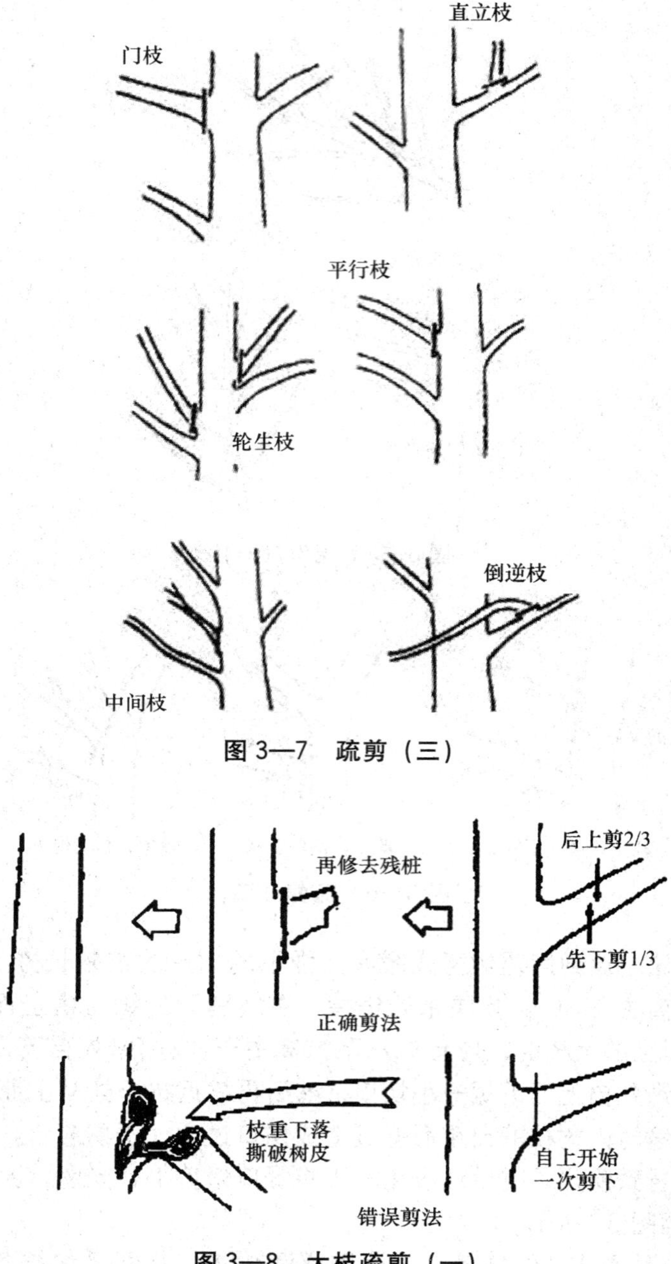

图 3—7 疏剪（三）

图 3—8 大枝疏剪（一）

环状剥皮上方枝条营养物质的积累和花芽的形成。但根系因营养物质减少，生长会受一定影响。环状剥皮深达木质部，剥皮宽度以一月内剥皮伤口能愈合为限（一般为枝粗的 1/10 左右）。弱枝不宜剥皮。

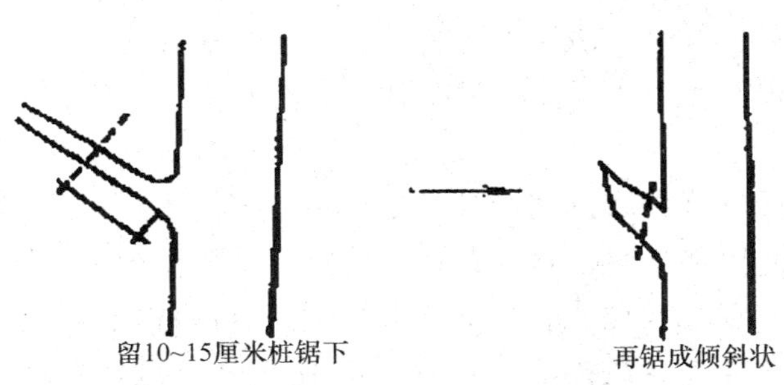

图 3—9　大枝疏剪（二）

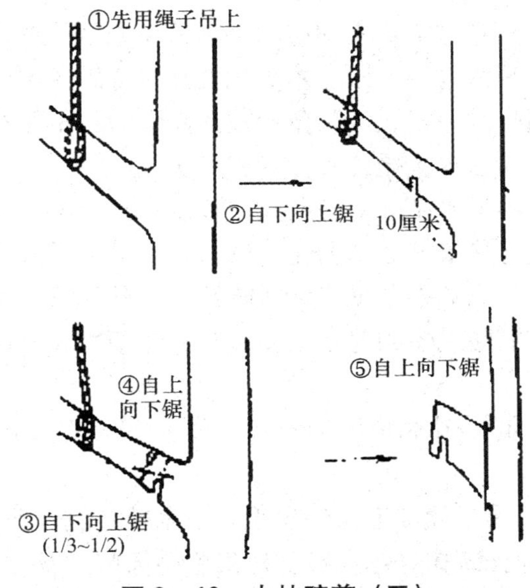

图 3—10　大枝疏剪（三）

②刻伤。用刀在芽的上方横切，深达木质部的做法称为刻伤。春季树木发芽前，在芽的上方刻伤，可暂时阻止部分根系贮存的养料向枝顶回流，使位于刻伤口下方的芽获得较为充足的养分，有利于芽的萌发和抽发新枝。刻伤越宽，效果越明显。如果生长盛期在芽的下方刻伤，可阻止碳水化合物向下输送，滞留在伤口芽的附近，同样能起到环状剥皮的效果。

③扭梢和折梢。在生长季节内，将生长过旺的枝条，特别是着生在枝背上的旺枝，在中上部将其扭曲下垂的方法称为扭梢。将新梢折伤而不折断则称为折梢。扭梢和折梢是伤骨不伤皮，目的是阻止水分、养分向生长点输送，削弱枝条长势，利于短花枝的形成。

4）变。改变枝条生长方向，缓和枝条生长势的方法称为变，如曲枝、拉枝、抬枝等。变的目的是改变枝条的生长方向和角度，使顶端优势加强或削弱。当直立生长的背上枝向下曲线呈拱形时，顶端优势减弱，枝条生长转缓。下垂枝因向地生长，顶端优势弱，枝条生长不良，为了使枝势转旺，可抬高枝条，使枝顶向上。

5）其他

①摘心。在生长季节，随新梢伸长，随时剪去其嫩梢顶尖的技术措施称为摘心。具体摘心的时间依据树种及摘心的目的要求而异，通常在梢长至适当长度时摘去先端4～8厘米。摘心可抑制新梢生长，使养分转移至芽、果或枝部，有利于花芽分化、果实的肥大或枝条的充实。通过摘心，可使摘心处1～2个腋芽受到刺激发生二次枝，根据需要二次枝还可以再进行摘心。

②剪梢。在生长季节，由于某些树木新梢未及时摘心，使枝条生长过旺、伸展过长，且又木质化。为调节观赏树木主侧枝的平衡关系以及调整观花、观果树木营养生长和生殖生长的关系，采取剪掉一段已木质化的新梢先端的措施，称为剪梢。

③除芽。为培养通直的主干，或防止主枝顶端竞争枝的发生，在修剪时将无用或有碍于骨干枝生长的芽除去的措施，称为除芽。

④除萌蘖。有些树种树木主干基部及大伤口附近经常会长出嫩枝，有碍树形，影响生长，应将其剪除。剪除最好在木质化前进行，也可用手直接将其掰掉。

⑤疏花、疏果。花蕾或幼果过多，会影响开花质量和坐果率（如月季、牡丹等）。为促使花朵硕大，常需摘除过多的花蕾。易落花的花灌木，一株上不宜保留较多的花朵，应及时疏花。

（6）修剪的程序。园林树木修剪的程序，概括起来可归纳为“一知、二看、三剪、四拿、五处理”。

1）一知。指修剪人员必须知道操作规程、技术规范及修剪的特殊要求。

2）二看。指修剪前先绕树仔细观察，对实施的修剪方法应心中有数。

3）三剪。一知二看以后，根据因地制宜、因树修剪的原则对树木进行合理的修剪。按由基到梢、由内及外、由粗剪到细剪的顺序来剪，先看好树冠的整体应修剪成何种形式，然后由主枝的基部自内向外逐步向上修剪，这样能避免差错和漏剪，既能保证修剪质量，又能提高修剪速度。

4）四拿。修剪下的枝条应及时拿掉，集中运走，保证环境整洁。

5）五处理。剪下的枝条，特别是病虫害枝条应及时处理，以免影响市容及防止病虫害蔓延。

（7）修剪注意事项

1）做好剪口及剪口芽的处理。为保证剪口的平滑，修剪树木所使用的工具应当锋利。剪口斜面上端与芽端相齐，下端与芽之腰部相齐。修剪时留哪个方向的芽应从树冠整形的要求来具体决定。一般来说，对呈垂直生长的主干或主枝，每年修剪其延长枝时，所选留的剪口芽的位置方向应与上年的剪口芽方向相反，这样可以保留主枝

延长生长不会偏离。

①平剪口。剪口在侧芽的上方呈近似水平状态，在侧芽的对面做缓倾斜面，其上端略高于芽 5～10 毫米。位于侧芽顶尖上方，优点是剪口小、易愈合，是观赏树木小枝修剪中较合理的方法（图 3—11、图 3—12）。

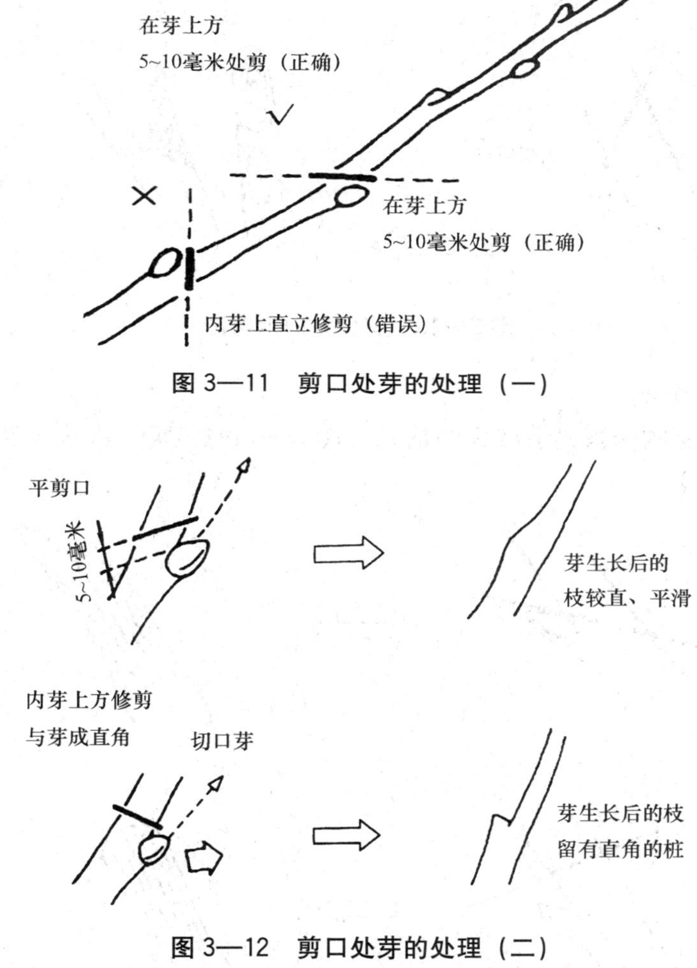

图 3—11　剪口处芽的处理（一）

图 3—12　剪口处芽的处理（二）

②留桩平剪口。剪口在侧芽上方呈近似水平状态，剪口至侧芽有一段残桩。优点是不影响剪口侧芽的萌发和伸展，缺点是剪口很难愈合。在第二年冬剪时，应剪去残桩（图 3—13）。

③大斜剪口。剪口倾斜过急，伤口过大，水分蒸发多，使剪口芽的养分供应受阻，故能抑制剪口芽的生长，促进下面一个芽的生长（图 3—13）。

④大侧枝剪口。切口采取平面反而容易凹进树干，影响愈合，故使切口稍凸呈馒

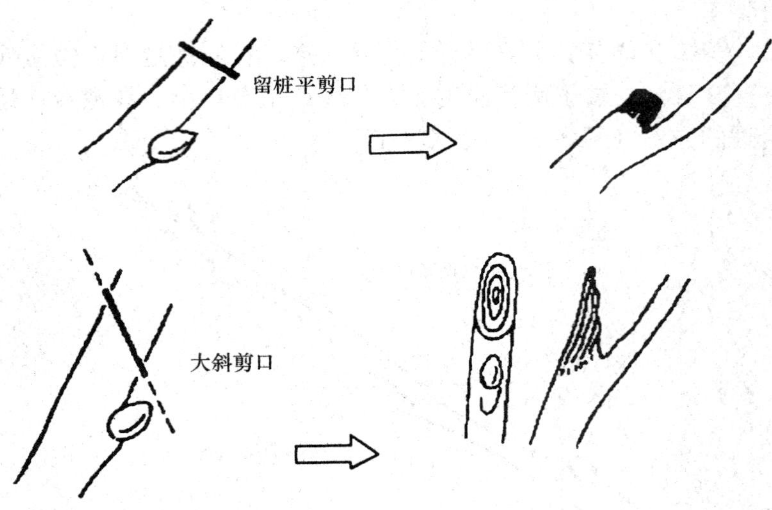

图 3—13　剪口方向示意图

头状，较有利于愈合。

剪口太靠近芽的修剪易造成芽的枯死（图 3—14a），剪口太远离芽的修剪易造成枯桩（图 3—14b）。

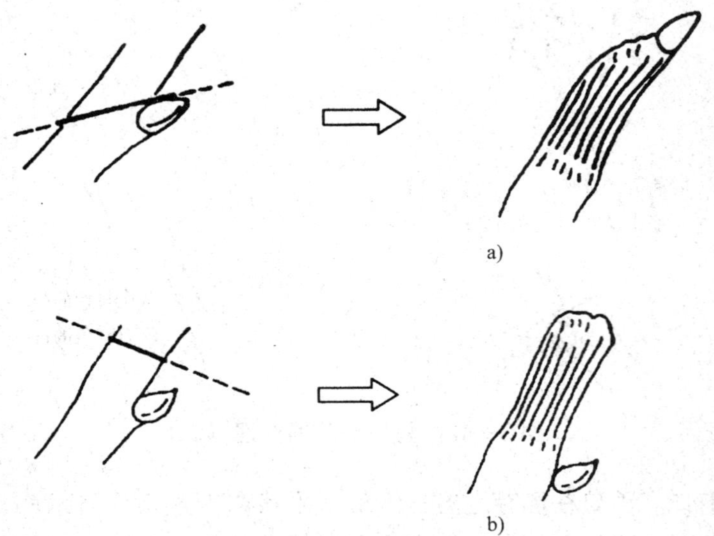

图 3—14　剪口与芽的距离

留芽的位置不同，未来新枝生长方向也各有不同，留上、下两枚芽时会产生向下、向上生长的新枝，留内外芽时会产生向内、向外生长的新枝（图 3—15）。

2）主枝或大骨干枝的分枝角度大小。应在修剪时剪除分枝角度过小的枝，而选

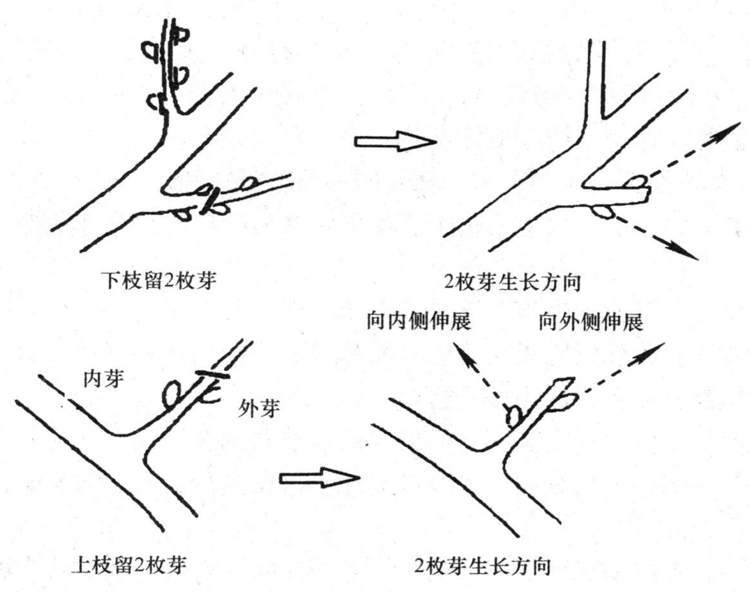

图 3—15　上、下枝留芽的生长方向

留分枝角度较大的作为下一级的骨干枝，对初形成树冠而分枝角度较小的大枝可用绳索将其拉开，或用两枝间夹木板等方法加以矫正（图 3—16）。

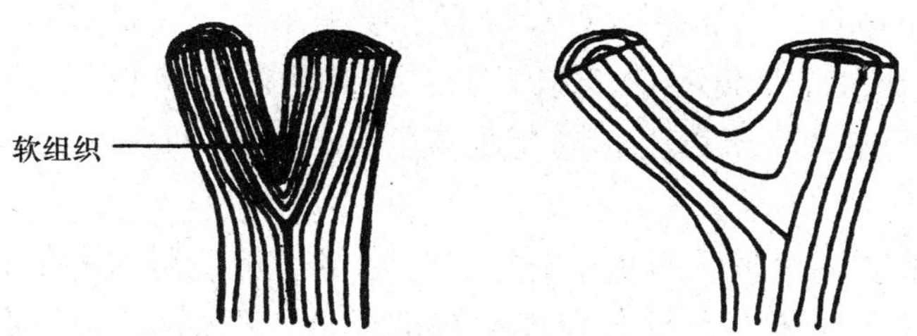

图 3—16　主枝或大枝角度大小的影响

（8）修剪的安全措施

1）作业时要思想集中，严禁嬉笑打闹，以免错剪。刮 5 级以上大风时，不宜上树修剪。

2）上树机械或折梯在使用前应检查各个部件是否灵活、牢固，有无松动，防止在使用过程中发生事故。

3）上树操作时必须系好安全带、安全绳，穿胶底鞋，手锯一定要拴绳套在手套上，以保证安全。

4）在行道树上进行修剪作业时，必须安排专人维护现场，树上树下要相互配合，以免剪下的枝条砸伤过往行人和车辆。

5）在高压线附近作业时，应该特别小心，避免触电，必要时应请供电部门配合。

6）上树修剪时，一棵树修剪完后，不准攀跳到另一棵树上，而应下树后重上。

7）几个人在同一棵树上操作时，应有专人指挥，注意协作配合，避免误伤同伴。

（9）各类园林用途树木的整形修剪

1）成片树林的修剪。对于有主干领导枝的树种要尽量保护中央领导干，出现双干现象（出现竞争枝）的，只选留一个。如果中央领导枝已枯死或折断，应于中央选一强的侧生嫩枝，扶直培养成新的领导枝。

要适时修剪主干下部侧生枝，逐步提高分枝点，使枝条能均匀分布在适合分枝点上，对于一些主干短、但树已长大不能再培养成独干的树木，也可把分生的主枝当主干培养，逐年提高分枝点，成为多干式。

对于松柏类树木的整形修剪，一般应采取自然式的整形。在大面积人工林中，常进行人工打枝，将树冠上生长衰弱的侧枝剪除。打枝多少，必须根据栽培目的及对树木生长的影响而定。

修剪过程中，应尽量保留林下的树木、地被和野生花草，增加野趣和幽深感。

2）庭荫树和行道树的整形修剪。一般来说，庭荫树和行道树对树冠不加以专门的整形而多采用自然树形。但有的由于特殊要求和风俗习惯等需要，也有采用人工形体式的。庭荫树的主干高度应与周围环境的要求相适应，一般无固定的规定，主要视树种的生长习性而定。行道树的生长环境复杂，常受到车辆、街道宽窄、建筑物高低、架空线、地下电缆、管道等的影响。为了便于车辆、人员通行，行道树的分枝点一定要在 2.5～3 米处，最低不能低于 2 米。要保证行道树的主枝呈斜上生长，下垂枝离地一定要保证在 2.5 米以上，防止刮车。同一街道两旁的行道树分枝点应当一致。

对于斜侧树冠，遇大风易有倒伏危险，应尽早重剪侧斜方向的枝条。对另一方应轻剪，使树冠能得以纠正。为解决与架空线的矛盾，行道树多采用杯状形整形修剪，即在分枝点上选留 3 个方向合适、与主干呈 45°的主枝，再在各主枝上选留 2 个二级枝，分数年完成。该种整形方式多适合于无主轴的树种。

庭荫树和行道树树冠与树高的比例大小，视树种及绿化要求而定。庭荫树等独栽树木的树冠以尽可能大些为宜，这样不仅能充分发挥其观赏效果，而且对于一些树干皮层较薄的种类，如七叶树、白皮松等，可以有防止日灼伤害干皮的作用。树冠以占树高 1/3～1/2 为宜。行道树的树冠高度以占树高的 1/3～1/2 为宜。

在没有架空线的道路上，行道树可选择有中央领导干的树种（如银杏、广玉兰等）。该种行道树除要求有一定分枝高度外，一般采用自然式树形。每年或隔年将病枯枝及扰乱树形的枝条剪除。

3）灌木类树木的整形修剪。灌木类树木按树种的生长发育习性，可分为以下 4

种整形修剪方法：

①先开花后发叶的灌木树种。可在春季开花后修剪老枝，使之保持理想的树形。对毛樱桃、榆叶梅等枝条稠密的树种，可适当疏剪弱枝、病枯枝，用重剪进行枝条的更新，用轻剪维持树形。对连翘、迎春等具有拱形枝的种类，可将老枝重剪，促进发生强壮的枝条，以充分发挥其树姿特点。

②花开于当年新梢的灌木树种。可在冬季或早春整形修剪（如八仙花、山梅花等可进行重剪使新梢强健）。月季、珍珠梅等可在生长季节中多次开花不绝的，除早春重剪老枝外，应在花后将新梢修剪，以便再次发枝开花。

③观叶及观枝条的灌木树种。应在冬季或早春施行重剪，使其能萌发更多的枝和叶。如红瑞木等耐寒的观枝植物，可在早春修剪，以便冬枝充分发挥观赏作用。

④萌芽力极强的种类或冬季易干梢的灌木树种。对这些树种（如胡枝子、荆条、醉鱼草等），可在冬季自地面割去，使其在来春重新萌发新枝。蔷薇、迎春、丁香、榆叶梅等灌木，在移栽定植后的头几年内任其自然生长，待株丛过密时再将丛内的主枝从基部疏掉 1/2，否则会因为通风透光不良而影响正常生长。

此外，对一些萌芽力弱的灌木（如蜡梅、扶桑、红背桂、月季、米兰、含笑等），可以利用其丛生枝集中着生在根茎部位的特性，将其修剪成小乔木状，以提高观赏价值。方法是在春季首先保留株丛中央的一根主枝，将周围的其他枝条从基部剪掉，等主枝先端的胶芽和根茎上的不定芽又长出许多侧枝后，仅保留主枝先端的 4 根侧枝，将下部的侧枝全部剪掉。随后在这 4 根侧枝上又会长出二级侧枝，与此同时，在主枝及主枝的基部还会萌发一些侧枝来，应当及时把它们剪除。这样一来。就可把一棵灌木树修剪成小乔木状，让花枝从侧枝上抽生而出。

4）绿篱的整形修剪。绿篱又称植篱、生篱。根据绿篱篱体的形状和整形修剪的程度，可将其分为自然式绿篱、半自然式绿篱及整形式绿篱 3 种：

①绿篱修剪的时期。绿篱移栽定植后，最好任其自然生长一年，以免因修剪过早而影响地下根系的自然正常生长。从第二年开始，再按照所确定的高度开始截顶。对超过规定高度的枝条，无论是老枝还是新梢，都应将其整齐剪除。若剪除过晚，不仅浪费树体营养物质，而且会因先端枝条的生长过快造成篱体下部空虚，无法形成稠密而丰厚的树丛。

绿篱在一年中的最合适修剪时期，主要根据树种来定。对常绿针叶树，因为新梢萌发较早，应在春末夏初完成第一次修剪，到盛夏时，多数常绿针叶树的生长已基本停止，转入组织充实阶段，这时的绿篱树形可以保持很长一段时间不修剪。立秋以后，如果肥水充足，会抽秋梢并开始旺盛生长，此时应进行第二次全面修剪，使株丛在秋冬季能保持规整的形态，同时使修剪伤口能在严冬到来前完全愈合，防止产生冻害。大多数阔叶树种，在生长期中新梢都在进行加长生长，只在盛夏季节生长较为缓

慢，因此，对此类绿篱树木，春、夏、秋3季都可根据需要进行修剪，而不规定具体修剪的时间。用花灌木栽植的绿篱（花篱）多为自然式或半自然式，因为观花的需要，一般不进行严格的规整式修剪，其修剪工作最好在花谢以后进行。这样既可防止大量结实和新梢徒长而消耗养分，又可促进花芽分化，为来年或下期开花做好准备。

对规则式绿篱的修剪，除按照栽培要求及树种特性来选好修剪时期外，为了始终保持理想树形，应随时根据它们的长势，把凸出于树丛之外的枝条剪除，不能任其自热生长，以满足绿篱造型的要求。

②绿篱的整形方式。无论是何种整形方式，修剪时除要按照设计和观赏要求进行外，还要保证通过修剪能使阳光照射到树木基部，使树木基部分枝茂密。因为任何类型的绿篱一旦下枝枯落，就会失去其使用功能及观赏价值。

a. 自然式绿篱。这种类型的绿篱一般不进行专门的整形，在栽培养护的过程中只进行一般的修剪，剪除老枝、枯枝、病虫枝等枝条。自然式绿篱多用于高篱或绿墙。一般小乔木在密植的情况下，如果不进行规则式的修剪，常可长成自然式绿篱。自然式绿篱因为栽植密度大，植株侧枝相互拥挤，不会过分杂乱无章，但应选择生长较慢、萌芽力弱的树种。

b. 半自然式绿篱。这种类型的绿篱虽不进行特殊整形，但在一般修剪中，除要剪除老枝、枯枝、病虫枝等外，还要使植篱保持一定的高度，基部分枝茂密，使绿篱呈半自然生长状态。

c. 整形式绿篱。整形式绿篱是通过人工修剪整枝，将篱体修剪成各种几何形体或装饰形体。整形式绿篱最普通的样式是标准水平式，即将绿篱的顶面剪成水平式样。此外，还有半圆球形、波浪式等。修剪的方法是在绿篱定植后，按规定的形状、高度与宽度及时剪除上下左右枝。修剪时最好不要使篱体上大下小，否则不但会给人头重脚轻的感觉，而且容易造成下部枝叶的枯死和脱落。在修剪中，经验丰富者随手剪去即能达到整齐美观的要求，不熟练的人员操作或造型复杂的，应先拉线绳定型，然后再以线为界进行修剪。对于粗大的主枝去掉的部分应低于外围侧枝，这样可促进侧枝生长，将粗大的剪口掩盖住。

③整形式绿篱的配置形式及断面形状。以整形式绿篱为例，按其配置形式及断面形状主要分为条带式、拱门式、伞形树冠式和雕塑式。

a. 条带式绿篱。该种绿篱在栽植方式上多采用直线形，也有因为需要而栽植成各种曲线或几何图形的。根据绿篱的断面形状，条带式绿篱有以下形式（图3—17）：

a）梯形。该种篱体上窄下宽，有利于基部侧枝的生长和发育，不会因为得不到阳光而枯死稀疏。篱体下部一般比上部宽15～20厘米，而且东西向的绿篱北侧基应更宽一些，以弥补光照的不足。

b）方形。该种篱体造型相对较为呆板，在有降雪的地区，顶端容易积雪受压、

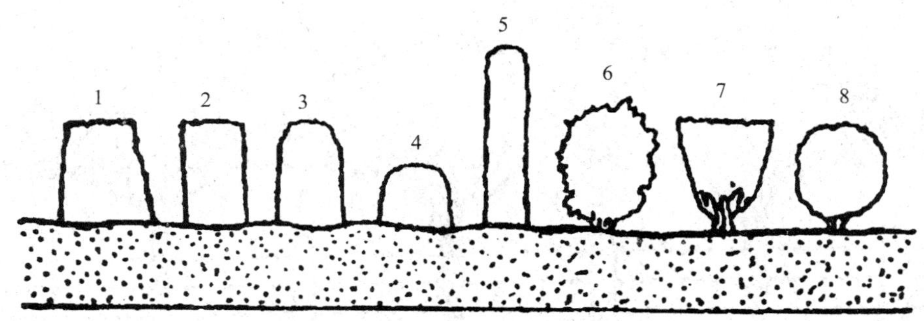

图 3—17　条带式绿篱篱体断面形状

1—梯形　2—方形　3，4—圆顶形　5—柱形　6—自然形　7—杯形　8—球形

变形，若管理不善，下部枝条容易因部分枯死而稀疏。

c）圆顶形。该种绿篱适合在降雪量大的地区使用，便于积雪向地面滑落，防止篱体被积雪压弯而变形。

d）柱形。该种绿篱需选用基部侧枝萌发力强的树种，要求中央主干能通直向上生长，不扭曲，多用做背景屏障或防护围堵。

e）杯形。该种绿篱造型虽然显得美观别致，但是由于上大下小，下部侧枝常因得不到充足的阳光而枯死，造成基部裸露不能抵抗雪压。

f）球形。该种绿篱造型适用于枝叶稠密、生长速度比较缓慢的常绿阔叶灌木，多呈单行栽植，株间应拉开一定距离，以一株为单位构成球形。

b. 拱门式绿篱。在园林绿地中，有时为了便于游人进入由绿篱所围绕的花坛或草坪中，可在适当的位置将绿篱断开，同时做成绿色的拱门，作为进入绿篱圈内的通道。该种绿篱既可使整个绿篱连成一片而不中断，又有较强的装饰作用。拱门式绿篱最简单的做法是在绿篱开口两侧各种植一株枝条柔软的乔木，两树之间保持 1.5～2 米的间距供人通过，然后将树梢相对弯曲并绑扎在一起，从而形成一个拱形门洞。制作门洞应在早春新梢抽生前进行。为了防止拱洞上的枝条偏斜，可先用木料或竹预制一个框架，再将枝条均匀地绑扎在框架上。用支架承托树冠，使其始终保持在一定的范围内。有支架的绿色拱门还可以用藤本植物制作。

无论是何种树种做成的绿色拱门，都应当经常进行修剪，从而防止新枝横生下垂而影响游人通行，同时还应始终保持其较薄的厚度，以防止因为内膛枝得不到充足的阳光而逐渐稀疏，从而露出支架，影响美观。

c. 伞形树冠式绿篱。该种绿篱多在庭院四周栅栏式围墙的内侧，其树形和常见的绿篱有很大不同，它要保留一段高于栅栏的光秃主干，让主枝从主干顶端横生而出，从而构成伞形或杯形树冠（图 3—18）。伞形树冠式绿篱在定植时要注意每株之间的株距和栅栏立柱的间距相等，同时要栽在两根立柱之间。

图 3—18　伞形树冠式绿篱示意图

伞形树冠式绿篱在养护过程中应经常修剪树冠顶端的凸出小枝，使半圆形树顶始终保持高矮一致和浑圆整齐。同时还要对树干萌芽枝进行经常性的修整，以防止滋生根蘖条和旁枝，扰乱树形。

d. 雕塑式绿篱。选择侧枝茂密、枝条柔软、叶片细小且极耐修剪的树种，通过扭曲和铅丝蟠扎等手段，按照一定的物体造型，用它们的主枝和侧枝构成骨架，然后将细小的侧枝通过线绳牵引等方法，使它们紧密抱合，或者直接按照仿造的物体进行细致修剪，从而剪成各种雕塑式形状（图 3—19）。

适合做雕塑式绿篱的树种主要有榕树、构骨、罗汉松、大叶黄杨、小叶黄杨、迎春、圆柏、侧柏、榆树、冬青、珊瑚树、女贞等。制作时可用几棵同树种、不同年龄的苗木拼凑。养护时要随时剪除凸出的新枝，才能始终保持整体的完美而不变形。

④老绿篱的更新复壮。由于绿篱的栽植密度都很大，所以不论怎样的精心修剪和养护，随着树龄的不断增长，都无法将树木控制在应有的高度和宽度之内，从而失去规整的篱体状态。

大部分用做绿篱的阔叶树种的萌发和再生能力都很强，当它们年老变形后，可以采用台刈或平茬的办法进行更新，不留主干或仅保留一段很矮的主干，将地上部分全部锯掉。台刈或平茬后的植株，具有强大的地下根系，因此萌发力特别强，可以在一年内长成绿篱的雏形，两年左右就能恢复成原有的规整式绿篱，此外，对阔叶树种绿篱，也可通过老干疏伐，逐年更新。

大部分常绿针叶树种的再生能力较弱，如果也采用以上平茬的办法，不仅起不到更新的作用，反而会将绿篱毁掉。对这类绿篱，可采用间伐的手段加大其株行距，使

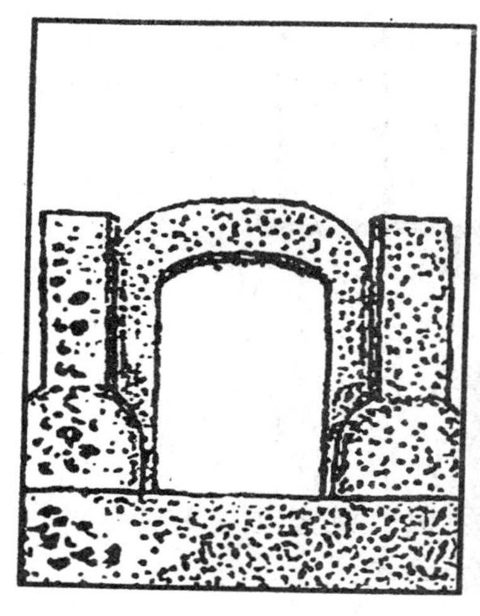

图 3—19　雕塑式绿篱示意图

它们自然长成非规整式绿篱，否则就应全部挖除，另栽新株，重新培养新绿篱。

5）藤本类树木的整形修剪。藤本类树木多用于垂直绿化或绿色棚架的制作。在自然风景区中，对藤本类树木很少加以整形修剪，在一般的园林绿地中则有以下 5 种整形修剪方式：

①棚架式。卷须类及缠绕类藤本植物多采用此方式。整形修剪时，先在近地面处重剪，促使植株发生数条强壮主蔓，然后垂直诱引主蔓于棚架之顶，均匀分布侧蔓，即可很快地成为荫棚。

在华北、东北地区，对不耐寒的树种（如葡萄），需每年下架，将病弱衰老枝剪除，均匀地选留结果母核，经盘卷扎缚后埋于土中，来年再去土上架。对耐寒的树种（如紫藤等）则不必下架埋土防寒，除隔数年将病老或过密枝疏剪外，一般不必年年修剪。

②凉廊式。常用卷须类、缠绕类藤本植物，也有用吸附类植物的。因凉廊有侧方格架，所以主蔓不宜过早诱引至廊顶，否则容易形成侧面空虚。

③篱垣式。常用卷须类、缠绕类藤本植物。操作方法是将侧蔓进行水平诱引，每年对侧枝进行短剪，形成整齐的篱垣形式。篱垣式又分为垂直（或倾斜）篱垣式或水平篱垣式（图 3—20），前者适用形成距离较短且较高的篱垣，后者适合于形成距离长且较低矮的篱垣。水平篱垣式依其水平分层次的多少又可分为二段式、三段式等。

④附壁式。多以吸附类藤本植物（如爬山虎、凌霄、扶芳藤、常春藤等）为材料，一般将植物的藤蔓引于墙面，藤蔓依靠吸盘或吸附根逐渐布满墙面。附壁式植物整形修剪时应注意使壁面基不被全面覆盖，蔓枝在壁面分布均匀，不互相重叠和交错。如分布得均匀，藤蔓一般可不剪。

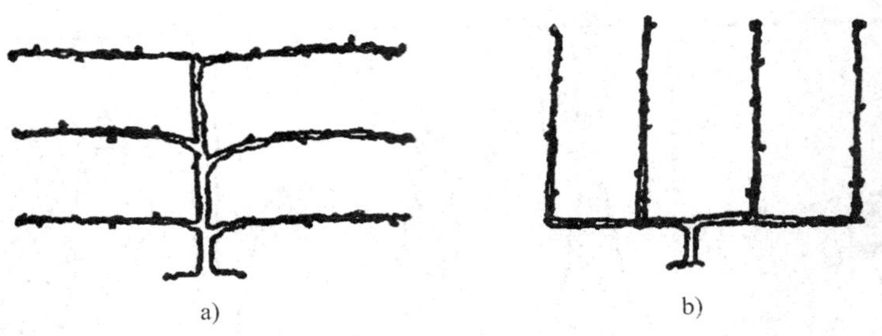

图 3—20 篱垣式藤本植物的修整形式

a）水平三段篱垣式 b）垂直篱垣式

⑤直立式。对于一些茎蔓粗壮的种类（如紫藤等），可以剪成直立灌木式或小乔木树形。此式如用于公园道路旁或草坪上，可以收到良好的效果。

二、园林树木的其他养护管理

我国是一个大国，一些地区为自然灾害的易发地区。园林树木所受自然灾害主要有风灾、冻害、高温干旱等。因此，防除自然灾害是园林树木其他养护管理的主要工作。

1. 防除自然灾害

(1) 防治风灾。夏秋季一般多强风，尤其是沿海地区常受台风侵袭，树木树枝常遭风折。有时潮汛、暴雨、台风等同时危害树木，大风过后风雨交加，雨水多。土壤潮湿松软，很容易造成树木被吹倒的现象。轻者影响树木生长，重者造成树木死亡，甚至还会造成人身伤亡和其他破坏事故。因此，在夏季多风季节到来之前，应采取一些防风措施，如修剪树冠、根部培土、支撑加固等。

1) 修剪树冠。对浅根性乔木或因土层浅薄、地下水位高而造成浅根的高大树木，以及迎风处树冠过于浓密的树木，应及时适当加以疏剪删枝，以利透风，减少负荷。对高处过长枝条和受蛀干害虫危害过的枝条，也应截除。

2) 根部培土。对一些栽植较浅的树木，应于根部培土，以加厚土层，增加树木抗倒伏能力。

3) 支撑加固。在易受风害的地方，特别是在台风和强热带风暴来临前，必要时可在树木的下风方向立木棍、竹竿、钢管或水泥柱等支撑物，在支撑物与树皮之间要垫一些柔软的垫层，以防擦伤树皮。

4) 选择抗风树种。易遭风害的地方应选择深根性、耐水湿、抗风力强的树种，如悬铃木、枫杨、无患子、香樟和枫香等。

(2) 防冻害。冻害是指树木受 0℃ 以下温度的伤害而使细胞和组织受伤，甚至死

亡的现象。

1）冻害的表现及原因

①芽。花芽是抗寒力较弱的器官，花芽冻害多发生在春季天气回暖时期，腋花芽较顶花芽的抗寒力强。花芽受冻后，内部变褐色。初期从表面上只看到芽鳞松散，不易鉴别，到后期则芽不萌发，干缩枯死。

②枝条。枝条的冻害与其成熟度有关。成熟的枝条，在休眠期以形成层最抗寒，皮层次之，而木质部、髓部最不抗寒。枝条随受冻程度加重，髓部、木质部先后变色，严重冻害时韧皮部才受伤，如果形成层变色则枝条就失去了恢复能力。枝条在生长期内则以形成层抗寒力最差。

幼树在秋季因雨水过多贪青徒长，枝条生长不充实，易加重冻害，特别是成熟不良的枝条先端对严寒更敏感，常先发生冻害，轻则髓部变色，较重者枝条脱水干缩，严重时枝条可能冻死。

多年生枝条发生冻害，常表现为树皮局部冻伤，受冻部分最初稍变色下陷，不易发斑，如果用刀挑开，可发现皮部已变褐，以后逐渐干枯死亡、皮部裂开和脱落，但如果形成层未受冻，则可逐渐恢复。

③枝杈和基角。枝杈和主枝基角部分进入休眠较晚，位置比较隐蔽，疏导组织发育不好，通过抗寒锻炼较迟，因此遇到低温或昼夜温差变化较大时，易引起冻害。

枝杈冻害有各种表现，有的受冻后皮层和形成层变褐色而干枝凹陷，有的树皮成块冻坏，有的顺主干垂直冻裂形成劈枝。主枝与树干的基越小，枝杈基角冻害也越严重。这些表现依冻害的程度和树种、品种的不同而不同。

④主干。主干受冻以后有的形成纵裂，一般称为“冻裂”现象，树皮成块状脱离木质部，或沿裂缝向外卷折。一般生长过旺的幼树主干易受冻害，冻害的伤口极易招致腐烂病。

形成冻裂的原因是由于气温急剧降到0℃以下，树皮迅速冷却收缩，致使主干组织内外张力不均，因而自外向内开裂，或树皮脱离木质部。树干冻裂常发生在夜间，随着气温的变暖，冻裂处又可逐渐愈合。

⑤根颈和根系。在一年中根颈停止生长最迟，进入休眠期最晚，而开始活动和解除休眠又较早，因此在温度突然下降的情况下，根颈未能很好地通过抗寒锻炼，同时近地表处温度变化又剧烈，因而容易引起根颈的冻害。根颈受冻后树皮先变色，以后干枯，可发生在局部，也可能呈环状，根颈冻害对树木危害很大。

根系无休眠期，所以根系较地上部分耐寒能力差。但根系在越冬时活动力明显减弱，故抗寒力较生长期略强。根系受冻后变褐，皮部易与木质部分离。一般粗根较细根耐寒力强，近地面的粗根由于地温低，较下层根系易受冻，新栽的树或幼树因根系小而浅，易受冻害，而大树则相对抗寒。

2）防止冻害常用的措施。在园林养护管理中，防止树木遭受冻害主要有以下技术措施：

①适地适树。因地制宜地选种抗寒力较强的树种、品种，这是减少低温冻害的根本措施。乡土树种和经过栽培驯化的外来树种或品种，已经适应了当地的气候条件，其有较强的抗寒能力，是园林绿化中主要的树种。在一般情况下，对低温敏感的树种，应栽植在通气、排水性能良好的土壤上，以促进根系生长，提高树木耐低温的能力。同时注意栽植防护林和设置风障，改善小气候条件，预防和减轻冻害。

②加强栽培管理。加强栽培管理（尤其是生长后期管理）有助于树体内营养物质的储备。经验证明，春季加强肥水管理，合理运用灌溉和施肥技术，可以促进新梢生长和叶片增大，提高光合效能，增加营养物质的积累，保证树体健壮；后期控制灌水，及早排涝，适量施用磷、钾肥，可促进枝条及早结束生长，有利于组织充实，延长营养物质积累的时间，提高木质化程度，增加抗寒性。正确地松土施肥，不但可以增加根量，而且可以促进根系深扎，有利于减少根系低温伤害。

此外，在夏季对树木适时摘心，促进枝条成熟；冬季修剪，减少叶面蒸腾面积以及人工落叶等，均对预防低温对树木的伤害有良好效果。同时在整个生长过程中必须加强病虫害的防治。

③灌冻水与春灌。在冬季土壤易冻结地区，于土地封冻前给进入休眠期的树木灌足一次水，称为灌冻水。通过灌冻水使土壤中有较多水分，到了封冻以后，树根周围就会形成冻土层，以保证根部土温波动较小，冬季土温不至于下降过低，早春不至很快升高。同时，通过灌冻水，提高了土壤湿度，可以防止树木灼条（抽条）。灌冻水的时间不宜过早，否则会影响抗寒力，北京地区一般掌握在霜降以后、小雪以前。

早春土壤解冻前及时灌水（灌春水），能降低土温，推迟根系的活动期，延迟花叶萌动和开花，使树木免受冻害。同时，对防止春风吹袭使树木干旱、灼条等也有很大作用。

④根颈培土保护。冻水灌完后结合封堰，在树木根颈部培起直径 80～100 厘米、高 40～50 厘米的土堆，防止冻伤根颈和树根，同时也能减少土壤水分的蒸发。

⑤保护树干。在入冬前用稻草或草绳将不耐寒的树木主干包起来，包扎高度为 1.5 米左右或包至分枝处。用涂白剂（石灰水加盐或石硫合剂）对树木主干涂白，可以反射阳光，减少树干对太阳辐射热的吸收，降低树体昼夜温差，避免树干冻裂，还可以杀死在树皮内越冬的害虫。涂白要均匀，高度要一致，不可漏涂。涂白剂的配制成分各地不一，一般常用的配方：水 10 份，生石灰 3 份，石硫合剂原液 0.5 份，食盐 0.5 份，油脂（动植物油均可）少许。配制时先化开石灰，把油脂倒入后充分搅拌，再加水拌成石灰乳，最后放入石硫合剂及盐水，也可以加黏着剂，延长涂白的期限。

⑥搭风障。为降低寒冷、干燥的大风吹袭造成树木枝条的伤害，对新栽树木、引进树木或矮小的花灌木，可以在上风向架设风障，架风障的材料常用秫秸、荆芭、芦席等。风障高度要超过树高，用木棍、竹竿等支牢，以防大风吹倒，漏风处可用稻草等填缝，有时也可以抹泥填缝。

⑦打雪和扫雪。北方冬季多雪，在降雪以后，应及时组织人力打落树冠上的积雪，特别是冠大枝密的常绿树和针叶树，要防止发生雪压、雪折、雪倒。如果枝冠上有雪堆积，雪化时吸收热量，使树体降温，会使树冠顶层和外缘的叶子受冻枯焦。降雪后将雪堆在树根周围处，可防止根部受冻害。春季雪化后，可增加土壤水分，降低土壤温度，推迟根系活动与萌芽的时间，避免树木遭受晚霜或春寒危害。

(3) 防高温。树木在异常高温的环境中，生长会明显减弱并会受到伤害。高温危害实际上是在太阳强烈照射下发生的一种热害，其对树木的直接伤害是日灼，以仲夏和初秋最为常见。在园林养护管理中，防止高温对树木的危害可采取以下措施：

1) 选择抗性强的树种。在南方高温炎热的地方，尽量选择耐高温、抗性强的树种或品种栽植。

2) 栽植前的抗性锻炼。在树木移栽前加强抗性锻炼，如逐步疏开树冠和庇荫树，以使树木逐渐适应新的环境。

3) 树干涂白。树干涂白可以反射阳光，缓和树皮温度的剧变，对减轻日灼和冻害有明显作用，涂白多在秋末冬初进行。此外，树干缚草、涂泥及培土等也可以防止日灼。

4) 加强树冠的科学管理。在整形修剪中，可适当降低主干高度，多留辅养枝，避免枝、干的光秃和裸露。在需要去头和重剪的情况下，应分 2～3 次进行，避免一次透光太多，否则应采取相应的防护措施。在需要提高主干高度时，应有计划地保留一些弱小枝条自我遮阴，以后再分批修除，必要时还可给树冠喷水或喷抗蒸腾剂。

(4) 防干旱。在气候干燥炎热的夏季，必须重视防旱工作，可采取适时灌溉、松土、庇荫等措施。

(5) 防止抽条。幼龄树木因越冬性不强而发生枝条脱水、皱缩、干枯等现象，称为抽条，又称烧条、灼条、干梢等。抽条实际上是脱水造成的，严重时全部枝条枯死，轻则虽能再发枝，但易造成树体紊乱，不能更好地扩大树冠。

1) 抽条的原因。抽条与枝条的成熟度有关，枝条生长充实的抗性强，反之则易抽条。造成抽条的原因有多种说法，但各地实践证明，幼树越冬后干梢是“冻旱”造成的。即冬季尤以土温降低持续时间长，直到早春，因土温低致使根系吸水困难，而地上部则因温度较高且干燥多风、蒸腾作用大、水分供应失调，因而枝条逐渐失水，表皮皱缩，严重时最后干枯，所以，抽条实际上是冬季的生理干旱，是冻害的结果。

2) 防止抽条的措施

①合理的肥水管理。通过合理的肥水管理，促进枝条前期生长，防止后期徒长，充实枝条组织，增强其抗性。经验表明，北方地区 7 月中旬以后少施或不施氮肥，适量增施磷、钾肥，8 月中旬以后控制灌水，均可有效地防止抽条。

②加强病虫害防治。病虫害的发生，往往对树木的生长产生一定的不利影响，严重的会造成树势衰弱，尤其对枝条顶梢部位影响更为明显，因此，日常管理中要加强病虫害的防治。

③埋土防寒。对秋季新移栽的不耐寒的树木（尤其是幼龄树木），为了防止抽条，一般多采用埋土防寒，即把苗木地上部向北卧倒培土防寒，既可保温，减少蒸腾，又可防止干梢。但植株大则不易卧倒，可在树干北侧培起 60 厘米高的半月形土梗，有利于根部吸水，及时补充枝条失去的水分。

④其他。秋季对幼树枝干缠纸、塑料薄膜等物，或胶膜、喷白等，对防止抽条有一定的作用。

2. 树体的保护与修补

为了防止园林树木受人、畜、机动车的碰撞及受病虫害、冻害、日灼等的危害而造成树体（特别是树木的树干和骨干枝）的损伤及其他伤害，在园林树木养护管理中，有必要对园林树木进行必要的保护与修补。树体保护首先应贯彻“防重于治”的精神，做好各方面的预防工作，尽量防止各种灾害的发生。对树体上已经造成的伤口，应该早治，防止扩大，应根据树干上伤口的部位、轻重和特点，采取不同的治疗和修补措施。

园林树木常用的树体保护与修补措施主要有：

(1) 洗尘。由于空气污染、地面尘土飞扬等原因，园林树木的枝叶上多会蒙有烟尘。烟尘过多，会抑制树木的光合作用，从而影响到树木的生长发育。因此，在无雨和少雨的季节，对一些烟尘、灰尘大的地方，应定期对树木叶片进行喷水清洗。夏秋酷热天，喷水宜在早晨或傍晚进行。

(2) 围护、隔离。多数树木喜欢土质疏松、透气良好的土壤环境。城市园林绿地土壤因长期受人流践踏，常造成土壤板结，会妨碍树木的正常生长，引起树木早衰。特别是根系较浅的乔灌木和一些常绿树，受影响的表现更为明显。对这类树木在改善通气条件后，在不影响游人行走及不妨碍观赏视线的前提下，可在树木四周用围篱或围栏加以围护。为突出主要景观，围篱或围栏要适当低一些，造型和花色宜简朴，以不喧宾夺主为佳。

(3) 看管巡查。为了保护树木，使树木免遭或少受人为的破坏，对一些重点绿地应安排专人进行看管及巡查。

(4) 树干伤口的治疗。对于枝干上病、虫、冻、日灼或修剪等造成的伤口，应进行必要的保护性治疗，方法是先用锋利的刀刮净削平四周，使皮层边缘里呈弧形，然

后用药剂（2%～5%的硫酸铜溶液，0.1%的升汞溶液，石硫合剂原液）消毒。对修剪造成的伤口，应将伤口削平，然后涂以保护剂。选用的保护剂要求容易涂抹、黏着性好、受热不融化、不透雨水、不腐蚀树体组织，同时又有防腐消毒的作用，如涂抹保护剂铅油、接蜡等均可。大量应用时也可用黏土和鲜牛粪加少量石硫合剂的混合物作为涂抹剂。如用激素涂剂则对伤口的愈合更有利。

由于风折使树木枝干折裂的，应立即用绳索捆绑加固，消毒后涂保护剂。由于雷击使枝干受伤的树木，应将烧伤部位锯除并涂保护剂。

（5）补树洞。树木枝干上由于受伤等原因形成的树洞会影响到树木水分和养分的运输和贮存，严重削弱树势，降低枝干的坚固性和负载能力，缩短树体寿命。补树洞是为了防止继续扩大和发展，其方法主要有以下 3 种：

1）开放法。树洞不深或树洞过大的都可以采用此法。如伤孔不深无须填充的，必要时可按前面介绍的伤口治疗方法处理。如果树洞很大，给人以奇特感，欲留下供观赏用的可采用此方法。

开放法补树洞的具体操作：先将树洞腐烂的木质部彻底清除。刮去洞口边缘的死组织，直至露出新的组织为止。再用药水消毒并涂保护剂，同时改变洞形，以利排水。也可在树洞最下端插入排水管，以后需经常检查防水层和排水情况。防护剂每隔半年左右涂一次。

2）封闭法。树洞经处理消毒后，在洞口表面钉上板条，用油灰和麻刀灰封闭（油灰用生石灰和熟桐油以 1∶0.35 的比例配制，也可以直接用安装玻璃用的油灰），再涂以白色乳胶，倾斜粉面，以增加美感，还可以在上面压树皮状纹或钉上一层真树皮。

3）填充法。填充法修补树洞的方法是往树洞内填入填充材料。填充法使用的材料最好是水泥和小石砾的混合物，如无水泥，也可就地取材。填充材料必须压实。为加强填料与枝干木质部的连接，洞内可钉若干电镀铁钉，并在洞口内两侧挖一道深约 4 厘米的凹槽。填充时从底部开始，每 20～25 厘米为一层，用油毡隔开，每层表面都向外略斜，以利排水。填充物边缘应不超出木质部，使形成层能在它上面形成愈伤组织，外层用石灰、乳胶、颜色粉涂抹。为了增加美观，使补好的地方富有真实感，可在最外层钉一层真的树皮。

（6）吊枝和顶枝。吊枝在果树上多采用，顶枝则在城市园林绿地树木上应用较多。顶枝是指当大树或古树树身倾斜不稳、大枝下垂时，应设支柱将大枝撑好。支柱可用木桩、金属柱、钢筋混凝土柱等材料。支柱应有坚固的基础，上端与树干连接处应有适当形状的托杆和托盘，并加软垫，以免损伤树皮。设置支柱时一定要考虑到美观及与周围环境的协调，如北京故宫将支撑物油漆成绿色，并根据松枝下垂的枝态，将支撑物做成棚架形式，效果很好。也有将几个主枝用铁索连接起来的，也是一种有效的加固方法。

3. **伐挖死树**

由于树木衰老、病虫侵袭、机械损伤、人为破坏以及其他原因，经常会造成一些树木的死亡。对那些已无可挽救，也无保留价值的树木，应在尚未完全死亡之前，尽早伐除。这样可避免树对行人、交通、建筑、电线及其他设施带来的危害，减少病虫潜伏与蔓延，增加可利用的木材。树木伐前应先调查其死亡原因，了解其四周环境，仔细分析砍伐过程中对建筑、电线、交通、行人可能造成的影响。经审核批准，即可进行伐除。对街道、居民区人口密集的地方进行树木伐除，应有专人指导，按符合安全的程序（如先锯枝、后砍干）和措施（如吊枝落地）进行。伐后应对残留的树桩挖掘清理，并填平地面。

三、竹类的养护管理

竹类养护管理的主要内容有间伐修剪、施肥、浇水、管理、病虫害防治等。

1. **间伐修剪**

(1) 竹林的间伐修剪应在晚秋或冬季进行，间伐以保留4～5年生以下立竹，去除6～7年以上，尤其是10年生以上老竹的原则进行。使竹林立竹年龄组成为1～2度竹占40%左右，3～4度竹占45%以上，5度竹占15%左右。

(2) 应及时清除枯死竹干和枝条，砍除老竹、病竹和倒伏竹。

(3) 竹林过密应适当间伐或间移，使留竹分布均匀，并及时用土杂肥回填土坑。

2. **施肥**

(1) 竹林应以施有机肥为主，并适量加入含铁的复合肥料，肥料中氮、磷、钾的比例以5∶2∶4为宜。最佳施肥时间为早春三月和八九月。

(2) 应在竹林计划延伸的位置深翻土地，并压入青草或填有机质含量高的土杂肥。

3. **浇水**

应于每年春季出笋前（3月）浇足催笋水，五六月浇足拔节水。雨季可视降雨情况浇水，秋季（11月、12月上旬）浇孕笋水，冬季过于干旱时可适当喷水。

4. **管理**

(1) 竹林每经过3～5年应深翻、断鞭，将4年生以上的老鞭及每年砍伐后的竹蔸挖出。

(2) 过密竹林应于11月适当钩梢，未钩梢的密竹林，应于降雪后及时抖掉竹梢积雪。

（3）竹林应于每年初冬适量培土。

5. 病虫害防治

（1）病虫害防治以预防为主，综合防治。应以控制红蜘蛛、蚜虫等为主，经常检查，掌握虫情发展规律，及时防治。

（2）竹林应加强抚育管理，保留适当密度，使竹林通风透光、生长健壮。

（3）应注意因干旱、水湿、冷冻、日灼、风害、缺肥等所致生理性病害的防治。

（4）竹林主要病害防治

1）竹丛枝病。加强抚育管理，3—5 月清除病枝或病株。

2）竹秆锈病。合理砍伐，使林内通风透光，及早砍除病竹。

四、常用的园林树木养护管理机械

园林养护管理机械是一个统称，实际在园林行业中主要用到的是四大机器种类：整形修剪机械、浇灌机械、病虫害防治机械、保洁机械。

1. 整形修剪机械

整形修剪是植物养护中的一项重要工作，它直接影响到植物的外观以及生长和寿命。

（1）油锯及电链锯

1）油锯。又称汽油动力锯，是现代机械化伐木的有效工具。在园林工程中不仅可以用来伐木、截木、去掉粗大枝杈，还可应用于树木的整形、修剪。油锯的优点：生产率高，生产成本低，通用性好，移动方便，操作安全。图 3—21 是 YJ－4 型油锯，它的锯板在锯身上所处的状态是不可改变的。由于采用了特殊的构造，保证了油锯在各种操作状态下均能正常工作，因此操作姿势可随意。这种类型的锯更适于园林工程的需要。

图 3—21　YJ—4 型油锯

1—锯木结构　2—发动机　3—把手

2）电链锯。还有一种用途与工作装置和油锯相同的锯——电链锯，不同点在于其是由电力驱动的。电链锯具有质量小、振动小、噪声小等优点，是园林树木修剪较理想的机具，但需有电源或供电机组，一次投资成本高。

(2) 小型动力割灌机。割灌机主要用于清除杂木、剪整草地、割竹、间伐、打杈等。它具有质量轻、机动性能好、对地形适应性强等优点，尤其适用于山地、坡地。

小型动力割灌机可分为手扶式和背负式2种。一般由发动机、传动系统、工作部分及操纵系统4部分组成，手扶式割灌机还有行走系统。目前小型动力割灌机的发动机大多采用单杠二冲程风冷式汽油机，发动机功率在0.735～2.2千瓦范围内。传动系统包括离合器、中间传动轴、减速器等。中间传动轴有硬轴和软轴2种类型。侧挂式采用硬轴传动，后背式采用软轴传动。

图3—22所示为DG－2型割灌机，由发动机、传动系统、工作部分及操纵系统4部分组成。

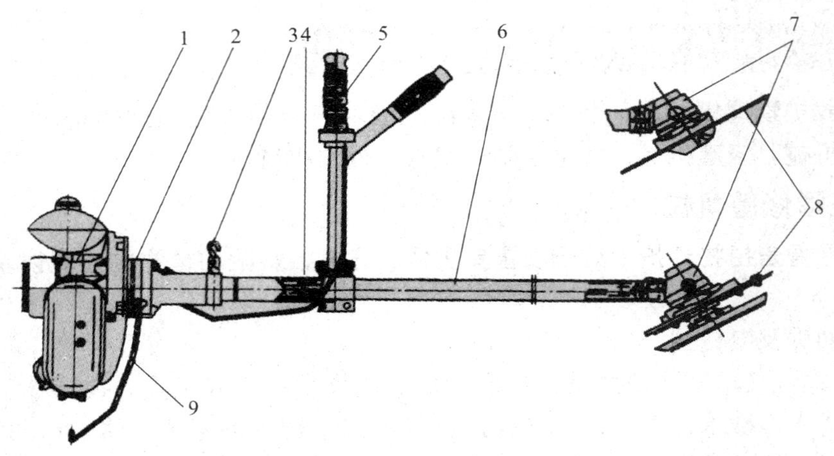

图3—22　DG－2型割灌机总图

1—发动机　2—离合器　3—吊挂机构　4—传动部分　5—操纵手油门
6—套管　7—减速器　8—工作件　9—支脚

DG－2型割灌机的工作部件有两套：一套是圆锯片，用于切割直径3～18厘米的灌木和立木；另一套是刀片，圆形刀盘上均匀安装着三把刀片，刀片的中间有长槽，可以调节刀片的伸长度，主要用于切割杂草、嫩枝条等。切割嫩枝条时伸出长度相同。刀片只用于切割直径为3厘米以下的杂草及小灌木。

(3) 高枝修剪机。高树修枝是园林绿化工程中的一项经常性工作，人工作业条件艰苦、费工时、劳动强度大，迫切需要采用机械作业。近年来，园林系统研制了各种修剪机，在不同程度上改善了工人的劳动条件。

高枝修剪机（整枝机）是以汽车为底盘、全液压传动、两节折臂的机械，除修剪10多米以下高树外，还能起吊树土球，具有车身轻便、操作灵活等优点。适合高枝修剪、采种、采条、森林瞭望等作业，亦可用于电力、消防等部门所需的高空作业。高枝修剪机由大折臂、小折臂、取力器、中心回转接头、转盘、减速机构、绞盘机、吊

钩、支腿、液压系统等部分组成。大折臂、小折臂可在360°全空间内运动，其动作可以在工作斗和转台上分别操纵。工作斗采用平行四连杆机构，大折臂、小折臂可伸起到任何位置，工作斗都是垂直状态，确保了斗内人员的安全，为了防止作业时工人触电，4个支腿外设置绝缘橡胶板与地隔开。

2. 浇灌机械

浇灌作业是一项花费劳动力很大的作业，在绿化养护和苗木、花卉生产中，几乎占全部作业量的40%。由此可见，浇灌作业机械化是十分重要的降低成本、提高生产率的措施。

喷灌是一种较先进的浇灌技术，它是利用一套专门设备把水喷到空中，然后像自然降雨一样落下，对植物进行灌溉，又称人工降雨。喷灌适用于水源缺乏、土壤保水性差及不宜地面灌溉的丘陵、山地等，几乎所有园林绿地及场圃均可应用。

喷灌系统一般由水源、抽水装置（包括水泵等）、动力机、主管道（包括各种附件）、竖管、喷头等部分组成。喷灌机械按其各部分的安装情况及可转动的程度，可分为固定式、移动式和半固定式3种形式。

喷灌机一般包括发动机（内燃机、电动机等）、水泵、喷头等部分。喷头（灌溉机）是喷灌机与喷灌系统的主要组成部分，它的作用是把有压力的集中水流喷射到空中散成水滴，并均匀地散布在它所控制的灌溉面积上。因此，喷头的结构形式及其制造质量的好坏将直接影响喷灌的质量。按照喷头的结构形式与水流形状可以分为射流式、固定式、孔管式等。

3. 病虫害防治机械

（1）园林植物病虫害防治机械的种类。园林植物病虫害防治机械的种类很多，由于农药剂型、防治对象、植物种类以及施药场所和环境的多样性，防治方法也是不同的，这就决定了防治机械的多样性。目前，从手持式小型喷雾器到应用于树木防治的大型喷雾器，形式多种多样，主要分类方法有：

1）按照施用的农药剂型和用途分类。分为喷雾机械、喷粉机械、烟雾机械等，其中应用最为广泛的是喷雾机械。

2）按照配套动力分类。分为人力植保机具、畜力植保机具、小型动力植保机具、大型机引或自走式植保机具、航空喷洒装置等。

3）按照操作、携带、运载方式分类。人力植保机具可分为手持式、手摇式、肩挂式、背负式、胸挂式、踏板式等。

（2）喷雾机械。喷雾机械是将药液雾化成雾滴喷洒在园林植物上进行病虫害防治的机械。根据单位面积上喷施的液体量划分为高容量喷雾器、低容量喷雾器和超低容量喷雾器。根据药液雾化和喷送方式分为液力式、风送式和离心式3种。气力喷雾机起初常利用风机产生的高速气流雾化，称为弥雾机。另一种较常用的是利用高压气泵（往复式或回转式空气压缩机）产生的压缩空气进行雾化，由于药液出口处极高的气流速度，形成与烟雾尺寸相当的雾滴，称为常温烟雾机或冷烟雾机。该机由于雾滴细，雾滴可长时间悬浮于空气中，可应用于温室、大棚病虫害的防治。离心喷雾机是利用高速旋转的转盘或转笼，靠离心力把药液雾化成雾滴的喷雾机。如手持式电动离心喷雾机，由于喷量小、雾滴细，可以用于要求施液量少的作业。通常习惯上还把手动的称喷雾器，机动的称喷雾机。

背负式喷雾器是我国目前使用最广泛、生产量最大的一种手动喷雾器，在园林中应用广泛。

压缩喷雾器是靠预先压缩的气体使药液桶中的液体具有压力的喷雾器，按喷雾器的携带方式有肩挂式和手提式 2 种，喷雾器容量 6～8 升。压缩喷雾器是利用打气筒将空气压入药液桶液面上方的空间，使药液承受一定的压力，经出水管和喷洒部件呈雾状喷出。

踏板式喷雾器是一种喷射压力高、射程远的手动喷雾器。

(3) 其他喷雾机械。背负式电动喷雾器在药液箱内装有电动液泵，可大大减轻劳动强度。采用自动喷洒系统和药箱一体化设计，装有可充电的高压隔膜泵，蓄电池为 12 V、7 A，电池容量大，电能转换效率高。

手持电动离心式喷雾器是采用微型电机驱动离心式喷头进行离心喷雾的一种手持式喷雾器。

弥雾喷粉机是多用途的喷洒机械。它的特点是用一台机器更换少量部件即可进行弥雾、超低量喷雾、喷粉、喷洒颗粒、喷烟等作业。背负式弥雾喷粉机具有操纵轻便、灵活、生产效率高等特点，广泛用于较大面积的草坪养护、苗圃和农林业生产中。

1) 背负式弥雾喷粉机的种类。目前我国生产的背负式弥雾喷粉机品种有 10 余种，其主要差别在于风机工作转速、功率、风机结构、输粉结构上，目前园林生产中常用的为转速高、功率大的机型。

2) 背负式弥雾喷粉机的结构。背负机主要由机架、离心风机、汽油机、油箱、药箱和喷洒装置等部件组成。

4. 保洁机械

包括清扫机、扫雪机、吸叶机、洒水车等。

五、古树名木的管理

古树一般是指树龄在百年以上的大树。凡树龄在 300 年以上的树木为一级古树，其余的为二级古树。名木是指树种稀有、名贵或具有历史价值和纪念意义的树木。我

国是著名的文明古国，有着光辉灿烂和风格独特的古代文化。遗留在风景名胜区、古典园林、山林寺庙及居民院落中的古树、名木就是很好的见证。这些世界罕见的古树，被誉为珍贵的“活文物”，不仅在我国园林中构成独特的瑰丽景观，而且是中国传统文化的瑰宝，对古树名木要像对待文物那样进行保护管理。

1. 保护古树名木的意义

(1) 古树名木是历史的见证。古树记载着一个国家、一个民族的文化发展历史，是国家、民族、地区文明程度的标志，是活的历史。

(2) 古树名木为文化艺术增光添彩。不少古树名木曾使历代文人学士为之倾倒、吟咏抒怀，在文化史上有其独特的作用。

(3) 古树名木可以组建高质量的园林景观。古树名木苍劲古雅、姿态奇特，在园林中可构成独特的景观，也常成为名胜古迹的最佳景点。如黄山风景名胜区的黄山松以顽强、奇特著称于世，宛若黄山的灵魂，它干身矮挺坚实，树冠短平针密，同湿雾、怪石抗争，显示出独特的魅力。鞍山千山之秀家有“秀在松”之说，香岩寺殿内的蟠龙松，冠幅遮天蔽日、葱秀俊逸、遒劲洒脱，宛若巨龙盘踞飞升。其他的如陕西黄陵的“轩辕柏”、秦山的“卧龙松”，四川灌县天师洞冠幅达 36 米的世界最大银杏，苏州光福的 4 株“清、奇、古、怪”的古圆柏等，均使中外游客啧啧称奇，流连忘返。

(4) 古树是研究古自然史的重要资料。古树是进行科学研究的重要资料，它们对研究一个地区千百年来的气象、水文、地质和植被的演变，有着重要的参考价值。其复杂的年轮结构和生长情况，既反映出历史上的气候变化轨迹，又可追溯树木生长、发育的若干规律。

(5) 古树可供树种规划作重要参考。古树多属乡土树种，保存至今的古树、名木是久经沧桑的活文物，可就地证明其对家乡风土具有很强的适应性。所以调查本地栽培及郊区野生树种，尤其是古树、名木，可作为制定树种规划的可靠资料。

2. 古树衰老的原因

任何树木都要经过生长、发育、衰老、死亡的过程，这是客观规律。但是可以通过人为的措施使树木的衰老乃至死亡延迟到来，使树木最大限度地为人类服务、造福人类。为此，了解古树衰老的原因，并采取相应的延迟其衰老的养护管理措施，是树木养护管理的重要工作。园林树木的衰老、死亡，除遵循客观规律，有其自身因素外，往往与以下因素有关：

(1) 土壤密实度过高、通气不良。古树大多生长在城市公园、宫、苑、寺庙、宅院或农田旁等，这些地方原来的土层一般均较深厚，土质疏松、排水良好、小气候适宜，比较适合古树的生长，所以才有寿命长的古树。随着经济的发展、旅游业的繁

荣、城市化的加速，很多古树生长的地方都成为旅游区及人口密集的地方，游人的增多使地面往往受到大量频繁的践踏，造成土壤板结、密实度增高、透气性降低、机械阻抗增加，对树木的生长十分不利。据测定，北京中山公园在人流密集的古柏林中，土壤容重达到 1.7 克/立方厘米，非毛管空隙度为 2.2%；天坛“九龙柏”周围土壤容重为 1.59 克/立方厘米，非毛管空隙度为 2%。在这样的土壤中，树木根系呼吸困难，须根减少且无法伸展，使得树根的整个生长受到抑制，从而影响到整个树木的生长。

(2) 树干周围铺装面过大。古树的生长环境中，有些地段地面用水泥砖或其他材料铺装，仅留很小的树池。铺装地面平整、夯实，加大了地面抗压强度，人为造成了土层透气通水性能下降，树木根系呼吸受阻且无法伸张，产生根不深、叶不茂的现象。同时，由于树池较小，还不便于对古树进行施肥、浇水，使古树根系处于透气、营养与水分极差的环境中。

(3) 土壤理化性质恶化。随着公园、风景区等园林绿地中各种文体、商业活动等的急剧增加，常因设置临时厕所、倾倒污水等人为因素而使土壤中的盐分含量过高，这是某些局部地段古树致死的原因。

(4) 根部的营养不足。肥分不足是古树生长衰弱的原因之一。氮、磷、钾等元素不足，会使古树生长缓慢、枝叶稀疏、抗性减弱。

(5) 病虫危害。古树由于年代久远，在其漫长的生长过程中难免会遭受一些人为的和自然的破坏，造成各种伤残（例如主干中空、破皮、树洞、主枝死亡等），导致树冠失衡、树体倾斜、树势衰弱而诱发病虫害。但从对众多现存古树生长现状的调查情况来看，古树的病虫害远比非古树要少，而且致命的病虫害更少。

(6) 人为的损害。人为损害常见的现象有：人为在树上刻画钉钉，缠绕绳索，攀树折枝，剥损树皮，借用树干做支撑物，在树冠外缘 3 米内挖坑取土，动用明火，排放烟气，倾倒污染物，堆放危害树木生长的物料，修建建筑物或者构筑物，擅自对树木进行移植等。这些行为都会造成古树树体损伤、生长衰弱或死亡。

(7) 自然危害。自然危害主要有雷击雹打、雨淋风折、冻害、雪压等。

3. 古树、名木的养护管理技术措施

古树、名木的养护管理技术措施主要包括：古树、名木的调查，古树、名木标志的安装，古树、名木的技术养护管理等。

(1) 古树、名木的调查登记。对古树、名木的系统调查，目的是为了彻底掌握本地区的古树、名木资源情况。调查的内容主要包括：树种、树龄、树高、冠幅、树木生长势、病虫害、现有养护情况及与树木有关的历史、文化资料等。在调查的基础上要加以分级，对所有古树、名木登记造册，建立档案。

(2) 安装标志。对已登记造册、建立档案的古树、名木，应安装永久性的标志牌，在标志牌上要注明树种、树龄、等级、编号等，标明养护管理责任单位。

(3) 古树、名木的技术养护管理

1) 古树的复壮措施。经科研和园林工作者长期的研究、实践，探索出下面一些行之有效的复壮措施：

①埋条法。埋条法分为放射沟埋条和长沟埋条。放射沟埋条的方法是以古树为圆心，在树冠投影外侧挖放射状沟4～12条，每条沟长120厘米、宽40～70厘米、深80厘米左右。沟内先垫放10厘米厚的松土，再把剪好的海棠、紫穗槐等树枝缚成捆，在沟内平铺一层，每捆直径在20厘米左右，再在树枝上撒少量松土，同时施入粉碎的麻酱渣和尿素（每沟施麻酱渣1千克、尿素150克），为了补充磷肥，可放入少量脱脂骨粉，覆土10厘米后放第二层树枝捆，最后覆土踏平。

如果株距大，也可以采用长条埋条。沟宽70～80厘米、深80厘米、长200厘米左右，然后分层埋树条施肥，覆盖踏平。

②地面铺梯形砖和草皮。下层做法和上述措施相同，在地面上铺置上大下小的特制梯形砖，砖与砖之间不勾缝，留有通气道，下面用石灰砂浆衬砌，砂浆用石灰、沙子、锯末按1∶1∶0.5的比例配制。可以在被埋树条的上面种上花草，并围栏禁止游人践踏，或铺上带孔的或有空花条纹的水泥砖或铺铁筛盖。

③做渗井。按照埋条法的方式挖深120～140厘米、直径为110～120厘米的渗井，井底壁掏3～4个小洞，内填树枝、腐叶土、微量元素等。井壁用砖砌成坛子形，不用水泥砌实，周围埋树条、施肥，盖井口盖。其作用主要是透水存气将新根引过来，改善根的生长条件。

④埋透气管。在树冠半径4/5以外挖放射状沟，一般沟宽80厘米、深80厘米，长度视条件而定。挖沟时保留直径1厘米以上的根，1厘米以下的可以断根，在沟中适当位置垂直安放透气管，每株树2～4根，管径10厘米，管壁有孔，管外缠棕，外填有机质含量高的腐殖土（土壤中应加入适量微量元素）。

2) 养护管理措施。对古树、名木的养护管理，各地应根据具体情况，有针对性地采取一定的技术措施。

①保护原有的生态环境。古树、名木不要随意搬迁，也不应在古树、名木周围修建房屋，挖土，架设电线，倾倒废土、垃圾及污水等，以免改变和破坏原有的生态环境。

②保持土壤的通透性。在生长季节应进行多次中耕松土，冬季进行深翻，施有机肥料，改善土壤的结构及透气性，使根系和好气性微生物能够正常地生长和活动。

为防止人为破坏和保持土壤的疏松透气性，在古树、名木周围应设立栅栏隔离游人，避免践踏，同时在树木周围一定范围内不铺修水泥路面。

③加强肥水管理。根据树木的需要，及时进行施肥，在施肥中掌握“薄肥勤施”的原则。当土壤质地恶化，不利于树木生长时，可进行换土。在地势低洼或地下水位

过高处，要注意排水；当土壤干旱时，应及时补水。也可根据需要对树木进行喷水，一方面满足树体对水分的需要，同时也可以清洗树体。

④防治病虫害。对苹桧锈病、双条杉天牛、白蚁、红蜘蛛、蚜虫等常见危害古树、名木的病虫害要及时组织防治。

⑤树洞的修补、治疗。衰老的古树加上人为的损伤、病菌的侵袭，容易使木质部腐烂蛀空，在树木枝干上造成大小不等的树洞，对树木生长影响极大。对这些树洞，除有特殊观赏价值的外，一般应及时填补。填补的方法是先刮去腐烂的木质，再用硫酸铜或硫黄粉消毒，然后在空洞内壁涂水柏油防腐剂。为恢复和提高树木的观赏价值，可在补的表面用 1∶2 的水泥黄沙加色粉面，按树木皮色皮纹装饰。较大的树洞，为防止其影响树木的稳定性，可安装螺纹杆穿过树干中空的洞穴加以固定。

对树龄在 800 年以上的老树，树洞仅有不完整的树皮支撑树冠或仅留下残存树冠。在这种情况下，填充树洞已基本无效，一般是安装螺纹杆加固树干残存部分。树冠分枝的支撑，可在枝上打一个水平方向的孔，将螺纹杆穿入，螺纹杆的两端用支撑杆固定。为了能使分枝随风摇动，要用另外的管子嵌进支撑管中。

⑥设避雷针。很多古树（如千年银杏）曾遭雷击，严重影响了树势，有的在遭雷击后因未采取补救措施而死亡。所以，对一些高大的古树应加避雷针。树木如遭雷击，应该将伤口刮平，涂上保护剂，并堵好树洞。

⑦支架支撑。古树年代久远，主干、主枝常有中空或死亡，造成树冠失去均衡，使树体倾斜不稳，还有树体由于衰老，枝条容易下垂，遇以上情况的，需要用木棍等支撑物支撑。

⑧堆土砌台。在树干周围堆土、筑台，不仅可以起保护的作用，也有防涝的效果。其中砌台比堆土的效果更好，可在台边留孔排水。

⑨整形修剪。对于一般古树可将弱枝进行修剪或锯去枯死枝，改变根冠比，以保证集中供应养分，有利于发出新枝。对特别珍贵的古树，应少整枝、少短截，以轻剪、疏剪为主，基本保持原有树形。

第四节　草坪的养护管理

草坪建成后，要保持其常年青翠茂盛、持久不衰、寸土不露的效果，应经常进行科学的养护管理。常言说的“三分种植、七分养护”就道出了草坪养护管理的重要性。

一、草坪养护管理的原则

草坪的养护管理包括很多方面，但不管是哪种技术，都应遵循一些共同的原则，

最终的目的是能促进草坪的生长，维护草坪优良的观赏性。

1. **提高草坪的观赏性**

草坪与草地的区别在于草坪在生长的全过程中，经常要进行人工修剪、补植、更新等养护管理。通过这些养护措施来保持草坪整体的均一性，从而保持草坪的美观性，给人以开阔大气之感，满足人的美学要求。

2. **延长草坪的寿命**

通过适当的修剪、科学的施肥、适时的病虫害防治和有效的更新措施等来达到延长草坪寿命的目的，也是草坪养护管理应遵循的一项重要原则。

3. **延长草坪的绿叶期**

草坪的绿叶期是鉴别草坪质量的一个重要指标，通过科学施肥、适时灌溉、合理修剪等措施，要最终达到延长草坪绿叶期的目的。

4. **不同的草种遵循不同的养护原则**

冷季型草种（如早熟禾、高羊茅等）与暖季型草种（如狗牙根、地毯草等），由于生长的气候条件不同，草种自身的生物学特性不同，其养护管理的原则也不同。

二、草坪养护管理的技术措施

草坪养护管理的技术措施主要有灌溉、施肥、土壤改良、修剪、防除杂草、病虫害防治、更新复壮，以及草坪养护管理新技术。

1. **灌溉**

草坪植物一生都不能缺水，水是草坪植物吸收矿质营养的溶剂，在干旱地区，经常人工灌溉是草坪管理的必要措施。草坪灌溉可以满足草坪植物细胞正常膨压的需要，有了充足的水分，细胞才有充足的水分，细胞才有足够的水压，才能保持植株茎叶的挺拔，保证草坪的优美。当草坪植物缺水到萎蔫时，可能导致植株的枯死，因此，人工灌溉可以防止缺水而导致的植株死亡。此外，早春灌水可以促使草坪提前返青，秋季科学灌溉可以延长草坪的绿叶期，从而提高草坪的观赏价值。

(1) 草坪灌溉的原则。草坪灌溉应根据草坪植物的品种、养护质量要求、季节变化、土壤质地等因素来适当掌握灌溉频率、灌溉强度及灌溉量等。

1) 不同草种应遵循不同的灌溉原则。一般早熟禾、剪股颖、黑麦草、狗牙根等草种需水量大，应保证水分的供给；结缕草、野牛草、高羊茅、地毯草等比较耐旱，可以适当少灌水；紫羊茅、草地早熟禾等不耐水涝的草种，应掌握小水施灌的原则。

2) 根据不同的养护质量要求进行科学合理的灌溉。要求高质量管理的草坪，如高尔夫球场及足球场等，掌握小水勤灌的原则，每次灌溉后草坪内不能积水，干旱季节几乎每 1～2 天就要灌水 1 次，早春及秋末要积极加强水分管理。对一般管理较粗放的草坪，只在较干旱的季节，采取低频率、高强度的灌溉方法，即灌溉次数少，每次的灌溉量相对较大。

3）不同季节采取不同的灌水策略。一般在高温干旱的季节，应在白天的上午进行小水勤灌，一方面满足植株对水分的需要，降低地温，另一方面也能避免病害的大发生。早春及秋末适当减少灌溉次数，但每次灌水应达到土壤水分饱和状态，并掌握见干见湿的原则。

4）土壤质地不同，灌溉措施不同。一般沙性土壤应勤灌水，而黏性重的土壤则应少灌水。

5）灌溉还应与其他管理措施密切配合。如草坪修剪次数频繁，则灌溉次数也应增加。

（2）草坪灌溉的方式方法

1）草坪漫灌。草坪漫灌也称地面灌溉，是指用农田井水或城市自来水沿地表流淌的灌溉方式，是最简单、应用最广的灌溉方法。该方法的优点是操作简单、投资少，缺点是浪费水资源、灌水速度慢，且由于草坪地被坡度的存在，容易造成部分水淹、部分缺水等灌水不均的现象。

2）草坪喷灌。草坪喷灌是指给水流一定压力，使其雾化成小水珠，然后像下雨一样将水淋洒到草坪上。目前国内草坪喷灌的方法主要有高压水车喷灌技术、自来水水压可移动喷头喷灌技术、埋设水网摇臂式喷头喷灌技术和埋设水网地埋式喷头喷灌技术等。

喷灌的优点是能适应起伏不平的复杂地势，对土壤的侵蚀少，灌水量容易控制，便于自动化，对水的利用率高，能节约用水；缺点是设备成本高，要消耗一定的动力。

（3）草坪灌溉的时间、灌溉频率及灌溉量。在一年中，除了春灌和冬灌可以促进草坪的返青和安全过冬外，高温干旱的季节应加强水分管理，梅雨季节则一般很少灌水。特殊用途的草坪（如高尔夫球场及足球场），则应根据使用需要随时灌水。灌溉可以在一天中的大多数时间进行，但在夏季，灌溉最好避免在中午进行，此时灌溉容易导致草坪烫伤，且此时蒸发强烈，会降低灌溉水的利用率。从水分利用效果和与其他草坪养护措施的协调来看，傍晚和夜间是灌溉的最佳时间。

草坪的灌溉频率及灌溉量，依草坪的品种、降雨量、降雨频率及草坪的用途和管理水平而定。各类草坪的灌溉频率及灌溉量见表 3—1。

表 3—1　　各类草坪的灌溉频率及灌溉量

草坪类型	生长期内每月灌溉的次数	灌溉时间	湿润深度（厘米）	冬灌深度（厘米）
观赏草坪	1～2	早晨、下午	6～10	20
休息草坪	1～3	早晨、下午	5～8	20
球场草坪	2～3	傍晚及夜间	6～10	20
活动草坪	2～3	傍晚	6～10	20
护坡草坪	不定期	下午	＞10	20

2. 施肥

在草坪的生长使用过程中，为保证草坪草能良好生长，保持草坪叶色嫩绿、生长繁密，要根据草坪的肥力状况和草坪草的生长状况增施一定的追肥，施肥是维持草坪持久性和保持其良好景观效果的有效措施。

给草坪草加施追肥，一般以含氮量高的有机肥为主，也可选用含氮量高，并含有适量磷、钾的复合肥或草坪专用肥。

复合肥的追肥量为 10～20 克/平方米。一般情况下一年追 2～3 次肥。对于新建的草坪，因根系弱小，所以应采用少量多次的办法进行追肥。施肥期间，冷季型草坪每年施两次肥，施肥时间在早春和早秋。春季施肥可以加速草坪草在春季的返青速度，有利于草坪草在夏季一年生杂草萌芽之前，恢复草坪损伤处和加厚草皮，增加抗性；在早秋施加追肥，能延长绿期，并能促进第二年生长新的分蘖枝和根茎。暖季型草坪的施肥时间应在早春和仲夏，北方以春施为主，南方以秋施为主。

为了防止化肥颗粒附着在叶面上灼伤叶片，施肥应在叶面干燥没有露水时进行。施肥后立即灌水或将肥料溶于水中进行喷施。

对刚修剪过的草坪，不能立即施化肥，否则会使剪口枯黄，一般在剪后 1 个星期后才可施用。

3. 土壤改良

草坪草生长的适宜 pH 值一般为 5.5～7.5，如果土壤的 pH 值过高或过低，都不适宜草坪的生长。在草坪的养护管理阶段，很多草坪土壤会逐渐酸化，因此这里所说的土壤改良主要是指酸性土壤的改良。

造成草坪土壤酸化的主要原因：一是由于降雨和人工灌溉造成土壤中钙和镁的淋失；二是草坪草的生长要吸收大量的钙和镁，使石灰物质被耗尽；三是酸性肥料的施用，所有以氨态形式或在土壤中分解释放出氨态氮肥在土壤中均要留下酸性物质。因此，这类肥料施得越多，酸性土壤形成的可能性就越大。

有时，由于施入大量的有机物质（如木屑、叶片和泥炭等），它们本身具有强酸性，因此必然导致土壤呈酸性。除非这种物质分解，否则它们对酸性土壤的形成一直起作用。

为了维护草坪正常健康生长，必须对酸性过强的土壤进行改良，尤其是在潮湿多雨地区。常用的酸性土壤的改良方法是向草坪地中施入“细石灰石”（即农业石灰石），确定施入石灰石的量主要依据草坪面积的大小和草坪土壤的酸碱度（表 3—2）而定。土壤的酸度要进行实际测试，一般情况下，草坪建植时间越长，则土壤呈酸性的可能性越大。对壤土和黏壤土比沙壤土需要更多的石灰石来改良土壤，因为土壤质地越重，其酸性也可能越重。

表 3—2　改良酸性土壤所需石灰石量　千克

土壤反应		每 92.9 平方米的草坪所需石灰石的量			
pH 值	条件	轻沙土	中沙壤土	壤土和粉壤土	粉壤土和黏土
4.0	极度酸	40	55	75	90
4.5	轻极度酸	36	48	68	80
5.0	强酸	32	40	55	68
5.5	中酸	20	27	40	55
6.0	轻酸	11	14	20	27
6.5	轻酸	无	无	无	无
7.0	中性	无	无	无	无
7.5	轻酸	无	无	无	无
8.0	中度酸	无	无	无	无

给酸性土壤重施石灰石，有时会阻碍植物对营养物质的吸收，使草坪失绿，需要相当一段时间使草坪完全恢复生长。

4. 修剪

修剪是草坪养护的重点，而且是费工最多的工作。修剪能控制草坪的高度，促进分蘖，增加叶片密度，抑制杂草生长，使草坪平整美观。

（1）草坪修剪的原则

1）正确掌握草坪的修剪时间。草坪生长娇嫩、细弱时应少修剪，冷季型草坪在夏季休眠时应少修剪。

2）科学制定修剪高度和频率。根据需要，制定科学的修剪高度和修剪频率，每次修剪量不应超过植株高度的 1/3。

（2）草坪修剪的方法。草坪的修剪主要靠剪草机来完成，从第一台滚刀式剪草机问世到现在已有 160 多年的历史。选择剪草机时应考虑的因素：草坪面积的大小，建

筑物和其他障碍物的位置和数量，草坪管理水平，草坪类型，草坪使用的频率和强度，对草坪剪草机的维护能力，财力投资及技术复杂程度等。

一般滚刀式剪草机修剪的草坪质量好，但其灵活性差，维护费用及技术要求高，主要应用于高尔夫球场、体育场、公园、草皮农场等草坪。旋刀式剪草机费用低、操作灵活方便、维护简便，是最常见的一种剪草机，主要服务于微地型、庭院草坪和其他设施草坪的修剪。扫雷式剪草机有 2 种类型：一种是刀片可以折叠起来，主要服务于不须经常修剪的设施草坪；另一种是用尼龙绳高速旋转剪断草坪的割灌割草机，适宜修剪其他剪草机难以接近的地方或树丛之中、公路的分车岛绿化区等。

（3）草坪修剪的频率及时间。修剪频率是指一定时期内草坪修剪的次数。与之相反，修剪周期则是指连续两次修剪之间的间隔时间。不同的草坪要求的修剪频率不同，一般的草坪每年修剪 4～5 次，国外高尔夫球场内精细管理的草坪一年中要经过上百次的修剪。不同草坪剪草频率见表 3—3。研究表明，修剪频率低的草坪比修剪频率高的草坪粗糙，更抗践踏。

表 3—3　　不同草坪剪草的频率

草坪类型	草坪	剪草频度			
		4—6 月（次/月）	7—8 月（次/月）	9—11 月（次/月）	全年（次/年）
庭院	细叶结缕草	0.3～1	2～3	0.3～1	5～10
	剪股颖	2～3	2～4	2～3	16～20
公园	细叶结缕草	1	2～3	1	10～15
	剪股颖	2～4	1～2	2～4	15～30
竞技场、校园	细叶结缕草	1～3	2～3	1～3	10～15
	狗牙根	2～4	4～5	2～4	20～35
高尔夫发球台	细叶结缕草	1	8～9	1	30～35
高尔夫球盘	细叶结缕草	12～13	16～20	12～13	70～90
	剪股颖	16～20	12～13	16～20	100～150

草坪修剪的次数与剪留高度是两个相关的因素。剪留高度要求越低，修剪次数就越多，草坪的叶片密度与覆盖度也随修剪次数的增加而增加。应该注意根据草的剪留高度进行有规律的修剪，当草达到规定高度的 1.5 倍时就要修剪（最高不得超过规定高度的 2 倍）。各种草种的最适剪留高度见表 3—4 。

表 3—4　　各种草种的最适剪留高度　　厘米

相对修剪程度	剪留高度	草种
极低	0.5～1.3	匍匐剪股颖、绒毛剪股颖
低	1.3～2.5	狗牙根、细叶结缕草、细弱剪股颖
中等	2.5～5.1	野牛草、紫羊茅、草地早熟禾、黑麦草、结缕草、假俭草
较高	3.5～7.5	苇状羊茅、普通早熟禾
高	7.5～10.2	加拿大早熟禾

5. 防除杂草

杂草不但危害草坪草的生长，同时还会使草坪的品质、艺术价值或功能显著退化，一旦杂草不能得到有效的控制，很可能导致整个草坪彻底毁灭，因此，清除杂草是草坪养护管理工作中的一项重要内容。

防除杂草的方法很多，依作用原理可分为物理除草、生物防除和化学防除 3 种。

(1) 物理除草。物理除草方法即手工拔草或人工锄草，这是最简单也是最古老的一种除草方法，目前还应用较多。特别是对庭院草坪的杂草清除，手工拔草还是比较有效的方法。

(2) 生物防除。生物防除是草坪防除杂草的最佳办法，即对草坪施行合理的水肥管理，以促进草坪草的生长，增强与杂草的竞争能力。同时，对草坪的定期修剪能抑制杂草的生长，减弱杂草的生存竞争力，以达到防除杂草的目的。

(3) 化学防除。化学除草剂能有效地防除杂草，如 2，4－D 类、二甲四氯类化学药剂（750～1 125 毫升/平方千米）能杀死双子叶植物，而对单子叶植物却很安全。另外，还有许多除草剂（如有机砷除草剂、甲砷钠等药剂）可防除一年生杂草。

使用化学除草剂，最好在气温为 18～29℃ 时进行，因为此时杂草正处于旺盛的状态，容易对药剂进行吸收。

6. 病虫害防治

由于草坪草具有较强的抗病虫害能力，所以草坪草病虫害一般不多，但在高温、高湿或营养缺乏时也常发生病虫害。草坪中常见的虫害和病害见表 3—5 和表 3—6。

表 3—5　　常见的虫害及防治

害虫名称	危害	防治方法
蝗虫	咀嚼禾草叶片和嫩茎，多在 5—9 月发生	用 1/1 000 的敌百虫液或 1/1 000 的敌敌畏液喷洒，也可在早晨露水未干时捕杀幼虫或成虫

续表

害虫名称	危害	防治方法
小地老虎	专食嫩茎嫩叶，严重时能造成草坪中的“秃斑”	在小地老虎夜间出来觅食时，用1/1 000的敌百虫液喷杀，也可在凌晨进行化学诱杀
蝼蛄	夜间出来觅食，嚼断近地面的根茎造成草坪草枯黄	用1/1 000的敌百虫液或1/1 000的敌敌畏液喷洒，用毒谷、毒饵法或灯光诱杀
蛴螬	嚼食禾草根部，严重时能造成草坪中的“秃斑”	用1/1 000的敌百虫液或1/1 000的敌敌畏液喷洒，用40%辛硫磷乳油或48%毒死蜱乳油拌种，用黑光诱杀等
草地螟	蛀食草根及茎部，使供水中断，导致茎叶发黄、枯死	同上，或用黑光灯诱杀
麦长蝽	常常以口器吸取草坪草汁液，使茎叶松软、卷曲、死亡	每平方米用2.4毫升西维因乳剂或2克50%可湿性粉剂，也可用2.4升氯丹4E乳剂、地亚农1.2～2.4毫升2.5%乳剂或1.4克25%可湿性粉剂或19.6克5%颗粒剂杀虫
蚂蚁	拱掘土壤，影响草坪生长和游人卧息	在蚁穴处喷洒地亚农或氯蜱硫磷毒杀
金龟子	会将草根齐地切断，使草坪成块死亡	用毒饵或灯光诱杀

表3—6　　草坪常见的病害及防治

名称	表现	危害	防治
锈病	茎、叶会产生红褐色疮斑或条纹斑，后变为深褐色	严重时使植株枯萎，乃至大片死亡	在发病地段，预先在禾草返青期用150倍的波尔多液或400～500倍的多菌灵液施行预防喷射，发病时可用敌锈钠石硫合剂、代森锌、萎莠灵等农药防治
赤霉病	感病时先产生粉红色霉，以后长出紫色小粒	严重时全株死亡	可用1%石灰水浸种预防。发病时可用28℃石硫合剂加120～170倍水进行喷射防治

续表

名称	表现	危害	防治
叶斑病	产生叶斑	危害叶片，也侵染根茎	定期使用草坪杀菌剂
褐斑病	在叶片上产生大小变异的圆斑和死斑	危害叶片，影响草坪外观	使用波尔多液或杀菌剂
白粉病	表面出现小的白菌丝链的斑块，使病株呈灰白色，如撒上白粉	使叶片变浅而死亡	使用多种杀菌剂杀灭

7. 更新复壮

一般情况下，如草坪品质选择适宜，通过修剪、施肥与灌溉等措施就可以获得观赏价值较高的优良草坪。然而，随着草坪年限的延长，草坪中会形成过厚的枯草层，造成草坪土壤板结，草坪内出现秃斑等现象，这些都需要特殊的更新复壮措施来加以校正。更新复壮的主要措施有打孔通气、覆土及草坪更新等。

(1) 打孔通气。即在草坪上扎孔打洞，其目的是改善根系通气状况，调节土壤水分含量，有利于提高施肥效果。打孔一般要求 50 穴/平方米，穴间距 15 厘米×5 厘米，穴径 1.5～2 厘米，穴深 8 厘米左右，打孔可用中空铁钎，也可用专用的草坪打孔机。

(2) 划条和刺孔。划条和刺孔是通气管理中强度较小的一种措施。划条是指用安装固定在犁盘上的 V 形刀片划土，深度可达 7～10 厘米，划条不像打孔，操作中没有土条带出，因而对草坪破坏很小。刺孔与之相似，扎土深度限于 2～3 厘米。划条和刺孔可达到与打孔相似的效果，而不会像打孔那样破坏草坪。因为这类措施对草坪的破坏较小，可以在生长季节一周内进行一次，以缓和践踏引起的土壤板结。

(3) 垂直修剪。一般的草坪修剪是横向剪平草坪，而垂直修剪是采用安装在横轴上的一系列纵向排列的刀片（草坪垂直修剪机）来修整草坪。刀片可以调整，能接触到不同深度的对象，如果刀片设置到刚刚划着草坪的位置，则地上匍匐茎和匍匐的叶片可以被剪掉，这样可以减少果领上的纹理。浅的垂直修剪，可以用来破碎打孔后留下的土条，使土壤重新混合。设置刀片较深时，大多数积累的枯草层被移走。设置刀片深度达到枯草层以下时，则会改善表层土壤的通气性。

垂直修剪应在土壤和枯草层干燥时进行，这可使草坪受到的破坏最小，也便于垂直修剪后的管理。浅层垂直修剪常随草坪更新一起进行。进行几次垂直修剪后，为覆播创造了良好的种床。

(4) 表层覆土。表层覆土是把一薄层土壤施用到已建植或正在建植的草坪上。在已建植的草坪上覆土有多种目的，包括可以控制枯草层，将运动草坪表面平整，促进受伤或生病草坪的恢复，冬季保护果领，改变草坪生长介质等作用。

(5) 草坪更新。草坪更新是草坪延长年限，保证草坪整齐、平坦、美观的重要技术措施。其主要方法有：

1) 添播草籽复壮法。每隔 3～4 年对草坪进行一次打洞、松土，在洞内撒播草籽，同时加沙、土和肥料，浇足水分。

2) 条状更新法。每隔数年在平整致密的草坪上，每隔 70 厘米距离挖取 30 厘米更新带，然后松土施肥，具有匍匐能力的草茎将很快蔓延到更新带内，布满新株。隔 1～2 年以后再在更新带的另一侧，按同样距离挖取新的更新带，如此循环反复，经过 3～4 年后可全面更新。

3) 断根更新法。定期在建成的草坪上，用钉筒（钉齿长 10 厘米左右）来回滚压草坪，将地面扎成小洞，切断坪草老根，再向洞内施入肥料，促使新根生长。也可用滚刀每隔 20 厘米将草坪切成一道缝，划断坪草老根，然后在草坪上施肥、覆土。

8. 草坪养护管理新技术

随着科学技术的不断发展，经过广大科技人员的不懈努力，在草坪养护管理领域近年来出现了很多新的技术，如保水剂、湿润剂的应用，草坪的生长调节以及草坪染色技术等。这些新技术的广泛应用，提高了草坪的养护管理水平。

(1) 保水剂。保水剂是一种不溶于水的高分子聚合物，能吸收自身质量 200 倍左右的水分。由于分子结构胶联，分子网络中所吸收的水不能被简单物理方法挤出，故具有很强的保水性。如果与农药、化肥和植物生长调节剂等成分结合使用，它们可以缓慢释放，起到缓释剂的作用，从而提高农药和肥料等的利用率。

保水剂在草坪的使用主要是拌土法和拌种法，以 M 型和 L 型保水剂为主。保水剂的使用有利于草坪后期的养护管理。拌土法使用保水剂可节水 50%～70%，节肥 30%。M 型和 L 型保水剂还可以提高土壤的通透性，改良土壤结构和抗板结，并有一定的保温效果，使返青期提前 5～7 天、绿叶期延长 10 天左右。采用保水剂的最大直观效果是植株粗壮、色泽浓绿。

(2) 湿润剂。湿润剂是一种表面活性剂，可增加水在疏水土壤或其他生长介质上的湿润能力。在草坪的养护管理中，适量湿润剂的使用是有益的，因为湿润剂对土壤中微生物退化有影响，一个生长季节施用一两次即可保持足够的浓度。

除了改善可湿性以外，应用湿润剂也有其他的好处，如可以增加水和养分的有效性，促进草坪的生长，减少水分蒸发损失。但是，草坪上应用过量湿润剂或在热胁迫期间施用会伤害草坪。施用后，应立即浇水，增加其有效性，同时减少叶面烧伤的可能性。

(3) 草坪生长调节剂。施用草坪生长调节剂，可以控制草坪草的生长，降低修剪费用。

1) 常用的草坪生长调节剂

①嘧啶醇。嘧啶醇是一种生长延缓剂，其作用主要是抑制节间生长，使草坪草的叶片变深绿色。嘧啶醇不能抑制顶端分生组织，不抑制草坪草根系的生长。用赤霉素可以消除其矮化作用。通过叶面喷施或土壤施用，嘧啶醇可被草坪草的叶片和根系吸收和传输。嘧啶醇的使用浓度要求比较严格，在0.03%或更高浓度，草坪草茎的生长将减少50%～75%，浓度高于0.01%时可完全抑制狗牙根地上部分的生长，其根茎生长也受到抑制。

②矮壮素（CCC）。矮壮素是一种生长延缓剂，其主要作用：适宜浓度下抑制茎顶端细胞的分裂，即抑制茎的伸长，促进草坪草的分蘖，促进草坪草的生殖生长，使草坪草粗壮、矮绿、叶片增厚，增强草坪草的抗寒、耐旱和耐盐碱能力。

③矮化磷（CBBP）。矮化磷进行土壤处理有效。在草坪上的主要作用为抑制茎叶及根的生长，使叶片变绿。矮化磷在狗牙根上的作用效果要比冷季型草坪更为明显。

④抑长灵（Frnbark）。抑长灵是生长抑制剂和除草剂，抑制杂草、木本植物的生长和种子生长。它可以抑制草坪草顶端分生组织细胞分裂和伸长生长。

⑤乙烯利。乙烯利是一种常用的激素类生长调节剂，对早熟禾、狗牙根生长的抑制效果较好，能缩短叶片长度，并使叶片呈深绿色。它能促进草坪草的分蘖，抑制草坪草根茎的发育，促进节间的伸长生长。

此外，还有氟磺胺草醚、多效唑（PP333）、丁酰肼（B9）等草坪生长调节剂，它们越来越广泛应用于草坪的养护管理当中。

2) 草坪生长调节剂的施用方法。草坪生长调节剂的施用方法主要有喷施法和土施法2种。喷施法是调节草坪高度最常用的方法。该方法容易掌握，操作简便而且作用快速。适合采用喷施法的生长调节剂有嘧啶醇、矮壮素、抑长灵、乙烯利、丁酸肼等。由于植物生长调节剂的用量少，易被土壤固定或被土壤微生物分解，因此，大多数植物生长调节剂不采用土施法。但有些植物生长调节剂如果叶面喷施，会某种程度地使叶片变形或抑制顶端分生功能，如要抑制茎的生长，可采用土施法。适宜土施法的植物生长调节剂有多效唑、嘧啶醇、矮化磷等。

对植物生长调节剂的施用种类、浓度、次数等，应严格按照说明书上的要求进行。

(4) 草坪染色剂。草坪染色剂有不同用途，如在休闲的草坪上人工染色，装饰生病或褪色的草坪，用于草坪标志等。此外，近几年来，染色剂广泛应用于喷播建植的草坪中，将染色剂与种子、纤维素、农药、化肥等混合，可以指示喷播的均匀性和避免漏播。

三、常用草坪养护管理机械

随着现代城市园林绿地中草坪所占比例的增加，草坪养护管理的任务越来越繁重，单一的人工养护管理已不能满足人们对高质量草坪的需要。同草坪的建植一样，高质量的草坪养护必须靠机械来完成。草坪养护管理机械主要用于草坪的养护管理，包括草坪修剪机械、草坪打孔通气机械、草坪施肥机械、草坪整理机械以及草坪灌溉设备和病虫害防治机械等。

1. 草坪剪草机

（1）手动剪草机。手动剪草机又称卷筒型剪草机。它的构造是在旋转轴两端各有一个轮子，可将一连串的横向S形刀身固定住，圆柱附着于长的U形或T形把手，圆柱体则跟着一个或两个具有稳定速度的滚轮旋转。当操作员推动剪草机时，旋转的刀将草抵向床刀，以剪刀的作用将草剪断。

（2）动力剪草机。最常见的动力剪草机，刀具连接在垂直轴上，垂直轴旋转时刀具即水平旋转，像镰刀一样将草割下。刀身在装置有4个轮子及1个把手的金属盒子（甲板）下旋转，发动机位于甲板上，因此它的动力轴可以转动旋转刀身的轮轴。电动剪草机有速度控制钮，以适应粗细疏密不同的草坪。

旋刀式剪草机具有工作效率高、马力大的特点。

2. 草坪打孔机

草坪打孔机分手动与机动2种形式。手动打孔机是在一个金属框架上，上端装有2个手柄，下端装有4～5个打孔锥（分为空心和实心两种）。作业时用脚踏压金属框，使打孔锥刺入草皮，然后将打孔锥拉出。此种打孔机适用于小面积草坪或像足球场球门区那样的局部草坪处理。

大面积草坪适宜使用自走式草坪打孔机。该机具有一圆筒形支架，机架上紧紧固定着装有打孔锥的棚条，棚条能够旋转并具有弹性，因此锥体能垂直插入和拔出土壤。

草坪打孔机的打孔锥是该机的直接部件，通常具有2种形式：

（1）空心锥。该锥中空，土可以从锥中心排出（通称草塞），适用于草皮整修和填沙、补播。

（2）实心圆柱形锥。该锥实心，插入草皮，将孔周围的土壤挤实，仅能起到帮助排出草坪表面水的作用。

3. 草坪整理机械

（1）草坪梳草机。草坪梳草机是指用于清除草坪枯草层的机械。草坪梳草机能梳草、梳根，有的还带有切根的功能，其工作装置的主件有梳状弹性钢丝耙、甩刀、S

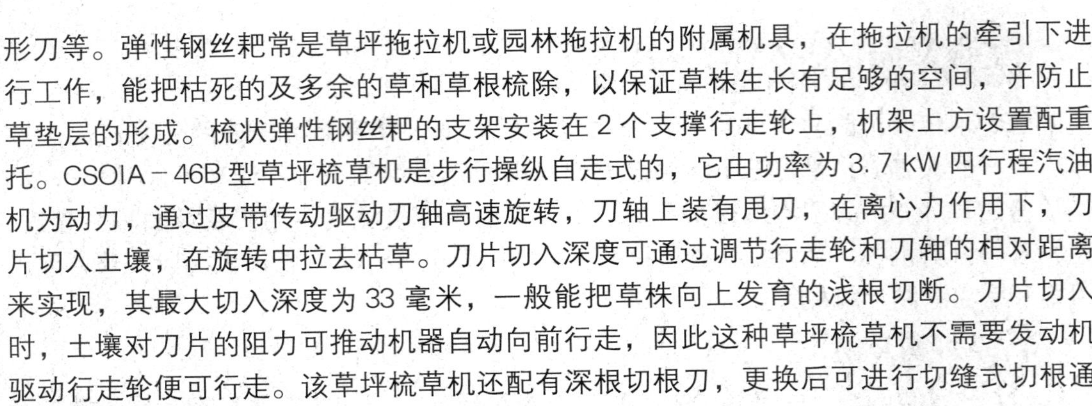

形刀等。弹性钢丝耙常是草坪拖拉机或园林拖拉机的附属机具，在拖拉机的牵引下进行工作，能把枯死的及多余的草和草根梳除，以保证草株生长有足够的空间，并防止草垫层的形成。梳状弹性钢丝耙的支架安装在2个支撑行走轮上，机架上方设置配重托。CSOIA－46B型草坪梳草机是步行操纵自走式的，它由功率为3.7 kW四行程汽油机为动力，通过皮带传动驱动刀轴高速旋转，刀轴上装有甩刀，在离心力作用下，刀片切入土壤，在旋转中拉去枯草。刀片切入深度可通过调节行走轮和刀轴的相对距离来实现，其最大切入深度为33毫米，一般能把草株向上发育的浅根切断。刀片切入时，土壤对刀片的阻力可推动机器自动向前行走，因此这种草坪梳草机不需要发动机驱动行走轮便可行走。该草坪梳草机还配有深根切根刀，更换后可进行切缝式切根通气作业。

(2) 草坪切边机（草坪修边机）。草坪切边机是用于修整草坪边界的机械。通过修整以切断蔓延到草坪界限以外的根茎，使草坪边缘线形整齐、美观。

草坪切边机具有一组垂直刀片，装在马达轴或小型三角皮带驱动的轴上。刀片凸出于草地边缘，且高速旋转，锐利的刃口可像旋转式割草机一样将草皮垂直切开。

草坪切边机切割的深度由机体前面的滚筒或支撑轮控制，提高滚筒则切割深度增加。使用切边机时应注意刀片不能与石头相碰，否则会使机器猛然起跳而发生意外事故。

(3) 草坪滚压机。草坪滚压机是利用碾压滚对草坪进行滚压的机械。滚压机可以滚压坪床，也可以滚压草坪。滚压坪床的目的是平整床面，抑制杂草生长；滚压草坪能促进草株的分蘖生长，并且可使草坪形成花纹，提高观赏价值。

草坪滚压机的工作装置是碾压滚，一般为钢板卷成的中空滚筒，也可用聚合物制成。为增加和调节碾压滚的质量，可根据需要向滚子内部注水或加沙，也可在滚子上方设置配重平台，配重可采用铁块、沙袋等。一般在建坪时滚压坪床可选用重型滚子，运动场草坪的整理可选用轻型滚子。

草坪滚压机多为拖拉机牵引式，中小规模的草坪可选用由草坪拖拉机或园林拖拉机牵引的小型滚子，其宽度可达2米，但是一般不能选用太宽的碾压滚。当要求碾压宽幅很宽时，可采用两个或多个滚子，使其在转弯时，各个滚子能以不同速度旋转，以减少滚子对草坪的破坏。

4. 肥料撒播机

草坪追施化肥是经常性的作业，肥料撒播机能高效、均匀地将化肥施入草坪。

肥料撒播机在机架上装置一锥形筒，筒底部有控制肥料量的拨轮筛孔机构，其下为一个与行走轮联动的水平安装撒肥盘，当机械在草坪上行走时，高速转动撒播盘将筒内输出的肥料借离心力撒播于草坪。施肥量的多少通过更换不同宽度拨轮筛孔来实现。

肥料撒播机有以发动机驱动的自走式，也有手推式，常用的主要为手推式。

第五节　其他园林种植形式的养护管理

花坛布置、垂直绿化、屋顶绿化等园林种植形式也是园林绿地的重要组成部分，其养护管理好坏直接影响园林景观效果。管理好可以增加城市的美化效果，使城市生态环境更加协调统一。

一、花坛的养护管理

花坛布置是花卉在园林中精细应用的一种有效手段。花坛建成后，要充分发挥其艺术性，保证其最佳的观赏效果，除取决于前期的设计水平、花卉品种的选配及花坛施工的技术水平外，后期养护管理的好坏也是关键所在。只有坚持规范性、高水平、高质量、常年不断的养护管理，才能保证花坛花卉生长健壮、开花繁茂、色彩艳丽。所以，花坛花卉的养护管理是园林绿地养护管理的一项重要内容。

根据所栽花卉的不同，花坛有木本花卉花坛和草本花卉花坛 2 种。木本花卉花坛中的木本花灌木养护管理的主要内容及方法同“园林树木的养护管理”课题内容，下面主要介绍草本花卉花坛养护管理的主要内容。

花坛养护管理的内容很多，主要的措施有灌溉浇水、施肥、中耕除草、花苗修剪、花苗补植、立支柱、病虫害防治、花苗更换等。在实际工作当中，各地应根据需养护花坛的特点，抓好主要的养护管理措施。

1. 灌溉浇水

花坛中花苗栽好后，在生长过程中要不断地浇水，以补充土中水分不足，保持土壤湿润，使花苗能健壮生长。浇水的时间、次数、灌水量等应根据当地气候条件及季节变化灵活掌握。在有条件的地方还应经常喷水，特别是对模纹花坛、立体花坛，应经常进行叶面喷水。由于花坛花卉大多是草本植物，花苗一般都比较娇嫩，所以在浇水、灌水时还应注意以下 4 个方面的问题：

（1）掌握好适宜的浇水、灌水时间。如果 1 天浇水 2 次，浇水时间应安排在上午 10 点钟以前或下午 4 点钟以后。如果 1 天只浇水 1 次，则安排在傍晚前后为宜。在夏季高温时期，不能在正午气温最高、阳光直射的时间进行浇水、灌水，因为正午土壤温度高，一旦浇上冷水，土温突然降低，会对花苗造成伤害。

（2）掌握适宜的浇水量。每次浇水量要适度，既不能水过地皮湿而底层仍然是干的，也不能水量过大，因为土壤经常过湿，会造成花苗根系腐烂。

（3）掌握合适的水温。所浇水的温度如果与花苗生长的土温相差太大，很容易对花苗造成伤害，因此，所浇水的温度要适宜。一般春、秋两季水温不能低于 10℃，夏

季不能低于 15℃，如果水温太低，则应事先晒水，待水温升高后再浇。

(4) 控制好浇水流量。浇水时水流不能太急，避免冲刷土壤。

2. 施肥

草花所需的肥料，主要依靠整地时所施入的基肥。在定植后的生长过程中，为保证其良好的生长态势，也可根据需要进行几次追肥。追肥一般以根外追肥为多，方法是用水、尿素、磷酸二氢钾、硼酸按 15 000∶8∶5∶2 的比例配制成营养液，喷洒在叶片上。追肥时千万不能污染花、叶，施肥后应及时浇水，在游人集中处的花坛，不能施用会散发出异味的有机肥料或化肥，否则会给游人造成不舒适感。

对球根花卉，不可施用充分腐熟的有机肥料，否则会造成球根腐烂。

3. 中耕除草

花坛内的杂草会与花苗争肥、争水，既妨碍花苗的生长，又影响观赏，所以花坛中要注意杂草的防除，发现杂草要及时清除。另外，为了保持土壤疏松，有利于花苗的生长，还要经常在花坛内中耕松土，中耕的深度要适当，不得损伤花根。中耕后的杂草、残花、枯叶要及时清除掉。

4. 花苗修剪

为控制花苗的植株高度、促进茎部分蘖，保证花丛茂密、健壮及使花坛内能够整洁、美观，在花苗的生长过程中，要随时清除残花、枯叶，并对花苗经常修剪。

一般的草花花坛，在开花时期每周剪除残花 2～3 次。

模纹花坛为了保持其图案的明显、整齐，修剪次数还要多。修剪时，为了不踏坏花纹图案，可在花坛中放置长条木板凳等，然后人站在长条凳上操作。

对花坛中的球根花卉，开花后应及时剪去花梗，以便清除枯枝残叶，并可促使子球发育良好。

5. 花苗补植

花坛内如果有缺苗现象，应及时补植，以保持花坛内的花苗完美无缺。补植花苗的品种、色彩、规格等都应和花坛内的花苗一致。

6. 立支柱

生长高大以及花朵较大的植株，为防止倒伏、折断，应设立支柱。立好支柱后，将花茎轻轻绑在支柱上。支柱的材料可用细竹竿等。对花朵大且多的植株，除立支柱外，还应用铅丝编成花盘将花朵托住。立支柱和做花盘等都要以不影响花坛的观赏效果为原则，为了使支柱及花盘等与整个花坛植物融为一体，一般将其涂成绿色等和植物相近的颜色。

7. 病虫害防治

和其他园林植物一样，为保证花苗的正常生长和保证其有最佳的观赏效果，在花

苗的生长过程中，要注意及时防治地上和地下的病虫害。

由于草花植株娇嫩，在施用农药时，要掌握适当的浓度，避免发生药害。施药要掌握合适的时间，除应选择最佳防治时期，还应考虑到施药对游人的影响，一般应选择在游人较少的时候进行。

8. 花苗更换

由于草花生长期短，为了保持花坛经常性的观赏效果，要经常做好花苗更换的工作。

二、垂直绿化的养护管理

垂直绿化日常养护管理工作的内容主要有以下 7 点：

1. 浇水

(1) 水是攀缘植物生长的关键，在春季干旱天气时，直接影响到植株的成活。

(2) 新植和近期移植的各类攀缘植物，应连续浇水，直至植株不灌水也能正常生长为止。

(3) 要掌握好 3—7 月植物生长关键时期的浇水量。做好冬初冻水的浇灌，以利于防寒越冬。

(4) 由于攀缘植物根系浅、占地面积少，因此在土壤保水力差或天气干旱季节应适当增加浇水次数和浇水量。

2. 牵引

(1) 牵引的目的是使攀缘植物的枝条沿依附物不断伸长生长。特别要注意栽植初期的牵引。新植苗木发芽后应做好植株生长的引导工作，使其向指定方向生长。

(2) 对攀缘植物的牵引应设专人负责。从植株栽后至植株本身能独立沿依附物攀缘为止。应依攀缘植物种类不同、时期不同，使用不同的方法，如捆绑设置铁丝网（攀缘网）等。

3. 施肥

(1) 施肥的目的是供给攀缘植物养分，改良土壤，增强植株的生长势。

(2) 施肥的时间。施基肥，应于秋季植株落叶后或春季发芽前进行；施用追肥，应在春季萌芽后至当年秋季进行，特别是 6—8 月雨水勤或浇水足时，应及时补充肥力。

(3) 施用基肥的肥料应使用有机肥，施用量为每延米 0.5～1 千克。

(4) 追肥可分为根部追肥和叶面追肥 2 种。

根部施肥可分为密施和沟施 2 种。每 2 周 1 次，每次施混合肥每延米 100 克，施化肥为每延米 50 克。叶面施肥时，对以观叶为主的攀缘植物可以喷浓度为 5%的氮肥尿素，对以观花为主的攀缘植物喷浓度为 1% 的磷酸二氢钾。叶面喷肥宜每半个月 1 次，一般每年喷 4～5 次。

(5) 使用有机肥时必须经过腐熟，使用化肥必须粉碎、施匀；施用有机肥不应浅于 40 厘米，化肥不应浅于 10 厘米，施肥后应及时浇水。叶面喷肥宜在早晨或傍晚进行，也可结合喷药一并喷施。

4. **病虫害防治**

(1) 攀缘植物的主要病虫害有蚜虫、螨类、叶蝉、天蛾、虎夜蛾、斑衣蜡蝉、白粉病等。在防治上应贯彻“预防为主、综合防治”的方针。

(2) 栽植时应选择无病虫害的健壮苗，勿栽植过密，保持植株通风透光，防止或减少病虫害发生。

(3) 栽植后应加强攀缘植物的肥水管理，促使植株生长健壮，以增强抗病虫害的能力。

(4) 及时清理病虫害落叶、杂草等，消灭病源虫源，防止病虫害扩散、蔓延。

(5) 加强病虫害情况检查，发现主要病虫害应及时进行防治。在防治方法上要因地、因树、因虫制宜，采用人工防治、物理机械防治、生物防治、化学防治等各种有效方法。在化学防治时，要根据不同病虫对症下药。喷布药剂应均匀，选用对天敌较安全、对环境污染轻的农药，既控制住主要病虫的危害，又注意保护天敌和环境。

5. **修剪与间移**

(1) 对攀缘植物修剪的目的是防止枝条脱离依附物，便于植株通风透光，防止病虫害以及形成整齐的造型。

(2) 修剪可以在植株秋季落叶后和春季发芽前进行。剪掉多余枝条，减轻植株下垂的重量。为了整齐美观，也可在任何季节随时修剪，但主要用于观花的种类，要在落花之后进行。

(3) 攀缘植物间移的目的是使植株正常生长，减少修剪量，充分发挥植株的作用。间移应在休眠期进行。

6. **中耕除草**

(1) 中耕除草的目的是保持绿地整洁，减少病虫发生条件，保持土壤水分。

(2) 除草应在整个杂草生长季节内进行，以早除为宜。

(3) 除草要对绿地中的杂草彻底除净，并及时处理。

(4) 在中耕除草时不得伤及攀缘植物根系。

7. **垂直绿化养护质量标准**

(1) 精心养护、精心管理，达到以下标准为一级：

1) 攀缘植物的牵引工作必须贯彻始终。按不同种类攀缘植物的生长速度，栽后

年生长量应达到 1～2 米。

2）植株无主要病虫危害的症状，生长良好，叶色正常，无脱叶落叶的现象。

3）认真采取保护措施，无缺株，无严重人为损坏，发生问题及时处理，实现连线成景多样化的效果。

4）修剪及时，疏密适度，保证植株叶不脱落，维持长年有整体效果。

（2）认真养护、认真管理，基本达到以下标准为二级：

1）及时牵引，按不同种类攀缘植物的生长速度，栽后年生长量不低于 1 米。

2）基本上控制主要病害和虫害，有轻微受害面积，不超过 10%，不影响观瞻，植株正常生长，叶色基本正常。

3）对人为损害能及时采取保护措施，缺株数量不超过 10%。

4）基本控制长枝。

三、屋顶绿化的养护管理

由于其所处的特殊位置，屋顶绿化的养护管理除要做好一般的常规性、技术性工作外，还应重点做好以下 8 点：

1. 灌溉排水

屋顶绿化一般种植层土层都较薄，且很多都是轻质栽培介质，蓄水、保水能力差，同时，屋顶上受阳光直射，气温一般较地面高，水分蒸发比较快。因此，要做好屋顶绿化的灌水工作，特别是在炎热的夏天，每天都应浇透水一次。花园式屋顶绿化养护管理，灌溉间隔一般控制在 10～15 天。简单式屋顶绿化一般基质较薄，应根据植物种类和季节不同，适当增加灌溉次数。屋顶绿化灌溉设施宜选择滴灌、微喷、渗灌等灌溉系统。有条件的情况下，应建立屋顶雨水和空调冷凝水的收集回灌系统。

在雨季，要注意经常检查屋顶绿化的下水、排水管道情况，保证其畅通，以防排水管道堵塞造成土下局部积水而使植株受涝。

2. 施肥

（1）应采取控制水肥的方法或生长抑制技术，防止植物生长过旺而加大建筑荷载和维护成本。

（2）植物生长较差时，可在植物生长期内按照 30～50 克/平方米的比例，每年施 1～2 次长效氮磷钾复合肥。

3. 修剪

根据植物的生长特性，进行定期整形修剪和除草，并及时清理落叶。

4. 病虫害防治

应采用对环境无污染或污染较小的防治措施，如人工及物理防治、生物防治、环

保型农药防治等措施。

5. **防风防寒**

应根据植物抗风性和耐寒性的不同，采取搭风障、支防寒罩和包裹树干等措施进行防风防寒处理。使用材料应具备耐火、坚固、美观的特点。

6. **屋面防漏**

屋顶绿化施工前都会按相应标准做好防水层，所以建成后的屋顶花园一般不会出现屋顶漏水情况，但在养护管理过程中，如有因为防水施工质量、植株根系的生长影响及屋面荷载过重等原因而造成屋面漏水，应及时采取相关措施进行防漏处理。

7. **防倒伏**

在同一地段，屋顶上的风力一般都要比地面上强，为防止植株被风吹倒及倒下的植株被风吹到地面造成相应人员及财产损失，在一些常有大风（或台风）的屋顶花园，对一些枝干较高且细的植株应进行立支柱等防护措施。

8. **种植层种植介质的更新**

对一些建成时间较长的屋顶花园，其种植介质会因为长时间的养分消耗而造成营养成分单一或缺乏。为保证植株能够健壮、良好生长，在养护管理过程中，除保证必要的肥料供应外，对一些差的介质应及时进行改良或更换，换上新的介质。

第六节　园路的养护管理

园路在园林中起着连接各个景点、构成园景的重要作用，它能够引导游人按照园林设计者的意图对园景在最佳角度进行欣赏。同时，它也起着疏导游客，满足园林绿化、施工、养护、管理等园务工作的作用。因此，园路的设计、施工及养护管理水平对园景的整体景观及建成后的管理养护有着重要作用。

一、园路的日常养护管理工作

1. **日常打扫及保洁**

根据园路的污染情况，每天打扫 1～2 次。同时，对人流量较多的园林绿地，要安排专人不间断进行园路及其他场地的保洁。

园路的清扫和保洁最原始、最常用、最简单的方法是人工手工保洁。随着现代城市园林绿地的增多及对园林绿地卫生质量要求的越来越高，为提高工作效率，园路清扫车及手持式吹气/气吸两用园林清扫机得到越来越广泛地应用。

园路清扫车一般由载重汽车的底盘改装而成，采用机械清扫和气吸清扫相结合的

混合式清扫方式。机械清扫装置由布置在车辆两侧的两个立扫刷和布置在中部的卧扫滚刷组成，气吸清扫装置由吸嘴、辅助吸管和风机等组成。立扫刷和卧扫滚刷均由液压马达驱动。园路清扫车的工作原理是利用风机使密封的垃圾收集箱产生真空，吸嘴通过吸管与垃圾收集箱连接，把地面上的垃圾、灰尘等物料吸入垃圾收集箱内；而立扫刷和卧扫刷则是将垃圾、灰尘等物料扫到车辆中部吸嘴的作用范围内，使吸嘴容易吸入，提高清扫效果。

手持式吹气机在北美使用已有几十年的历史，与吸尘器一样，几乎已成为美国家庭的必备工具。而手持式吹气/气吸两用园林清扫机则是近几年才问世的一种新颖产品，它既可用吹气方式清扫，又可用气吸方式清扫，因此使用范围更广。一般手持式吹气/气吸两用园林清扫机由发动机、风机吹气管、吹嘴、真空上吸管、真空下吸管、真空弯管、垃圾收集袋等组成。当机器处于吹气状态时，风机出口处所产生的高速气流通过吹风管进入吹嘴，扁平形的吹嘴出口使空气流速进一步增加，并吹向地面进行清扫。当机器处于气吸状态时，风机进口处所产生的吸力，通过真空上吸管传递到下吸管，并在吸嘴处产生负压，将垃圾吸入，并经弯管送入垃圾收集袋。

2. 洒水

洒水的目的主要是减少尘土飞扬，保持园林绿地内的空气清新，在夏天高温天气洒水还可以降低温度。为了不影响游人活动，洒水最好在清晨或傍晚进行，在儿童活动区域的园路边上要多洒水。

3. 铺沙

铺沙的目的是保护路面，一般每年两次（即春季、秋季各一次），用量为 0.03 立方米/平方米，厚约 3 厘米。在车辆及人流量大的地段，冬令季节要在路面上铺一些沙和木屑，以防结冰路滑。

4. 除草

对于路边上长出的一些蔓延能力强的杂草（如葎草、贯叶寥等）要及时清除，以免产生破坏力，影响路基的稳定。

5. 除冰排水

在寒冬时要及时铲除积雪及冰冻，以免路面冰裂或翻浆，雨季时要及时排除路面积水，以免积水渗入基层，影响路面的稳固。

6. 局部整修

对一些局部性被破坏的路面要及时修补。对于胶结路面，先清除被破坏的残物，坑洼处用十字镐等工具开大一些，重新填上碎石等物，浇上水泥混凝土或沥青混凝土即可。对于一些块料类路面的修理较为简单，只需将损坏的部分换成新的即可。

二、道路的大修

大修的方法是先去掉被破坏的路面以及基层、垫层等，然后按照铺路的要求重新铺设。对于块料类的路面，原材料完好的一部分还可继续使用。

第七节　园林小品的养护管理

园林小品的美观是人们所共知的，而如何让园林小品保持其美就不是一朝一夕的事情了，在做好并完成园林小品施工工作的同时，也要对不同的园林小品在不同的时间采用不同的养护措施，使园林小品的美长久如新，让小品的美可以让更多的人所观赏。

一、园林小品的日常养护管理工作

不同的园林小品日常养护管理工作内容也不一样。

1. 园林建筑小品的清洁和养护

亭、廊、榭、花架、雕塑等园林建筑小品，天长日久可能因人为作用或自然因素的影响，出现油漆脱落、局部损坏或表面附着污物等问题。应及时进行清洁和维护，保持园林建筑小品的良好形象。

(1) 清洁方法

1) 园林建筑小品亭、台的内外地面每天用水清洗 1 次，时间为每天上午 7：30 前。

2) 园林建筑小品亭、台的装饰性立柱、牌匾每天要抹拭 1 次，与地面清洁同步进行。

3) 园林建筑小品亭、台内的门窗、家具、台椅、摆设品及盆景盆架每天抹拭 2 次，时间为上午 7：30 前、下午 15：00 前。

4) 园路每天清扫 2 次，时间为上午 7：30 前，下午 15：00 前。

5) 花园休闲台、凳，每天抹拭 2 次，与道路清扫同步进行。

(2) 清洁要点

1) 园林建筑小品亭、台的内外地面清洗前应先扫清垃圾、落叶、尘土，铲除青苔或积雪。排水沟见底、无淤泥，保持排水畅通。然后用清水冲洗路面和排水沟。

2) 园林建筑小品亭、台的装饰性立柱、牌匾抹拭时，应清除尘土，露出原有的光泽。

3) 园林建筑小品亭、台的内部清洁应做到窗明几净，无蜘蛛网。

4) 园路清扫应注意清除落叶、青苔、积雪。

5）休闲台、凳清洁，做到无污渍、清洁卫生。

2. 园林设施小品的清洁和维护

（1）清洁方法

1）园林设施小品应定时用水清洗，做到每天保洁。如发现垃圾桶损坏、生锈，可除锈后重新涂刷油漆，以保证外体美观和防锈。垃圾桶周围散落的垃圾和污水要用扫帚扫除，收入桶中。在蝇蚊滋生季节，应定期喷洒药物杀灭蝇蚊。春夏之季，应定期消毒、杀菌。

2）指示牌、广告牌一般应清除牌面灰尘、杂物和蛛网，用水冲洗，然后擦干水渍。灰尘不多时，可干擦。支杆（架）部分如有污迹，应用清洁剂或铲刀清除。

3）不锈钢、铜质及石质牌架、坐凳的清洁，要保持其原有的光泽及干净的外观，必须防止沉渍污物的形成。可用不锈钢、铜器及石质专用的清洁剂或肥皂，加以适量清水将表面尘埃及污渍清除，再以干布抹干，并上护理剂保养，以使其表面保持光泽。切勿使用磨损性物料或腐蚀性溶剂。清洁后，园林小品应光洁如镜，无污渍、水渍、手印。

（2）清洁要点

1）垃圾桶的清洁由垃圾收集保洁员完成，垃圾桶保洁后应摆放整齐，并盖好桶盖。

2）清洗园林小品牌面时，应用柔软毛巾擦洗，切勿用硬物、锐器作业，应保证牌面无损。检查支架部分有无锈蚀、松动等现象，可根据实际情况补刷油漆或通知有关部门及时维修。

3）高空作业时，应充分做好安全防护措施。

3. 水景的维护

（1）除浮去积。定期捞除水景中的残花、落叶和废弃物，以及生长过多的漂浮植物。沉积水底的污泥，过厚会影响水质，因此每年要清除1次。

（2）检修管道设施。不论自然水体还是人工水体，都会有给水与溢水的管道，还有喷泉的喷头、动力等设施。如果发现淤塞或漏裂，势必影响水位、水质和水景造型，因此要经常进行检查，并做到及时修复。

（3）水生植物管理。园林水池中野生水草的少量存在，能增加自然景观，而水草太多则给人荒芜的感觉，甚至会影响水生花卉的生长和景观效果。所以，每年夏季要割除、清理一两次。栽种的水生花卉，年久也会广泛蔓延，每两三年也须挖起重栽或清除一部分。栽种在缸中沉入水体的水生花卉，如为不耐寒的品种，冬季则须连缸捞起入室保护越冬，入春解冻后再重新放入水体中。水下种植床中的水生花卉和花坛花卉一样，每年有一两次换季，也要进行残花败叶的剪除工作。

4. 山石小品维护

假山或叠石小品石块的接合缝隙，往往会由于冰冻、冲刷、树根挤压和小动物活动而扩大，甚至造成山石坍塌，一旦发现应立即进行修复。岩石假山上的树木，每年须修剪一两次，使其造型、体量与假山保持协调。攀缘植物攀附于山石表面，能使山石更为生动，但若布满山石则会掩盖山石的特性，所以每年也须修剪一两次。

二、园林小品的维修及翻新

1. 园林小品维修与翻新的意义

园林小品是构成园林景观的重要部分，也是游人经常光顾的地方。由于自然或人为的一些因素，这些设施在使用的过程中会受到一定的损坏，因此，对其进行科学的、及时的维修和翻新，可保持其使用安全与美观。保持园林小品清洁美观和良好的观赏效果对于充分实现园林小品景观功能，发挥园林小品的观赏价值具有重要意义。

2. 园林小品维修与翻新的措施

(1) 科学使用。园林小品的一些设施或设备都有其使用规范，在允许的范围内对其进行合理利用，是园林工程养护管理的基本原则。如绿地或游园内的假山是禁止游人攀爬的，有的水体是禁止戏水或游泳的等。

(2) 定期维修养护。园林内的一些设施，如抽水机械、用于攀爬的假山、水体等，要定期进行维修、检查，并进行保养，使其运转正常，满足使用要求。

(3) 适时更换材料。一些材料或设施都有其相应的使用寿命，到期要及时进行更换。如水泥制作的水景、假山等，由于水泥的不同标号，要注意它们的使用寿命，到期要更换或拆除，保证其使用的安全性。

(4) 做好宣传教育工作。园林公共设施，需要大家共同来维护、管理。要不断提高人们的素质，增强人们的公德意识。施工时按要求，保质保量；使用时要爱护，共同管理我们的公共设施。

实训五　园林树木的冬季养护管理

一、实训目的

通过园林树木的冬季养护管理实训，了解园林树木冬季养护管理的各工艺流程及其技术要点。

二、实训材料及用具

常规园林树木冬季养护管理工具：锄头、铁锹、枝剪、钢锯、草绳、水桶、药桶、刷子等；植物材料：选定的植物，或视实际情况而定。

三、实训要求

根据季节、植物品种、植物数量、植物规格、种植实地条件等制定实训方案，合理组织人、材、机及技术措施。注意及时进行理论和实践的总结，规范施工，灵活施工。

四、实训内容及方法

冬季的防寒是冬季养护的关键。冬季保温常用的方法有涂白、施厩肥、缠草绳、搭风障、覆膜等。

冬季是防止树木虫害的有利时节，主要是杀灭越冬害虫和虫卵。采取清扫枯枝落叶、清除杂草等措施，消灭小绿叶蝉、茶翅蝽、膜肩网蝽、梨冠网蝽等害虫的越冬成虫。采取刮树皮的方法来刮除柿棉粉蚧、柿绒蚧、梨小食心虫、日本龟蜡蚧等害虫的虫茧和虫体。冬季园林树木养护管理主要是对树木进行防寒和防虫害的处理。具体应注意以下 6 个方面：

1. 及时浇灌水

园林树木的整个生长过程都离不开水。虽然冬季蒸发量小，需水量相对较少，但却影响到园林树木的抗寒能力和翌年的生长发育。因此，应在 11 月初，对树木灌 1 次水。灌后，在树木基部培土堆。这样既供应了树木本身所需的水分，也提高了树木的抗寒力。

2. 施肥

应在秋末冬初视树龄大小和栽植时间的长短，适当施一些有机肥或化肥，且使肥料渗入，以促发新根，增强树势，为翌年的树木生长打好基础。

3. 整形修剪

根据树木的生长特性，将枯死树、衰弱枝、病虫枝等一并剪下，并对生长过旺枝进行适当回缩，以改善树冠内部的通风透光条件，培养理想的树形。对于较大的伤口，用药物进行消毒。

4. 树干涂白

冬季树干涂白既可减少阳面树皮因昼夜温差大引起的伤害，又可消灭在树皮的缝隙中越冬的害虫。涂白剂配方：生石灰 10 份，食盐 1 份，硫黄粉 1 份，水 40 份。

5. 清理杂草、落叶

杂草、落叶不仅是某些病虫害的越冬场所，而且在干燥多风的冬季易发生火灾。因此，应把绿地中的杂草、落叶清理干净。

6. 伐挖死树

寒冬树干涂白既可减少阳面树皮因昼夜温差大引动的戕害，又可消灭在树皮的缝隙中越冬的病虫。涂白剂配方：生石灰10份，盐巴1份，硫黄粉1份，水40份，可于11月施行此项集中处理，既消灭了病虫源，也消除了火灾隐患。

五、实训成果

学生分组写出施工组织方案、施工日志。

实训六　绿篱的整形修剪

一、实训目的

通过绿篱的整形修剪实训，了解绿篱类型以及修剪绿篱篱体的形状和整形修剪的程度。了解绿篱在一年中的最合适修剪时期，掌握和训练用油锯修剪绿篱。

二、实训材料及用具

绿篱、笔记本、油锯、平枝剪、图纸、卷尺。

三、实训要求

要求学生：熟知绿篱在一年中的最合适修剪时期，掌握用油锯修剪绿篱，并根据要求用油锯修剪不同形状的绿篱造型。

四、实训内容及方法

教师给出某园林绿地的绿篱，让学生用油锯修剪绿篱，规定绿篱修剪高度、宽度及形状。让学生记录绿篱树种名称、修剪时间，实测绿篱高度、宽度及造型。

五、实训成果

学生分组训练，写出实训报告。

思考与练习

1. 行道树的养护管理一级标准应达到哪些要求?
2. 绿地、游园的养护管理一级标准应达到哪些要求?
3. 草坪养护管理的质量标准有哪些?

4. 结合本地区实际，试述当地在 3 月、11 月，分别应做好哪些园林绿地的养护管理工作?

5. 园林树木的养护管理工作主要有哪些方面的内容?

6. 园林树木的生长期灌水可分为哪几个灌水时期? 为什么要在这几个时期灌水?

7. 园林树木的灌水方法具体有哪些?

8. 园林树木灌水的质量要求有哪些?

9. 园林树木施肥的特点是什么?

10. 施追肥常用的方法有哪些?

11. 园林树木施肥的次数主要因哪些条件而定? 施肥过程中应注意哪些问题?

12. 做好园林树木病虫害的预防工作主要应从哪几方面入手?

13. 园林树木整形修剪的目的和作用是什么?

14. 园林树木整形修剪的原则是什么?

15. 什么是回缩修剪? 回缩修剪对树木生长有何作用?

16. 园林树木修剪的程序，概括起来可分为哪几步?

17. 园林树木修剪的安全措施有哪些?

18. 藤本类树木的整形修剪有哪些类型?

19. 灌木类树木按树种的生长发育习性，可分为哪几种整形修剪方法?

20. 整形式绿篱的配置形式及断面形状有哪些?

21. 为了防止园林树木遭受冻害，可采取哪些养护管理措施?

22. 园林树木常用的树体保护与修补的措施有哪些?

23. 补树洞的方法主要有哪几种?

24. 竹类养护管理的主要内容有哪些?

25. 园林养护机械主要有哪些?

26. 保护古树、名木有何重要意义?

27. 造成古树衰老的原因主要有哪些?

28. 古树的复壮措施主要有哪些? 养护措施主要有哪些?

29. 在园林养护管理工作中，做好草坪的养护管理应遵循哪些原则?

30. 草坪养护管理的主要内容有哪些?

31. 草坪灌溉的方式方法有哪些?

32. 在草坪的生长过程中，为什么要施加追肥? 追肥主要以什么肥料为主?

33. 草坪修剪的原则有哪些?

34. 草坪修剪的频率与时间应遵循什么原则?

35. 草坪的更新复壮有哪些主要技术措施?

36. 草坪生长调节剂有何作用? 常用的草坪生长调节剂有哪些?

37. 园路的日常养护管理工作包括哪些内容?
38. 简述园路清扫车和手持式吹气/气吸两用园林清扫机的组成与工作原理。
39. 园林小品的日常养护管理工作包括哪些内容?
40. 园林小品的维修与翻新有哪些措施?